KB160200

원자력발전소 뒤안길 이야기

석 성 환 지음

도서출판 정음서원

서문

이 책은 원자력발전소에 관한 전문서가 아니다. 비전문가의 입장에서 원자력에 얼마나 위험한 요소가 있는지, 그리고 어떻게 하면 무탈하게 이용할 수 있는지를 설명한 자료이다. 원자력발전소의 문제는 그 본질이 과학, 기술, 에너지와 국민경제의 문제인데 요즈음 들어 이것이 정치이념 비슷하게 변질돼서 진영 논리로 다투는 양상을 보이니 매우 안타깝다.

지금 대한민국은 단군이래 처음으로 삼시 세 때 먹을 거리 걱정을 덜고, 미증유의 번영을 누리며 살고 있다. 그 밑바닥에는 누구나 자랑하는 중화학공업의 유산들, 조선(造船), 반도체, 자동차, 화학공업 등의 발전된 산업문화가 우리의 삶을 기름지게 하고 있다. 에너지 분야에서는 '기름 한 방울 나지 않는 나라'에서 24시간 풍부한 전기를 값싸게 사용하면서 문화생활을 향유하고 있는데, 그 밑바탕에는 신기술인 원자력 에너지가 봉사하고 있다.

1945년 인류 역사상 처음으로 원자탄이 떨어졌던 일본의 히로시마, 나가사키는 걱정했던 바와 달리 지금 시민들이 불편 없이 잘 지내고 있다. 얼마전에 발생한 일본의 후쿠시마 사고로 우리 국민들이 염려를 많이 하는데, 알고 보면, 물리학적인 문제가 아니라 심리학적인 문제만 남은 것으로 판명되었다. 이제까지 있었던 세가지 원자력발전소의 사고는 사람으로 치면 홍역을 앓은 것이다. 이제부터는 원자력발전소가 인류사회에 값싼 에너지를 제공하는 효자노릇을 제대로 하게 될 것이다.

문재인 정권의 '탈원전' 정책은 처음에는 '위험해서'라고 했었다. 그런데 그냥 잘 돌린다. 임시가 아니라 앞으로 60년간 돌릴 계획이다. 그러면 위험하지 않다는 증거다. 탈원전의 이유가 없어졌다. 다시 이유를 바꿔서 '에너지의 전환'이라고 한다. 그러나 자동차의 동력원을 기름에서 전기로 바꾸는 것은 '전환'이지만 자동차에서 달구지로 바꾸는 것은 자동차를 그냥 버리는 헛 일이다. 이제라도 방향을 바꾸어 원전을 활용할 일이다.

우리나라 원자력문화가 이렇게 험지를 걷게 된데는 과학과 경제의 문제를 벗어나 정치성을 띠게 된 때문이다. 모르면 의심이 가고, 의심이 있는 상황에서는 '헛소리'에 귀를 기울이게 된다. 이 책은 가벼운 주변 이야기를 섞어서 원자력의 요점을 쉽게 설명했다. "방사선" 말만 나오면 기겁을 하는 국민정서를 바로잡아야 된다. 방사선은 온 천지에 깔려 있는 자연력인데, 잘 다루면 안전하다.

지금 당장 급한 일은 '탄소중립' 문제다. 이것은 산업 선직국들이 수 백년간 화석연료를 잔뜩 사용해서 생긴 문제인데, 이제사 겨우 산업이 본궤도에 오르는가 싶은 한국더러 기름, 석탄 때지 말라고 하니 난감한 일이다. 국제질서는 강대국들이 지배한다. 이들이 규정을 만들고 지키라고 하면 하는 수 없다. 우리도 앞으로 탄소 배출 없는 에너지를 사용해야 될 형편이다. 포철의 철강을 유럽에 수출할 때 탄소를 얼마나 배출하며 만든 물건인지 그 대가를 내라고 시비가 붙을 모양이다. 탄소 배출이 거의 없는 에너지원이라면 어쩔 수 없이 원자력발전이다. 원전을 제외시킬 수가 없다.

체르노빌 사고가 있고 일본의 후쿠시마 사고가 났을 때 독일은 원전을 없애는 방향으로 정책을 폈다. 그러나 국경을 맞대고 있는 체코는 원전을 6기나 돌리면서도 더 짓겠다고 한국에 초청장을 보내 왔다. 산유국인 UAE는 선견지명이 있어서 우리 원자력발전소를 4기나 사갔고 사우디도 그 뒤를 따를 모양이다.

독일 국민들은 1933년 히틀러(Hitler)를 선택한 이후 두 번째로 잘못된 선택을 하고 있다. 에너지 사용에도 시대(Era)가 있다. 지금이 바로 『원자력 시대』이며 한 30년 더 그렇게 살 수밖에 없다. 〈그 다음은 핵융합시대가 온다.〉

이 책은, 얼마전 어느 잡지에 기고했던 글을, 출판사가 '단행본'으로 만들기를 권유해서 내용을 약간 보탠 것이다. 순서대로 읽을 필요는 없다. 제5장과 제6장 원자력발전소 사고와 방사선 문제를 읽다 보면 무언가 그림이 그려질 것이다.

또 원자력발전소와 관련된 이야기를 정확하게 하려면, 정밀한 숫자가 수반된 과학적 설명이 있어야 하는데, 일반 독자들도 그런 것은 바라지 않을 것이고, 나 또한 그런 어려운 설명을 할 처지가 되지 못하므로 그저 평범하고 쉬운 이야기로 소개 드린다. 다만, 간간히 나오는 어려운 용어에 대해서는 ※의 부호를 붙인 후 따로 부록에 자세한 설명을 두어서 이해를 돕도록 했다.

이 책의 내용은 내가 경험한 것과 듣고 본 일들을 적었다. 퇴직 후의 일은 박정기※, 이종훈※ 두 사장님들의 저서를 참고로 했다. 원자력 기술 문제는 양창국[1] 홍주보[2] 유갑준[3] 등 세 동료의 자문을 받았다. 비전문가인 내가 여기저기서 자료를 수집하다 보니 출처들을 잘 챙기지 못해서 미리 양해를 구하지 못했다. 이 점 사죄드린다.

2021년 10월

서초동 우거에서 석 성 환

---

1) 양창국 (1941-)서울공대 원자력핵공학과, Oregon주립대학, 한전 핵연료 담당역, 핵연료주식회사 사장

2) 홍주보 (1940-)한양공대 기계공학과, 한전 원자력발전처장, 프랑스 나폴레온 훈장

3) 유갑준 (1942-)한양공대 전기과, 한전 보령화력본부장, 현대에너지주식회사 사장

제2판을 내면서

이 책은 본래 문재인 정권의 탈원전 정책에 맞서서 원전의 필요성과 안전성을 소개하기 위해서 만들었었다. 2판을 낼 즈음 20대 대선이 있고, 원전을 중요시하는 후보가 당선이 됐다. 무척 다행스러운 일이지만, 문재인 정권이 심어 놓은 원전=공포의 뿌리가 깊어서 이 책의 소임은 아직도 유효하다.

더구나 에너지 사용에 있어서 탄소중립의 문제가 우리를 괴롭히고 있다. 겨우 석탄, 기름, LNG, 원자력 등의 조합으로 에너지를 자립하게 된 마당에 화석연료를 쓰지 못하게 됨으로써 새로운 국면을 맞게 되었다. 화석연료를 빼면 에너지다운 에너지는 원자력뿐이다. 신재생 에너지는 부가적인 역할인데 이것 믿다가 망한 나라 많다. 문재인 정권 5년간 숨이 끊겼던 원전산업을 회생시키고 원자력 에너지로 난관을 극복해야 할 텐데 쉽지가 않다. 잘못하면 장차 에너지 대공황이 오게 될른지 모른다.

이 책에는 아직도 문재인 정권의 탈원전을 비판하는 구절을 많이 남겨 놓았다. 새로 들어서는 정부가 비록 원전을 지원하는 정책을 편다 할지라도 한 5년간 있었던 탈원전 정책의 폐해를 잘 기록해둠으로써, 장차 원전에 관한 정책 입안에 참고가 되도록 하기 위함이다.

2022년 5월

서초동 우거에서 석 성 환

『원자력발전소 뒤안길 이야기』를 읽고

畏友 昔成煥君은 내가 만난 몇 안되는 한전맨이었다.
그의 뛰어난 學識과 職務 知識은 항상 拔群이였다.
특히 그의 使命 意識은 한 時代를 사는 知識人으로서,
韓電이 시대적 使命을 다하도록 앞길을 開拓하였다.
실로 天命을 아는 드문 人材였다.

이번 畏友 昔成煥君이'원자력 발전소 뒤안길 이야기'라는
책을 上梓하였다. 주제는 專門性을 요하는 책이나,
내용은 非專門家를 위한 平易한 解說書이다.
이 책은 原子力에 關聯된 중요한 문제들을 친절하게
하나씩 짚으며 새로운 視覺으로 照明하였다.
따라서 책이 재미있다.
특히, 이책의 流麗한 문장은 새로운
技術隨筆 문학의 嚆矢라 할 만하다.

원자력 이야기의 출판을 거듭 祝賀하면서,
이 책을 통해 많은 원자력 愛好家들이 새로 나길 빈다.

2021년 11월

漢南 朴 正 基

(전 한국전력공사 사장)

추천의 글

석성환 처장은 이나라가 日本이 남겨 놓고 간 전기사업법을 그대로 쓰던 것을 선진국의 것들을 참작해 우리나름의 법체계를 만든 "전기사업법" 제정자로 알려진 인물이다.

내가 그를 처음 만난 것은 우리가 태평양연안국원자력회의를 유치키 위해 미국원자력학회 산하의 국제위원회에 같이 출장갔을 때였다. 그런데 그로부터 3년 후 그가 괄목상대(刮目相對)의 대상이 되었다는 소문이 한국전력 안에 널리 퍼진 것이다. 애초 그는 영어를 잘 못하는 촌놈이었는데 별안간 국제회의에서 명 발표자가 되었고 질문에도 능수능란하게 답변해 모두가 놀랐다는 사실 때문이었다. 그런 자기변신의 비결은 밥먹을 때, 화장실에서, 버스안과 걸을 때 또는 남들이 잡담할 때, 혼자 영어 명문장과 연설문을 외우고 외우고 또 위우며 중얼거리기를 1000일 동안 계속했기 때문이라 한다.

나는 젊은이들에게 강연을 할 때, 그의 자기변신 얘기인 '미친놈 소문'만이 아니라 꿈속의 싸움에서도 영어 명문장으로 상대방을 꼼작못하게 제압하는 정도의 단계에 이르러야 한다고 강조한다. 그래야 사람들이 괄목상대하게 되는 것이며, 그 산 증인이 석성환이다.

그런데, 이 사람이 퇴직후에 원자력산업협회 평생회원으로 활동하더니, 이번에 원자력발전소를 소개하는 이야기를 써냈다. 원고를 읽어보고 몇 군데 손을 보기도 했는데, 우리 같은 전문가들이 잘 쓰지 않는 쉬운 말로 원자력발전소 주변 이야기를 소개하고 있어 흥미롭다. 이 책을 통해서 많은 독자들이 원자력발전소를 이해하게 되기를 바란다.

2021년 11월

李 昌 健

(전 국제원자력학회 연합회장)

차례

제 5 장 원자력 발전소는 위험한가?

제 6 장 후쿠시마 오염수 방류문제

제 7 장 월성 1호기, 무엇이 문제인가

제 8 장 탄소중립, 원자력발전소

제 9 장 원자력 설비 기술주권을 확립했다

제 10 장 한국의 전력사업

〈부록 A〉 기술문제 해설

〈부록 B〉 참고자료와 인명 소개

〈참고자료〉

〈인명 소개〉

제 1 장

내가 원자력에 가기까지

1. 원자력에 관련된 질문들

요즈음 원자력발전소에 관해 이런저런 일로 해서 국민들의 관심이 많이 생겼다. 그러나 일반적으로 '원자력'이라는 소리만 들어도 위험한 걸로 지레 짐작하고 접근을 회피하는 경향이 있다. 원자력발전소의 문제는 값싼 에너지를 어떻게 안전하게 관리할 것인가 하는 경제와 과학의 문제이다. 이상하게도 이 문제가 정치적인 편가르기로 변질된 듯해서 안타깝다.

내가 과거 직장에서 원자력발전소와 관련된 일을 했었다고 하면, 대체로 다음 몇 가지를 묻는다.

첫째, 원자력발전소가 과연 안전한가?
둘째, 한국의 원자력발전소 관련기술이 세계 제일이라는데 과연 그런가?

셋째, 박정희 대통령 때 원자탄을 만들려고 했다는 데 과연 그런가?

등이다. 여기에 대해서 나의 대답은 모두 "그렇다"이다.

이런 일들과 관련해서 알려지지 않은 '뒤안길 이야기'를 적어볼까 한다.

2. 한국의 원자력 기술이 우수한가?

이것은 마치 우리나라 여자 골프선수들의 기량이 세계 1위인 것과 비슷하다. 1980년인가? 구옥희 선수가 일본 골프시합에서 우승을 하자 한국 신문에서 대서특필했다. 나중에 화면을 보니 이상한 장면이 눈에 띄었다. 골프 시합에서는 우승한 선수가 사용했던 공을 관중석으로 던져주는 팬서비스가 관례인데 구 선수는 그것을 모르고 있다가, 같이 시합했던 일본 선수가 모션으로 던지는 모습을 보이자 비로소 그렇게 했다. 구옥희로서는 이런 거창한 대회 우승이 처음이라 팬 서비스 관례를 미처 몰랐던 것이다.

그랬던 한국의 낭자들이 지금은 세계 LPGA 대회를 휩쓸었다. 연간 27회 정도의 대회에서 절반 가량을 거머쥐고, Ranking 5위 안에 3-4명이 포진하는 형편이다. 누구도 한국 아가씨들의 골프실력이 최고라는데 토를 달지 못한다.

원자력발전소 기술에서도 비슷하다. 처음에는 연습생이었다가 미국에 배우고 교과서대로 공부한 결과 지금은 세계 1위 수준에 도달한 것이다. 다른 산업은 대부분 일본을 거쳐서 들어왔지만, 원자력산업에서만은 일본을 건너뛰고 자습으로 배웠다.

2019년 9월 LPGA 랭킹

3. 한국의 원전 건설 시작

60년대에 원자력발전소를 짓기로 결정했을 때 이 사업을 누가 주관할 것인가를 놓고 **원자력연구소**와 **한국전력**이 대립했는데, 결국 한국전력이 맡기로 됐다. 한전은 발전소 건설한 경험이 많고, 또 이것은 **연구**(R&D)가 아니라 **사업**이므로 사업체인 한전이 맡는 게 마땅하다는 이유에서였다.

두 번째는 무슨 **로형**(爐型)으로 지을 것인가를 놓고 많은 논쟁이 있었는데 지금 한전이 주로 짓고 있는 PWR※모델을 택하기로 결정이 났다. 한국에 기술이 없으니 Turn-key 방식(다 지은 후 Key만 넘겨 받는 일괄도급 방식)으로 건설하기로 했다.

그 결과 원자로는 Westinghouse가 맡게되고 Turbine-Generator는 영국의 GEC가 납품하게 됐다. 이것이 2017년 문을 닫은 **고리 1호기**이다.

4. 초창기 원자력발전소에 관한 국민 여론

지금 같은 전문적인 여론조사기관은 없었지만 초창기의 국민 정서는 '원자력 기술을 다루는 사업' 자체를 자랑스럽게 여겼고 이를 반대하는 부정적인 여론은 없었다. 그 당시 미국에서도 원전 반대 운동은 미미했는데, 남미에서 이민 온 젊은 공산주의자 부부가 반대한다는 정도이고 평소 미국 국민들의 신뢰를 받는 소비자 운동가 랄프 네이더(Ralph Nader 1934년생 Harvard 출신 법학도)도 원자력발전에 관해서는 관대한 태도를 취했다. 당시 일본에서는 공산당(합법적인 정당)이 핵무장은 반대하면서도 원전 도입에 대해서는 별로 개의치 않았다. 한국에도 좌익 색체의 운동권이 지하에 있었지만 원자력발전소에 관해서 반대의 의사를 나타내지 않았다.

5. 한국전력 내부의 분위기

70년대의 한전은 종래의 **발전-송배전-영업-관리** 업무를 수행하는 재래형 업무가 주된 일이었다가, 원자력발전소를 짓고 운전하는 업무가 새로 생겨나자 재래형 업무 파트에서는 이들을 달갑지 않은 눈으로 보는 경향이 있었다. 그 원인을 분석해 보면 이렇다.

(1) 이들 조직이 단기간 내에 팽창하니까 소속 요원들의 승진이

빨랐다. 그래서 같은 대학 동기끼리도 보통 한 등급(심하면 두 등급)의 차이가 나게 됐다. 처음에 '원자력과' 작은 조직으로 운영되다가 발전소 건설이 추진되자 '원자력건설부'로 확대개편되고, 준공이 가까워지니까 '원자력발전부'가 생겼다. 거기다가 새로 부임한 김영준 사장이 '원자력 기획부'를 만들었는데 여기에 대한 말이 많았다. 그 책임자로 김 사장이 과거 외부에서 측근으로 거느렸던 인사를 채용한 것이다. 직원들은 원자력기획부가 이 사람을 위한 위인설관(爲人設官)이라고 수군거렸다.

(2) 원자력 요원들의 보수가 약간 많았다. 그것은 이들이 처음 해보는 업무다 보니까 밤늦게까지 초과 근무를 하는 일이 잦아서 연장근무시간 한도를 늘려준 결과였다. 거기다가 이들은 기술연수를 위해서 또는 볼 일이 있어서 해외 출장을 자주 갔다. 당시는 국민들의 해외여행이 자유롭지 못한 때였으므로, 무슨 사유로든지, 해외여행을 간다는 사실이 부럽던 시절이었다. 배고픈 것은 참아도 배 아픈 것은 참지 못했다.

6. 원자력 부서로 발령이 나다

이런 분위기에서, 사전에 아무런 통고도 없이, 내가 '원자력기획부'로 인사명령이 났다. 김 사장이 데려왔다는 김 모 부장이 갑자기 사정이 있어 퇴직한지 서너 달 후였다. 당시에 나는 내자부 차장이었다.[1] 인사이동이 있으면 보통 "축하한다"는 덕담을 듣게 마련인데, 걸려오는 전화마다 "어떻게 된 일이냐?"라며 걱정들을 했다. 개인기업체라면 사표 내라는 표시라 했다. 세월이 가면 자연히 어떻게 된 사연인지 알게 마련인데 이 미스테리는 40여 년이 지났으나 여전히 풀리지 않고 있다.

당연한 일이지만 처음 몇 개월 고생을 했다. 업무를 모르니 회의에 참석해서 '한국말'로 하는 내용도 이해를 못했다. 거래하는 업체도 몰랐다. 한 번은 거래업체들의 모임에 초대되어 갔는데, 한 사람이 다가와서 명함을 내밀면서 자기는 나를 안다고 했다. 업체 이름이 Manufacturers Hannova라 되어 있었다. 독일 지명이 보이고 '제작자'라는 표시니까 무슨 부품 제작업체인가 싶어 "이번에 무엇을 납품하게 됐냐?"고 물었다. 그의 대답은 "아니고, 이번 원전 건설에 상업차관 컨소시엄에 참여했다"고 했다. 금융회사를 잘못 알았다.

처음 만나는 자들로부터 명함을 받으면 날짜와 그를 기억할 수 있도록 암호를 명함에 적었다. 예컨대 콧수염, 대머리, 키다리 이런

---

1) 후일 기구개편으로 원전 지원업무가 외자처로 흡수되고 나는 승진을 거듭해서 외자처장이 되었다.

식으로. 다음 번에 만났을 때 대뜸 그의 이름을 불러주면 뛸 듯이 기뻐했다. 이렇게 사람을 익혀갔다.

양창국[2] 과장(당시)이 미국 출장을 다녀오면서 아주 귀중한 선물 하나를 사다 주었다. Physics without Math(수학계산 없는 물리학)라는 물리학 책인데, 중고등학교 부교재로 사용하는 것인지 아주 쉬운 문장으로 되어 있고, 책 이름이 말하듯이 숫자와 계산이 전혀 없이 이야기식 비유만으로 물리학을 설명하고 있었다. 가령 '원자'의 구조를 설명할 때 "뉴욕양키스 홈 구장을 원자라 한다면 '원자핵'은 핏쳐가 들고 있는 '공'으로 보면 된다, 그리고 야구장 관중석 맨 윗자리에 앉아 누군가 먹고 있는 땅콩이 '전자'이다." 이런 식이다. 얼마나 이해하기 쉬운가. 원자의 구조가 곳바로 머리에 그려진다. 이 책으로 상당한 지식을 얻어서 많은 도움이 되었다. 사실은 나도 고교 시절에 이과(理科) 반이어서 '원소 주기율표' 정도는 이해하고 있었다.

그러던 어느 날 김 사장에게 불려가서 그의 열변을 듣게 됐다.

"원자력이 보통 중요한 게 아니라고, 내가 장관도 하고 큰 기업체 망한 거 살리기도 하고. 경험이 좀 있어, 한전에 와서도 다른 업무들은 대충 파악을 했어요, 그런데 원자력 업무는 이만하면 된 건지? 무엇을 더 해야 되는 건지? 통 짐작을 몬하겠어. 저번에 각하께서 고리 오셔서 날더러 '원자력은 안전이 중요하니 기술자들에게만 맡겨놓지 말고 직접 챙겨요.' 하시지 않겠어? 이

---

2) 서울공대 원자력핵공학과, Oregon 주립대, 한전 핵연료 담당역, 핵연료주식회사 사장

봐요, 지금 책임이 막중하데이, 당장 미국에 가서 정근모※ 박사 만나서 이야기 잘 듣고 와서 나한테 설명해 봐요."

라고 했다.

김 사장님의 열변에 나는 갑자기 사명감 같은 것이 솟아나서 의욕이 벅차게 됐다.

7. 정근모 박사와 해우

정근모 박사

정근모※ 박사를 처음 접하고 느낀 점은 『하늘에서 한국의 과학기술과 원자력을 위해, 오래 전부터 준비하고 예비해 두신 인재』였다. 당시 정 박사는 아들의 병환으로 상심한 상태였지만, 신상 이야기, 가족 이야기, 신앙 이야기까지 나누게 되었다. 그로부터 40여 년간 형제같이 지낸다.

"김 사장님이 원자력발전소 안전 때문에 걱정이 많으시다"고 하니까 정 박사는 웃으면서 "내가 여러 번 걱정하실 것 없다고 말씀드렸는데도 그러시네요." 하면서 차근 차근 원자력의 원리, 응용산업, 원자력발전 산업, 원자력발전소 건설-운영 등에 관해서 **'아주 쉬운 말로' '알아듣기 쉽게'** 설명을 했다. 천재는 어려운 것도 참 쉽게 설명할 줄을 안다.

정 박사의 설명을 요약하면 다음과 같다.

① 큐리부인, 아인슈타인 같은 과학자들이 과학적인 발견, 발명을 한다.

② Enrico Fermi가 시카고 대학에서 인류 최초로 원자핵의 **연쇄반응**※을 실현한 후, 이것을 응용해 원자탄도 만들었지만, 그 원리로 열 에너지를 지속적으로 꺼내 쓰는 발전소를 개발해서 원자력 산업이 본격 시작됐다.

③ 여러 단계의 시행착오를 거쳐서 상업용 원자로가 완성되고, 이것을 운영하기 위한 보조 설비와 장치들이 개발됐다.

④ 전력회사들이 원자로를 이용한 발전설비를 구매, 건설하고 원자력 발전소를 운영한다. (후일 이 내용을 담은 〈표-1〉을 만들었다)

위의 ①~③ 단계를 Infrastructure라 하는데, 1970년대의 한국은 이것이 취약한 상태에서 외국 기술로 만든 ④단계의 발전소를 운영하는 형편이다. 이런 내용을 표시하면 〈표-2〉와 같다.

〈Infrastructure(하부구조)라는 말을 그때 처음 들었다. 귀국해서 몇 군데서 이것을 사용했는데 나중에는 흔한 말이 됐다.〉

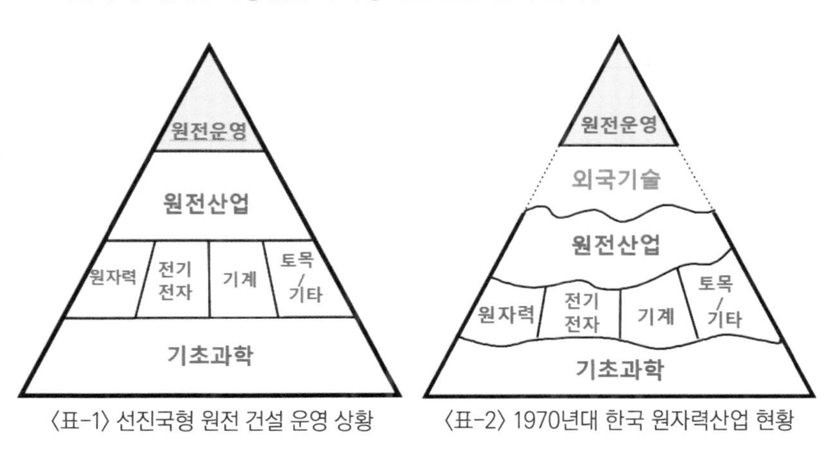

〈표-1〉 선진국형 원전 건설 운영 상황

〈표-2〉 1970년대 한국 원자력산업 현황

따라서 한국은 선진국의 기술을 빨리 습득해서 하부구조 빈곳을 채워야 되고, 그러는 동안은, 운전원들만 열심히 하면 당장의 어려움은 없다는 내용이다.

이런 내용을 종합해서 Mini Chart를 만들고, 김 사장에게 설명드린 결과 그는 무엇인가 확신이 생기는 듯했다.

"알았어, 당분간은 운전원만 잘하면 된다는기라- " 하셨다.

8. 원자력 안전에 관한 (당시)정부의 인식

사실 김 사장은 이런 것을 짐작하고 있어서였는지, 이미 그렇게 실행하고 있었다. 고리 2호기의 준공이 까마득이 멀었는데도 운전원 500명 가까이를 미리 뽑아서 '연수생'이란 명목으로 반복-반복 훈련 시키고 있었다. 그런데 그것을 EPB(경제기획원)가 문제 삼았다. 정부가 공기업을 관리하고 성적을 매길 때 '정원관리'가 중요 요소였다. 한전은 이 500명의 초과 인원 때문에 당장 년말의 '상여금' 지급이 어렵게 됐다고 야단이 났다.

이 문제의 담당인 기획부서가 EPB를 찾아가서 "한국의 기술 수준이 모자라서 할 수 없이 이렇게 하고 있다"고 사정했지만 EPB 측은 오히려 "기술이 없다 해서 수많은 인력을 해외에 보내 훈련도 시켰고, 외국 업체를 고용해 자문도 받고 있지 않느냐? 미국이나 일본에서도 이렇게 많은 인력을 미리 뽑아서 연수생 제도를 운영하는지, 그 자료를 가져오라"고 했다.

미국, 일본은 이런 식으로 하지 않으니 '참고자료'를 구할 도리가 없다. 원자력 부서가 나설 수밖에 없어서 필자가 담당 전무님을 모시고 EPB를 찾아 갔다.

*"**일본**은 이미 수 십기(基)의 발전소를 운영 중이므로 신규 발전소 하나를 지으면 여러 발전소에서 경력자들을 조금씩 차출해서 팀을 꾸리고, 신입사원으로 그 빈 자리를 메꾸니까 아무런 어려움이 없다. 그러나 한국은 고리 1호기 한 기(基)밖에 없는데 어디서 사람을 빼내 오나?*

*그리고 **미국**은 원자력발전소가 다 될 무렵 신문에 조그맣게 광고를 낸다. '**원자로 운전경험자를 모집한다**'고, 그러면 '**원자력 잠수함 원자로 담당 수병 출신자**'들이 구름같이 몰려온다. 이 사람들을 데려다 시뮤레이터(Simulator 모의설비) 앞에서 두어 달간 익히고 나면 그만이다. '티코' 운전했던 사람들 데려다가 대형 트럭 운전 시키는 원리이다. 우리가 이런 환경인가? 각하도 원자력발전소 안전에 관해서 특별 당부를 하더란다"*

이렇게 해서 정원초과 문제를 겨우 해결했다.

9. 부질없는 기술수준 향상 노력

정 박사는 한 나라의 산업구조가 발전하는 과정을, 풀장의 수위가 서서히 올라가는 것, 또는 Orchestra의 수준이 서서히 향상되는 것과 비슷해 하루 아침에 올라가는 것이 아니라고 했다. 필자는 한동안 **'원자력산업의 수준 향상'**이라는 명제를 풀어볼까 하는 무모한 고민에 빠져 있었다.

그래서 KBS 교향악단을 찾아가서 수준 향상을 위해서 무언가 배울게 있으려나 알아보려고 했다. 그런데 가는 날이 장날이라고 이 교향악단이 파업중이었다. 이강숙이라는 분이 음악감독이 됐는데, 기존의 대원들을 대상으로 다시 실력을 테스트(오디션)해서 옥석을 가려내겠다고 했더니 단원들이 반발했다는 것이다. 나이가 나와 비슷하고 가방 끈도 비슷해서 말이 통했다.

그는 음악을 하게 된 동기부터 이야기했다. 베토벤의 월광 소나타를 무척 좋아해서 이것을 연주하기 위해 피아노를 배웠는데 피아노를 다 배우기도 전에 악보를 펴놓고 우선 첫 음 소리만 한 번 들어보기로 하고 여러 개 손가락을 악보에 맞춰서 피아노에 올려놓고 건반을 쾅- 눌렀다. 그 순간 울려 퍼진 첫 음의 아름다운 '화음', 그 황홀한 순간을 영원히 잊을 수 없고 그 소리에 미쳐서 음악을 하게 됐다고 했다. 막상 오케스트라의 수준 향상을 위해서는 "한 사람 한 사람의 능력이 향상 되어야 오케스트라의 수준이 올라갈 것이라"는 상식적인 이야기를 했다.

그날 밤 일기를 쓰면서 '오후에 KBS 교향악단 방문, 성과 없음' 이라고 썼다. 그런데 그순간 머리에 번개 같은 것이 스쳤다. 없기는 왜 없어? 그가 '월광소나타'에 미쳐서 음악가가 됐다고 했잖아?

한국에 원자력산업에 종사하는 사람들도 여기에 미쳐야 일이 된다는 일반적인 진리를 그가 말한 것이다.

"그렇다. 일에 미치자" 이렇게 다짐을 했다.

KNE(KOPEC의 전신, 원전 설계를 담당하는 한전의 자회사)가 초창기에 어려움을 많이 겪었는데 이 자회사를 지원하는데 총대를 메고 뛰었다. 그리고 사내에서 높은 직위는 아니었지만, 원자력과 관련된 외부사업을 적극 도와주는 방향으로 뛰어다녀서, 한전에서 **'이방인 원자력 맨'**이라 불려지게 됐다.

〈원자력발전소 기본구조〉

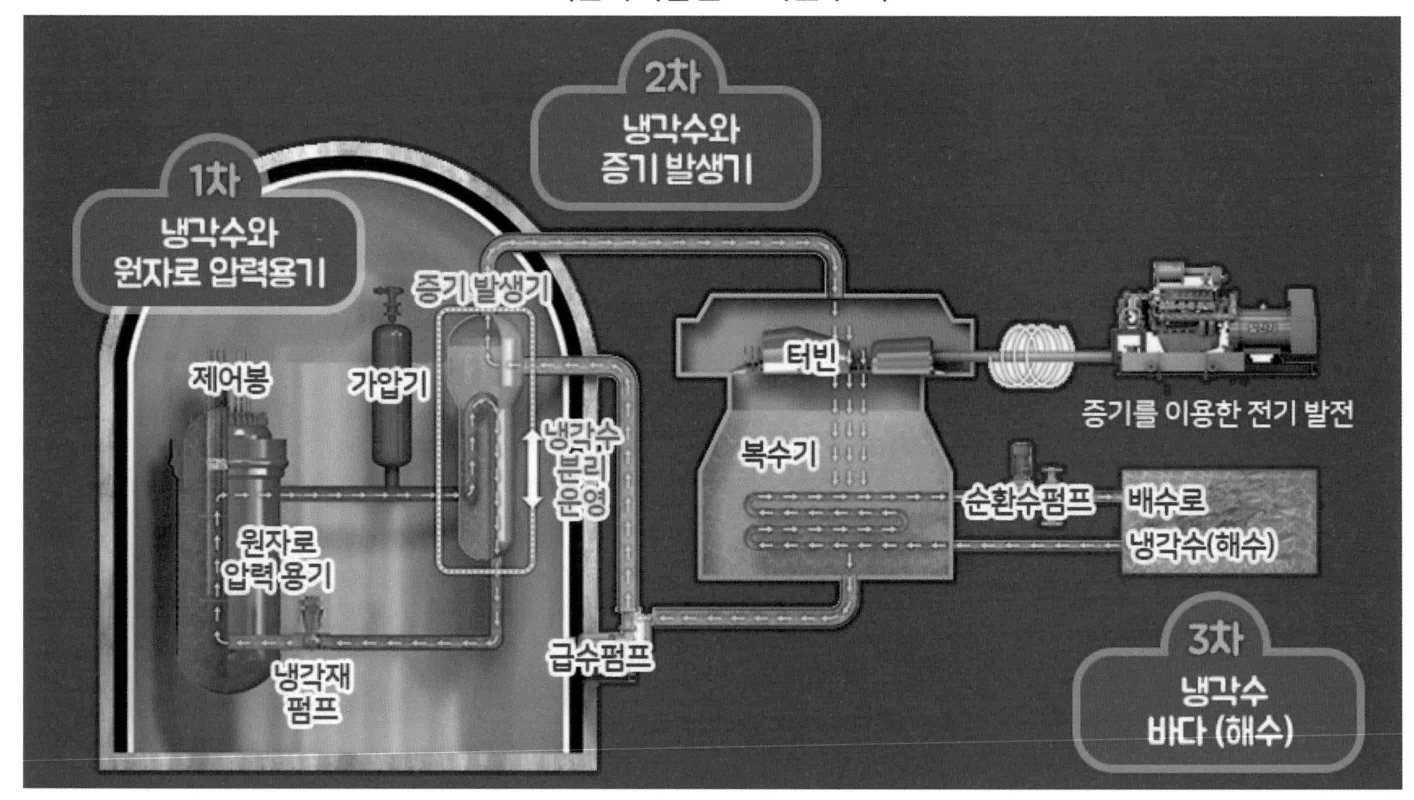
1차
냉각수와
원자로 압력용기
2차
냉각수와
증기 발생기
제어봉
가압기
증기 발생기
냉각수
분리
운영
원자로
압력 용기
냉각재
펌프
급수펌프
터빈
복수기
순환수펌프
배수로
냉각수(해수)
증기를 이용한 전기 발전
3차
냉각수
바다 (해수)

제2장

원자력발전소 기본구조

원자력발전소의 기본 구조를 잘 이해하면
원자력발전소 문제 50%를 이해한다.

원자력 발전소는 증기를 만드는 1차계통과 발전실이 있는 2차계통으로 나눈다.

《 1차 계통 》

1. 격납건물

보통 Dome이라고 불리는 거대한 건축물의 본 이름은 **격납건물**(格納建物, Containment Vessel)이다. 높이는 70m, 직경은 약 32m의 구조물인데 내부에는 두께 7mm의 강철판이 둘러 있다. 외벽의 콘크리트 두께는 1.2m나 된다. 이 콘크리트는 고-장력 철근과 특수 시멘트로 만들어져서 스트레스 콘크리트라 부른다. 격납건물 안의 상부에는 중량물들을 들어 올리는 작업을 위해서 육중한 크레인이 설치되어 있고. 대용량의 비상용 물탱크가 있다. 격납건물은 전폭기가 충돌해도 안전하다고 한다.

이 안에는 **원자로, 증기발생기** 등 고압증기를 만들기 위한 모든 설비가 들어있다. **〈석탄발전소에서는 보일러가 단독으로 이 역할을 한다.〉** 짐작하겠지만, 이 안에 출입하는 데는 엄격한 통제가 있다.

2. 원자로

원자력발전소의 핵심은 원자로이다. 두께가 25cm인 큰 무쇠 항아리다. 이것을 만드는 공장은 세계에 몇 개 없다. 두산중공업의 창원공장에 있는 15,000톤 짜리 프레스가 버스만한 원자로를 공깃돌 놀리듯이 이리저리 돌리고, 쿵-쿵- 두드리며 만든다. 두산중공업은 이 원자로 제작으로 세계에 명성이 나 있다. 이 안에서 원자력의 **연쇄반응**※(Chain Reaction)으로 350℃의 **뜨거운 물이** 데워진다.

① 핵연료

핵연료는 보통 이산화우라늄이다. 천연 우라늄 중에서 핵반응에 동원되는 것은 U-235인데, 천연 우라늄에는 이것이 불과 0.7% 정도만 들어있다. 경수로에 사용하기 위하여 이것을 4-5% 정도까지 **농축**※해서 사용한다.

우라늄 가루를 분필 정도 굵기에 1cm 정도의 높이로 가공된 원형 소결체(분필 토막 같은 것)로 만들고, 그 소결체를 약 4m 길이의 질코늄이라는 갈색 금속봉에 집어넣고 양끝을 단단히 용접한다. 이런 금속봉 백여 개를 다발로 묶어서 연료집합체를 만들고 원자로에 수직으로 집어 넣는다.

② 중성자 n

전기적으로 중성인 중성자 n이 우라늄 235의 원자핵을 때려서 **핵분열**※이 일어나고 열에너지가 나온다. 우리가 흔히 보아온 아인슈타인 공식 $E=MC^2$으로 계산되는 막대한 에너지가 나온다. 이 공식에서 M은 질량, C는 광속도이다. 핵분열이 일어나면 우라늄의 핵이 깨지면서 두 개의 파편과 평균 2.45개의 n이 나오는데, 이 n이 날아다니면서 다시 우라늄 핵과 부딪혀 핵반응이 이어진다. 이것을 **연쇄반응**※이라 한다. 〈맨 처음 핵분열을 시작할 때는 n이 저절로 나오는 원소 Cf-252(칼리포늄)을 쏘시개로 사용한다.〉

③ 제어봉

원자로 운전은 제어봉(制御棒)으로 한다. 원자로 위쪽에 삐쭉삐쭉 솟아 있는 막대기 묶음인데, n을 잡아먹는 금속들의 합금이다. 맨 처음에는 제어봉을 핵연료봉 사이사이에 끼워 두었다가 원자로 가동을 시작할 때는 〈n이 활동을 하도록〉 서서히 제어봉을 올려주어 연쇄반응을 일으키고, 연쇄반응이 저절로 되는 상태(이것을 **임계**※ Criticality라 한다)에 이르도록 한다.

3. 냉각재, 감속재

원자로내 핵반응 과정에서 발생된 열이 물을 데운다. 물로 보면 데워지는 것이지만, 핵연료로 보면 열을 식히는 역할을 하니까 이 물을 **냉각재**※(Coolant)라고 한다. 그리고 이 물(H_2O)은 핵분열 때 나오는 n의 움직임을 느리게 해서 연쇄반응이 계속 일어나게 하는 역할도 하니까 **감속재**※를 겸하게 된다. 냉각재 겸 감속재로 중수(D_2O)를 사용하는 원자로를 중수로(重水爐)※라고 한다. 보통 물을 사용하는 원자로는 (중수로와 대비하는 뜻으로) 경수로(輕水爐)라 한다.

만약의 경우 원자로 안에 있던 이 냉각재가 없어지면 대 변란이 일어난다. 연쇄반응으로 생긴 열이 쌓이고 쌓이다가 2,200℃도를 넘으면 질칼로이 핵연료봉이 녹아내리고, 2,800℃가 넘으면 우라늄 핵연료가 녹아내린다. 이런 현상을 **용융(鎔融)**※이라 한다. 심하면 용융된 핵연료가 원자로 밑바닥의 쇳덩어리를 녹여서 밑창을 뚫고 내려가게 된다. 미국 TMI, 소련 체르노빌, 일본의 도쿄전력 후쿠시마 원전의 사고 때 용융이 일어났다.

4. 증기 발생기

『원자로에서 덥혀진 물』은 옆에 가서 또 『다른 물』을 끓인다.

〈고압증기가 직접 옆방으로 가서 터빈-발전기를 돌리는 형식을 BWR※(비등수형 원자로)라 한다. 일본 도쿄전력 발전소들이 모두 이 형식이다. 그러나 원자로에서 나온 물이 격납건물을 벗어나서 발전소 온 동네를 휘젓고 다니는 것은 바람직하지 못한 일이다.〉

그래서 『원자로에서 덥혀진 물』(1차-청색)이 격납건물 밖에서 보낸 『다른 물』(2차-연초록색)을 끓여서 고압증기를 만들고, 이 증기가 터빈-발전기를 돌리도록 하는 구조가 PWR※(가압형 경수로)이다. 이때 물로 물을 끓이는 장치를 **증기발생기**(Steam Generator)라고 한다.

그 구조는 버스 두 개만한 무쇠 항아리 속에 파이프들이 꽉 들어 차 있다. 원자로에서 나온 350℃ 뜨거운 물이 순환하는 **1차 파이프**〈구조도에서 청색〉와 여기서 열을 받아 끓여져서 고압증기로 되어 터빈-발전기를 돌리는 물(나갈 때는 증기로, 돌아올 때는 물, 구조도에서 연록색)이 들어 있는 **2차 파이프**들이 이 속에 촘촘히 밀착해서 열교환을 한다. 보통 원자로 하나에 증기발생기가 3개 또는 4개가 설치된다.

5. 가압기

물은 보통 100℃가 되면 끓어서 증기로 변한다. 그러나 증기로 된 물은 더 이상 높은 온도로 가열하기 어렵고 원자로 내에서 감속재 역할에 지장이 된다. 또 증기발생기에서 열 전달하는데도 지장이 있다. 물이 100℃ 이상이 되어도 액체 상태를 유지하도록 하기 위해서는 높은 압력을 가해야한다. 150기압 정도로 압력을 가하면 350℃에 이르기까지 물이 액체상태 그대로 있다. 고등학교 때 배운 보일-샤일 법칙이다. 이렇게 물의 유체활동에 높은 압력을 가하는 장치를 **가압기**라 한다.

1차 계통에 있는 모든 파이프와 기기들이 150기압의 압력에 견디게 하려면 구조와 설비들을 더욱 튼튼하게 만들어야 된다. 이것은 원전의 안전 유지에도 크게 도움이 된다, 실제로 원전 역사 70년간 발생한 원전 사고중 PWR의 사고는 미국의 TMI 사고가 유일한데, 비슷한 다른 사고에 비해서 피해가 거의 없었다.

6. 연쇄반응때 생기는 일들

원자로 안에서는 **핵반응**※이 연속되면서 뜨거운 '**열**'을 만들어내는 일이 진행된다. 〈**원자로 설명 참조**〉 중성자 n 하나가 우라늄(U-235)의 핵을 때리면 쪼개지면서 ①열이 발생되고 ②n이 나온다.

그 과정에 연료인 우라늄이 두 개로 쪼개지면서 새 물질들을 만들어 낸다. 이 두 물질들은 이론상 금(원자번호 79)과 알미늄(원자번호 13), 은(원자번호 47)과 로듐(원자번호 45) 등과 같이 짝으로 나온다. (이 짝은 각각의 원자번호 합이 우라늄의 원자번호인 92가 된다.) 통계적으로 보면 원자번호 30번대와 60번대의 물질들이 가장 많이 짝을 이룬다. 이런 물질들은 핵연료와 함께 붙어 있다가 재처리될 때 고준위 폐기물로 버려진다.

반갑지 않은 물질들(크립톤, 세시움, 요드 등의 핵종들)도 함께 나오지만 이들은 연료봉 안에 갇혀서 꼼짝 못 하고 차폐된다. 연료봉이 파손되고 또 무슨 이유로 원자로가 개방되면 이들 골치아픈 물질들이 해방돼서 밖으로 나와 난리를 친다. 원자력발전소 사고가 났다는 것은 이런 현상을 말한다. 원전이 위험하다는 것은 이들 핵종들로부터 나오는 방사선 때문이고, 그래도 안전하다는 것은 이들 방사선의 속성을 완전히 파악하고 적절하게 관리하기 때문이다. 〈자세한 내용은 제5장, 제6장의 설명 참조.〉

7. NSSS

이상에서 알아본 바와 같이 1차 계통은 고압증기를 생산 공급하는 역할을 한다. 그래서 1차계통을 "Nuclear Steam Supply System"이라 하고, 이것을 줄여서 NSSS라 쓰고 "N Triple S" 라 읽는다.

《 2차 계통 》

2차 계통의 구조는 석탄발전소의 구조와 전혀 동일하다

1. 터빈, 발전기

증기발생기에서 (열교환으로) 만들어진 고압증기가 터빈실로 와서 터빈을 돌린다. 그 원리는 어린이들이 돌리는 바람개비와 같다. 그 바람개비는 강하게 때리는 고압증기를 견디며 초당 1,800회 고속 회전을 한다.

터빈의 날개(Blade)는 특수강의 합금인데 정기적으로 터빈 뚜껑을 열고 점검을 한다. 터빈실로 들어온 고속 증기는 불순물이 없어야 한다. 간혹 아주 미세한 알맹이가 이 날개를 고속으로 때려서 손상을 입히는 경우가 있다. 심하면 운영 중에 이 날개가 부러져서 큰 사고로 발전하는 경우도 있다.

따라서 1차와 2차 계통에서 사용하는 물을 엄중하게 관리한다. 수처리(水處理) 과정에 각종 화학약품들이 투여된다. 발전소의 수처리(水處理)용으로 염산과 가성소다 등 화공약품을 다량 구매해서 각 발전소에 공급한다.

발전기 축을 터빈 축(軸)에 연결하여 발전한다. 발전기에 관해서는 특별히 소개할 내용이 없다. 한 가지 알아둘 것은, 발전기 내부의 안전을 위해서 발전 당시의 전압은 비교적 저압이고, 이것을 변전실로 보내서 송전할 때는 154kV 또는 보다 훨씬 높은 전압으로 밖으로 내보낸다.

2. 복수기

발전소 설비의 마지막으로 이해할 부분은 복수기(復水器)이다. 고압증기가 터빈의 날개를 돌린 다음 날개 뒤편 공간에 가서 어슬렁 거리고 자리를 차지하고 있으면 앞뒤가 막혀서 뒤에 오는 고압증기가 (터빈 돌리는) 일을 하지 못한다. 그래서 날개 뒤 공간을 텅 비게 만들 필요가 있다.

그래서 터빈의 2차측 공간 밑에 찬물이 계속 흐르는 라디에이터를 깔아서 여기로 들어온 고온 증기가 바로 응축돼서 물이 됨으로써 날개 뒤에 공간을 만든다. 〈이 물은 다시 증기발생기로 가서 고압증기가 되어 일을 반복한다.〉 이 장치를 복수기라 한다. 원전 1400MW의 경우 1초에 약 65톤의 바닷물을 끌어 쓴다.

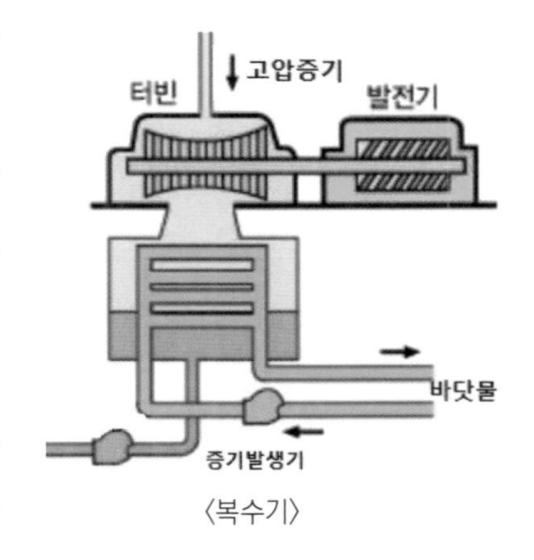

〈복수기〉

이 찬물은 보통 해수(海水)를 끌어다 쓴다. 그래서 우리나라 발전소들이 모두 해변 아니면 강변에 건설되고 있다. 바닷물을 취수 파이프로 끌어다가 넓은 풀장에 저장하고 다시 파이프로 복수기와 연결한다. 동해안에 있는 일부

스웨덴 원전의 냉각탑

발전소들이 간간히 해파리들의 습격으로 취수구가 막혀서 부득이 발전이 중단되는 사건이 발생한다. 대륙이 넓은 나라, 미국이나 프랑스에서 내륙에 원전을 지어놓고 냉각수 문제를 해결하기 위해서 거대한 물 냉각 **타워**를 세워서 운영하는 사진을 보았을 것이다.

이 냉각수 때문에 에너지 효율면에서는 손해를 본다. 즉 석탄, 원자력은 모두 크게 보아 열 발전소인데 100의 에너지를 넣어서 화력은 약 40%, 원자력은 약 34%에 해당하는 전력만 얻게 된다. 뜨거운 열에서 직접 전기를 얻는 장치를 개발한다면 이런 거추장스런 과정을 거칠 필요가 없을 것이다. 〈핵융합 참조〉

원자력발전소 주 제어실

3. 운전실

위의 원자력발전소 구조도에서는 보이지 않지만 아주 중요한 곳이 있다. 그것은 운전실(Control Room)이다. 〈주 제어실이라고도 한다.〉 자동차 운전자가 운전석에 앉아서 연료의 남은 량, 엔진 온도 등을 체크하고, 도로 사정에 따라 가속기를 밟거나 브레이크를 밟으면서 속도를 조절하고, 목적지를 제대로 가기 위해서 핸들을 조작하는 것과 같이, 원자력발전소 운전실에서도 비슷한 일을 수행하면서 전기를 만들어 밖으로 보낸다.

약 100평쯤 되는 원전 운전실에는 조종사 다섯 명이 원자력발전소를 운전한다. 책임자, 원자로 운전자, 터빈 운전자, 전기계통 운전자, 기타 운전자 등이다. 각 운전자는 원자로 패널, 터빈 패널, 전

고리 원자력 단지

기계통 패널 앞에 앉아서 운전 상태를 확인하고 필요한 조치를 취한다. 〈패널은 모니터를 많이 붙여놓은 큰 판이다.〉 이밖에 터빈-운전실 현장에 1명의 요원이 근무한다. 원자력발전소 전 계통이 모두 자동화되어 있지만 만일을 위해 현장을 관찰하고 확인하는 인원 배치이다. 〈현장에도 동일 내용의 모니터가 있다.〉

4. MMIS

1980년대 후반부터 건설된 원자력발전소는 전체 설비가 자동으로 가동된다. 이것은 한국 IT 기술의 산물이다. 운전원과 현장의 기계가 한 몸으로 운영된다 해서 이 운전 체제를 MMIS(Man

Mashine Interface System)라 한다.

과거에는 설비들을 운전원이 운전한다 해서 I&C(Instrument & Control)이라 했는데, 기계 따로 운전원 따로이다 보니까 양자 간에 간극이 생길 수가 있는 것이다.

과거 원전 3대 사고에서 보듯이 원자로 안에서 무슨 난리가 나는지 운전원이 미처 몰라서 우와좌왕 하다가 냉각수가 고갈되고, 핵연료의 용융※이 일어나고 큰 사고로 발전되었던 것이다.

자동제어라는 개념은 원전 초창기부터 있었지만 한국의 발전된 IT 기술을 1980년대 후반에 마련된 APR1400형 원자력발전소의 운영에 접목한 결과 우수한 자동제어 체제가 가능하게 된 것이다. 이제 과거 3대 사고와 같은 불상사는 일어나지 않을 것이다.

5. 운전자, 자격증

자동차 운전에는 일정한 수준의 숙달된 기술이 필요하므로 소정의 검증을 거쳐 운전면허를 부여받은 자만이 운전을 하도록 한는 것과 마찬가지로, 원자로 운전자들도 고도의 숙달된 원자로 운영기술을 습득하고 엄격한 검증을 거쳐 자격증을 취득하도록 하고 있다. 운전자들이 취득해야 될 자격증은 그 직책에 따라 다음과 같다.

◉ 원자로조종 감독자 면허 (SRO)
◉ 원자로조종사 면허 (RO)

원력발전소 운전팀은 6개조로 편성되는데 실제 운전에는 4개조가 투입된다. 그중 3개조는 3교대로 운전에 투입되고 1개조는 시뮬레이터를 이용해서 교육을 받으며, 나머지 1개조는 최종안전성보고서(FSAR)에서 미리 정해놓은 부분을 정기적으로(년간, 반년간, 월간, 주간, 매일) 점검을 해서 발전소의 안전을 확보한다.

원자력발전소 운영에는 이들 6개팀 36명 말고도, 일반 관리를 하는 부서로부터 경비를 하는 조직에 이르기까지 총 200여 명이 일을 한다.

《 핵연료 》

1. 핵연료 농축 가공

원자력발전소에서 사용하는 연료는 우라늄인데 우리 나라에서는 생산되지 않는다. 괴산 부근에 약간 매장되어 있는데 품질이 많이 떨어진다. 북한에는 품질이 괜찮은 우라늄이 매장돼 있다는 이야기가 있다. 우리나라는 부득이 해외 여러 군데에 장기 구매로 계약해 놓고 수시로 가져다 쓴다.

우라늄 **원광**은 미국, 캐나다, 호주, 나미비아, 카자흐스탄, 그리고 러시아에도 계약해 두었다. 그 원광을 네 군데서 **농축**해 온다. 우라늄-235의 함유량이 4-5%가 되도록 가공하는 것이다. 미국, 프랑스, 유렌코(영국, 독일, 네델란드 합작), 그리고 러시아 등과 농축 계약을 해놓았다. 이렇게 러시아까지 포함해서 다변화 시켜놓은 것은 국제정세의 흐름 여하에 영향을 받지 않고 연료를 확보하기 위함이다. 그리고 가격 경쟁 문제도 있다.

농축한 우라늄을 가져다가 대전에 있는 (한전)핵연료주식회사에서 원자력발전소 연료용으로 **성형 가공**한다. 쉽게 말하면 밀가루 가져다가 과자로 굽는 것이다. 다만, 월성에 있는 중수로에 사용하는 연료는 천연 우라늄 상태(0.7%)로 사용하는 것이니까, 농축단계를 거치지 않고 그냥 가져다 중수로 원자로용 핵연료로 가공한다.

핵연료의 생산원가 비율을 보면 원광-40%, 농축-40%, 가공-20% 이다. 따라서 중수로 연료는 다른 발전소 보다 40%가 싸다.

우라늄을 다루는데는 복잡한 문제가 따라붙는다. 우라늄-235의 비율이 높으면 무기(원자탄)로 될 수 있기 때문에 국제적으로 감시가 이만저만이 아니다. 우라늄을 다루는 나라들은 하나같이 NPT(핵확산 금지조약)에 가입해야 되고, IAEA로부터 수시로 불평없이 감시를 받아야 한다.

2. 사용후 핵연료 재처리

지구상의 웬만한 물질은 한 번 사용하고 나면 못쓰게(Perish) 되는데 핵연료인 우라늄 등 방사성 물질은 한 번 핵반응을 하고 나서도, 못쓰게 되는게 아니라, 다른 형태로 변질(Convert)된다. 불교에서 사람-개-고양이 이렇게 윤회한다는 이야기와 비슷하다고나 할까? 그래서 사용후 핵연료를 어떻게 취급하느냐 하는 문제가 있다. 가압경수로(PWR)에서 한 주기 사용하고 난 핵연료에는 보통 덜 타고 남은 우라늄-235가 1% 정도 있고, 우라늄-238이 중성자 1개를 받아서 풀루토늄-239로 변형되어 새 연료가 되는데 그 양이 1% 정도 된다. 따라서 가용 자원이 2% 정도 되는 **보물**이라 생각하고 사용하는 방법을 강구하는 경우가 있고, 자원 많은 나라에서는 이도저도 귀찮으니까 그냥 **쓰레기**로 묻어버리는 경우가 있다.

사용후 핵연료에서 보물을 골라내는 작업을 재처리(Reprocessing)

라 하는데 여기에는 많은 제약이 따른다. 아무나 못한다. 프랑스를 비롯한 강대국만 가능한데, 일본에는 허용되고 있다. 재처리로 얻어진 보물로 핵폭탄을 만드는 경우가 있기 때문이다. 〈우리도 이런걸 하려다가 못하게 됐는데, 사실 이걸 만들어 어디에 쓸것인가? 공연한 헛수고다. 북한이 국력을 쏟아서 핵무기를 상당수 가지게 된 모양인데, 어디다 쓸것인가? 한심하다.〉 또 다른 이용 방법은 연료로 재생하는 것이다. 이것을 MOx라고 한다. 이것을 사용하는데는 상당한 기술이 필요하고 어렵다. 독일의 5개 발전소(Brokdof 등)들이 이것을 사용하고 있는데 2022년에 독일탈원전법에 의해서 폐쇄된다고 한다.

재처리를 하고 나면 부피가 크게 줄고(1/20), 방사성 물질들의 처리가 쉬어지는 장점이 있다. 영구 처리 작업은 북 유럽 3국이 암염(巖鹽) 광산에 깊이 묻는 방법 등을 시도하고 있는데, 미국은 아직 시원하게 해결하지 못하고 있다. 원자력의 평화적 이용이 시작된지 약 70년이 되는데, 우라늄의 마지막 주기(週期)인 사용후 핵연료 문제에 관해서는 아직도 연구가 진행 중이다. 엄청난 비용이 들 것이라고 겁을 주는 사람들이 있는데, 아니다. 조만간 무슨 방법이 강구될 것이다.

3. 파이로 프로세싱

(1) 사용후 핵연료 재처리 문이 열렸다

이 원고를 준비하는 중에 2021년 9월 1일 반가운 소식이 들어왔다. 한국이 추진했던 파이로프로세싱 연구결과를 미국이 승인한 것이다. 승인한 주체는 JFCS라는 한·미 원자력 연료주기공동연구 운영위원회인데 한국측은 굳이 반대할 이유가 없고, 미국측 멤버인 미국의 에너지부(DOE)와 핵안보청이 좋다고 한 것이다. 이로서 한국이 사용후 핵연료를 만지작거릴 수 있는 길이 열렸다.

(2) Pyroprocessing이란 무엇인가

파이로프로세싱(Pyroprcessing)이란 사용후 핵연료를 건식방법으로 재처리하는 기술이라는 뜻이다. 우리 원자력연구원은 오랜동안 이것을 연구해왔고 거의 결론에 도달했었는데, 무슨 의미로이건 사용후 핵연료를 만지작거리는 것은 미국이 달갑지 않게 여기기 때문에 선뜻 산업화에 들어가지 못하고 있었다.

그래서 미국의 연구소(아르곤, 아이다호)와 공동으로 연구하는 기회를 만들어서 지난 10년간 연구를 한 결과 『기술적 타당성, 경제성, 실현 가능성, 핵 비확산성』 등이 확실하다고 인정된 것이다. 참고로- 아르곤 연구소의 파이로 연구팀장이 재미 교포 장윤일 박사다(서울공대 원자력공학과 1960년 학번).

건식방법으로 사용후 핵연료를 처리한다는 것은, 핵무기용 원료를 추출할 때의 방법인 『습식 방법』과 대조되는 용어이다. 사용후 핵연료를 용융염(Molten Salt)에 넣고 500℃ 까지 가열해서 녹인 뒤 전기분해를 한다. 우라늄과 우라늄보다 번호가 높은 물질들이 무더기로 모아진다. 우라늄, 플루토늄도 있기는 하지만 순도가 나쁘니까 폭탄으로 쓸수가 없어서 이것이 허용된다.

이렇게 모아진 핵연료는 기존의 원자로에는 쓰기에 마땅치 않고 SFR이라는 고속증식로※에 적합하다.

사용후 핵연료를 1회당 4-5kg을 처리할 수 있는 기술을 세계에서 처음 확보한 것이다. 앞으로 SFR이라는 원자로를 개발해서 전국에 태산같이 쌓여있는 '사용후 핵연료'를 활용할 수 있는 날이 속히 오기를 고대한다.

제 3 장

한국 원자력 연구 여명기(黎明期)

TRIGA Mark 2 실험용 원자로

1. 한국 최초 원자로 점화

1962년 3월 19일 오전10시 50분, 지금의 노원구 공릉동 원자력연구소 연구용 원자로에 핵연료봉을 처음으로 넣었는데 6시간 만인 오후 4시 52분, 핵연료봉(56개)에 모두 핵분열 반응이 진행되어 임계에 이르렀다. '임계'란 핵분열 반응이 일정 수준으로 계속

되는 상태를 말한다. 원자로가 예정대로 가동에 들어갔다는 것이고, 한국 원자력 역사가 시작되는 순간이다. 14일 후 100kW 정격 열출력에 도달했고 3월 30일에 성대한 준공식이 거행되고 정부는 기념우표를 발행했다. 이렇게 되기까지 전국가적으로 많은 노력이 들어갔다. 다음에 이런 사연을 기술한다.

2. 한국의 인재들, 이태규 박사(1902-1992)

일제 시대부터 한국의 내일을 위한 인재들이 양성되고 있었다. 이태규 박사가 그 한 사람이다. 1931년 교토대학(京都大學) 이학박사 학위를 받은 우리나라 최초의 물리학 박사이다.

이태규 박사

1938년 Princeton 대학 초빙과학자, 1941년 교토대학(京都大學) 교수, 1945년 귀국해서 경성대학 이공학부장, 서울대학교 문리과대학장을 역임하고, 1948년 Utah 대학에서 연구하며 Lee-Eyring 이론으로 알려진 『非 Newton 흐름에 관한 연구』 논문을 발표했다. 1973년 한국과학원 석좌교수로 부임해서 후진을 양성했다. 여기서 배출된 인재들이 불씨가 되었다.

3. 국제 원자력 모임에 참여

한국은 이렇다할 기반이 없으면서도 국제적인 원자력 사업에 동참했다. 1955년 스위스 제네바에서 열린 "제1회 원자력의 평화적 이용에 관한 국제회의"에 대표단 3명을 파견했고 이듬해 제2회 회의에도 여러 명의 대표단을 파견했다.

1956년 2월에는 미국과 "원자력의 비군사적 사용에 관한 대한민국과 미합중국 정부 간의 협력을 위한 협정"(한미원자력협정)이 체결되었다. 미국이 우리나라에 연구용 원자로의 설계 건설 운영에 관한 정보를 제공하고, 연구용 원자로의 연료인 농축우라늄을 대여하는 것이 핵심 내용이었다. 그동안 많은 개정을 거듭하다가 최근 2015년에 재개정이 되었다. 한국은 1957년 8월에 IAEA 창설과 함께 정식 회원국으로 가입해 오래전부터 원자력 사업의 기반을 닦았다.

4. 원자력 연구의 밑거름

이창건※ 박사는 서울공대 출신으로 6.25때 KLO라는 특공대에서 생명 걸고 싸우다가 그후 원자력을 자습하는 Study Goup에 가입해 우리나라 원자력이 황무지이던 시절에 원자력을 공부했다. 이 그룹의 본래 멤버들은 모두 공군장교 출신들인데 어느 미군 장교가 퇴역후 귀국하면서 원자력에 관한 조그만 책자 하나를 주고 갔다. 이것을 자습하는 것이다. 후일 이 모임의 상당 수가 원자력연구소 멤버로 취업해서 한국의 원자력 연구개발의 대들보가 되었다. 이렇게 산발적으로 원자력을 학습하는 인력이 꽤 있어서 후일 원자력연구소 인력이 충실하게 조직되었다.

이창건 박사

1956년 7월 경무대에 이승만 대통령을 예방한 미국의 과학자가 있었다. 이 사람은 Dr. Cisler라는 Detroit Edison 회사의 CEO였는데 그는 일찍이 2차대전 직후 유럽점령군 사령관이던 Eisenhower 장군의 요청을 받고 유럽 전력계통을 재빨리 복구하는 수완을 발휘한 전설적 인물이다. 그가 콩알 만한 원전 연료 한 개를 소개하면서 "이것이 석탄 몇 십톤과 맞먹는 에너지를 냅니다." 등 원자력발전소의 장점을 설명했다. 이 박사가 "어떻게 하면 이런걸 만들 수 있을까요?" 물었다. 시슬러 박사는 우선 인력을 양성해야 합니다. 국가 기관을 만들고 해외로 인력을 보내서 배워오도록 해야 합니다. 다시 이 박사가 물었다.

"그러면 언제쯤 우리가 이런 발전소를 가지게 될까요?" 물었다. 시슬러 박사는 "열심히 추진하면 한 20년 후에는 한국에도 원자력발전소가 건설 운영될 수 있을 겁니다" 했다. 실제로 고리 1호기가 초임계 도달한 것이 1977년 6월 이니까 그로부터 20년 11개월 만에 두 사람이 이야기를 나눈대로 된 셈이다.

이후 이승만 대통령은 즉시 문교부에 관련 조직을 만들도록 하고, 뒤이어 원자력연구소를 설립했다. 서울대학교에 원자력공학과가 신설되고 수 많은 인재를 해외에 파견해서 교육을 받게 했다. 이 박사 재직시절에는 외환을 사용하는 공문은 단 1달러도 이 박사의 승인이 있어야 될 정도로 아꼈는데 원자력를 공부하러 보내는 경비라 하면 서슴 없이 결재를 했다. 1955년부터 1964년까지 10년간 총 237명을 파견했는데 돌아온 사람은 150명이었다. 많은 사람이 미국에 눌러앉게 된 원인은 국내에 이들을 수용할 여건을 마련하지 못한 것과도 관련이 있다. 그러나 이들도 후일 직접 또는 간접으로 국내의 원전사업에 기여를 했다. 많은 종합대학에서도 핵물리학과를 비롯한 8개 관련 학과에서 많은 인재를 양성해서 후일 한국의 원자력 발전소 운영의 인재 Pool이 되었다.

나는 한국이 원자력발전소를 건설 운영하는 데 필요한 인재들이 어떻게 육성되었는가 하는 과정을 정리해서 국제 Seminar에서 발표한 바 있다. 기술 인재 빈곤의 문제는, 선진국은 전혀 걱정이 없고, 개발도상국들의 관심사다. 그래서 미국의 원전 건설사들이 개발도상국에 원전 건설을 세일즈 할 때, 공통적으로 가지는 문제 "운영 관리할 사람이 없다."는 난제에 대해서, 이 논문을 Copy해 보여주면서, 한국같이 하면 된다고 권유했다 한다.

5. 연구용 원자로의 공로

한국 최초의 원자로는 1995년 가동을 멈출 때까지 다방면으로 쓰였다. 원자력공학 전공 대학생 1,719명과 원전 운영을 맡을 산업 종사자 1,339명이 실습 경험을 쌓았다. 의료와 생명공학, 중성자 등의 연구에도 다리를 놓았다. 1969년 출력을 250㎾로 높인 이 원자로는 1972년 인근에 설치된 트리가마크3 원자로와 함께 원자력공학의 여명을 밝혔다. 폐로 과정에서도 관련 데이터가 쌓였다. 우리가 짧은 기간에 한국형 원자로를 설계, 제작하고 수출하게 된 힘이 바로 이 연구로에서 나왔다. 지금 원자력 연구가 한창 발전중인데, 한국의 연구로는 달랑 2기, 한 대학의 연구로는 백열전구를 밝히는 수준이다. 국내 기술로 개발한 30㎿급 '하나로' 연구로가 한국원자력연구원에서 가동 중이지만 크게 부족하다. 부산 기장군에 건설 중인 15㎿급 연구로가 오는 2024년 완공돼도 부족 현상은 여전할 것으로 보인다.

연구로는 범죄 수사와 미상 물질 및 역사 유물 판정에서 분자와 양자물리학 연구에 이르기까지 용도가 광범위하다. 신소재 개발도 앞당길 수 있다. 한국은 동남아시아 국가들과 네덜란드의 연구로를 개선하고 요르단에 설비 일체를 수출하는 수준에까지 이르렀으나 갈 길은 여전히 멀다. 원전 축소 여부를 떠나 연구로만큼은 기초과학의 필수설비라는 인식이 필요하다.

제 4 장

원자력은 국산 에너지

1978년 고리 1호기를 시작으로 우리나라에 원자력발전소가 건설 운영된지 반세기 가까이 됐는데, 이들은 **기름 한 방울 나지 않는 나라에서 에너지 자급에 엄청난 기여**를 해왔다.

외국 기술을 빌어서 지은 초창기의 원전도, 그 건설비의 태반인 토목건설은 우리 업체들이 수행했다. 운전원이 (당연히) 우리 국민들인 만큼 약간의 핵연료 비용을 빼면 원가의 태반이 국내 몫이었다.

더구나 1990년대 이후 원전 건설이 순수 국내 기술로 건설되니 **원전은 완전히 국산품**이고 여기서 나오는 에너지는 당연히 **국산 에너지**가 되는 것이다. 이렇게 된 과정을 살펴본다.

1. 원전 건설 Turn-Key 시대

한국은 1978년 고리 1호기를 준공하고 한국의 원자력발전시대를 열었다. 그런데 이것은 외국 업체에 발주해서 Turn-key 방식으로 건설한 것이다. 원자로는 미국의 Westinghouse, 터빈-발전기는 영국의 GEC 등이 맡고 우리는 현대건설이 토목공사와 기기 조립에 노무를 제공했을 뿐 (과장해서 말하면) 뒷짐 지고 구경만 한 형편이다. 고리 2호기와 월성 1호기 까지는 그렇게 했다. 물론 우리 기술자들이 실제로 뒷짐만 지고 있었던 것은 아니다. 모두가 처음 구경하는 일들을 열심히 노트에 적고 카메라에 담아서 기록들을 남겼다. 이런 것들은 후일 자립할 때 많은 참고자료가 되었다.

2. 기술자립을 위한 시도 - KABAR, KNE, KOPEC

(1) KABAR

원자력발전소를 건설하고 운영하기 위해서는 전반적인 계통설계 능력을 확보해야 된다. 1970년대 말에 설계 회사 설립을 위해서 원자력연구소는 미국의 Burns & Roe사와 합작으로 KABAR (KAERI-Burns and Roe)사를 설립했다.

미국측에서 30만 불을 출자했고 원자력연구소 측에서는 사무실과 7명의 고급인력 그리고 15명의 우수인력을 배속시켰다. 사장에는 한전의 부사장을 역임한 김종주(金鍾珠) 씨를 선임했다. 김종주 사장은 일찍이 1950년대에 영국에 파견돼서 원자력발전소 기술 연수를 받은 사람이다. 그러나 오랜 기간 일감이 없고 보니 기업체를 유지할 수가 없었다.

결국 회사를 정리하기로 하고 Burns 사장이 내한해서 한전에 지분을 매각했다. 매각 대금은 단돈 1$였다.

〈이창건 박사가 메모한 자료〉

(2) KNE / KOPEC

한전이 KABAR를 인수해서 KNE (Korea Nuclear Engineering)로 이름을 바꾸었다. 후일 이름이 다시 바뀌어 KOPEC(Korea Power Engineering Company)이 되었다. 이 업체는 후일 미국 원자력산업체 CE로부터 원천기술을 흡수하고 한국이 원자력발전소 건설기술 자립을 하는 과정에서 중추적인 역할을 했다.

3. 원전 건설, 분할 구매 시대

기술자립의 제2단계로 고리 3,4호기 부터는 Turn-key 방식을 버리고 보다 나은 방법으로 Island Approach 라는 방식을 채택했는데, 이것은 한전이 주체가 되고, **설계-구매, 주기기 제작, 건설-**

관리 등 여러가지 역할들을 나누어서 분야별로 국내 업체에 맡기고, 외국 업체들은 여기서 다시 일을 맡게 하는 것이다.

◇ 설계-구매 업체로는 한국전력기술주식회사(KNE)을 지정한 후 그 밑에 벡텔(Bechtel)이 하청업체로 일을 하도록 하고,

◇ 주기기(원자로, 터빈-발전기 등)의 제작은 한국중공업(지금의 두산중공업)을 지정하고 미국의 Westinghouse가 기술 시방을 작성해서 원자로 등을 만들게 하는 방식이었다.

◇ 토목공사 등은 현대건설이 잘 했다.

이런 방식으로 고리 3, 4호기와 한빛 1, 2호기까지 건설했는데 이 과정에서 KNE, **한국중공업**, **현대건설** 등에는 상당한 기술력이 쌓이게 되었다. 이것은 한국업체가 외국업체로부터 기술을 배워서 자립하려는 것이었는데 그러나 이렇게 해서 얻은 기술이라는 것은 '남이 하는 것을 보면 내용을 알겠다'는 정도이지 '단독으로 무엇을 할 수 있다'는 수준에는 미치지 못했다. 우리 인력 2-30명이 LA의 Bechtel 사무실에 파견돼서 그들과 함께 설계작업을 했다. 작업이 끝날 때마다 이 자료들을 열심히 복사해서 본사로 보냈다.

이것들을 정리해서 무언가 기술자료를 만들어 보려고 했으나 **원천기술(源泉技術)**이 없으니 답답했다. 예컨대 관(管)을 만드는데 왜 직경을 453mm로 해야 하는지 알 수가 없었다. 그래서 이 자료를 다른 곳에는 응용할 수 없었다.

4. 기술의 본질이 무엇인가

(1) 기술은 아주 쉬운 것

한전이 원자력발전소 건설의 2단계에 분할계약방식을 채택하고 Bechtel을 설계 선생님으로 모셨다. 그리고 그 대가(代價)는 일(Man Hour)하는 만큼 주기로 하고 상한선을 두었다. 그런데 나중에 보니 그 '일'이라는 것이 끝도 한도 없이 늘어났다. 한전의 기술자들은 "그렇게 많은 일을 시키지 않았는데 왜 많은 용역비를 청구하냐?" 항의하는 것이고, Bechtel 측은 문서들을 다 내어놓으며 정당성을 주장했다. 우리가 지시한 사항에 대해서 많게는 1주일 적게는 3-4일 걸렸으니 그 '일, Man Hour'의 대가(代價)를 받아야 한다는 것이다.

우리측은 "그렇게 간단한 일에 무슨 일 주일씩이나 연구하냐?" 항의하지만 기술을 가진 측이 그렇다면 그런 것으로 종결된다. 나는 도대체 '기술'이 무어길래 이토록 외국 업체에 끌려다니나? 하는 생각이 들었다.

한번은 Bechtel사 직원을 따라온 미국 변호사와 '용역'의 개념에 대해 논쟁이 붙었는데 그는 "용역이란 시계를 차고 있는 사람(A)이 옆 사람(B)에게 '지금 몇시냐?'고 물었을 때, B가 A의 시계를 들여다 보고 '지금 세시이다.'라고 하고서 대가를 받는 것이다"라는 것이었다.

참으로 기가 찼다. 시계를 차고서도 볼 줄을 모르면 돈을 들여서 시간을 알아야 하는 것이 용역이다.

(2) 중요한 기술은 숨긴다

한 가지 예를 들어보겠다. 1970년대 초 이낙선씨가 국세청장에서 상공부장관으로 옮겨올 무렵 한일간의 무역거래는 우리 쪽의 수입은 많고, 대 일본 수출은 그 반도 되지 않았다. 이낙선 장관은 단호한 정책을 발표했다. 일본으로부터 완제품을 사오지 말고 중간재를 들여다가 우리가 완제품을 만들도록 하라는 것이다. 그래서 일본 업체들은 한국에 관련업체를 만들어 장사를 계속하려고 했다.

상공부(당시)의 수입업무 담당 과장이었던 L 선배가 일본 염료(染料) 업체로부터 제의를 받았다. 중간재를 보내줄테니 간단한 공장 하나 만들어서 팔아보라는 것이다. L 선배가 여기에 응했다. 사직하고 변두리 허름한 창고 하나 얻어서 일본에서 들여온 기계에 원료(중간재)를 넣고 돌리니 완제품 염료가 잘 나왔다. 한동안 사업이 잘 되다가 반년쯤 지나서 문제가 생겼다. 그당시 유행하는 옷감으로 뗀뗀가라(일본어, 点点무늬)라는 것이 있었는데, 이것은 흰 옷감에 직경 4mm 정도의 점을 빽빽하게 인쇄하는 것이다. 이 점이 예쁘게 둥글어야 되는데 새 염료를 사용했더니 둥근 원에 뿔 달린 것 같이 물감이 번졌다. 이것을 상품으로 팔 수가 없게 되어 사단이 났다.

원인은 염료의 입자(粒子)가 곱지 못해서 생긴 일이다. 옷감 전체를 통째로 염색하는 데는 상관이 없었으나 이렇게 예민한 염색을 하는데는 염료의 입자가 더 고와야 했던 것이다. 염료를 사갔던 염색 업체, 옷감 업체들로부터 항의를 받고 당연이 배상을 해 주었다. 일본 업체에 항의했더니 우리는 제대로 다 일러주었는데 한국 공장에서 제대로 하지 못한 것이라고 일축했다. 공장 문은 닫혔고 염료는 다시 완제품을 들여오게 됐다.

한 일 년이 지나 L 선배는 다른 일로 일본에 갈 일이 있었는데 우연히 어느 화장품 공장을 방문하게 됐다. 화장품 분말을 빻는 기계들이 줄지어 있고 여공들이 기계 앞에 앉아있는데, 한 여공이 주머니에서 무언가를 꺼내서 기계에 넣는 것이다. 그게 무어냐고 물었더니 여공은 "아, 이거 조금씩 넣어야 분말이 더 곱게 빻아진다" 면서 몇 개를 집어 보였다. 그것은 콩알만한 유리구슬이었다. 그것 좀 줄 수 없느냐고 해서 한 주먹 얻어왔다.

〈화력발전소에서 무연탄을 땔 때, 무연탄을 아주 가는 분말로 만든 다음 뜨거운 불 속에 바람으로 불어넣어 태운다. 무연탄을 가루로 만드는 공정은 큰 무쇠 항아리(Mill)에 무연탄을 넣고 거기에 야구공 만한 쇠공들을 많이 넣고 함께 빙글빙글 돌리면 석탄이 고운 가루로 빻아진다. 이 쇳덩어리들을 밀볼(Mill Ball)이라고 했다〉

가루를 만드는 공정에는 어데서나 이 밀볼을 사용하는 모양이다. 그리고 그 볼이 굵은 것 한 가지만이 아니라 작은 것과 섞어 주는 것이 기술인 모양이다. L 선배가 처음 공장을 돌릴 때 일본의 염료업체 기술자가 와서 여러가지 기술 지도를 했고, 염료를 빻는 밀(Mill) 속에 쇠 구슬을 함께 넣고 돌린다는 것도 전해 주었다고 한다. 그런데 이 작은 유리 구슬을 더 넣는다는 이야기는 없었다. 이것이 실수였는지 의도된 것인지는 모른다. 기술 전수에서 1%가 빠진 것이다. 국내 업체에 부탁해 유리 구슬을 만들어다가 기계에 넣고 돌리니 완전한 상품이 나왔다.

(3) 기술은 아들에게도 숨긴다

우리나라에 전래되는 재미있는 이야기가 있다. 어느 마을에 집세기를 만들어 파는 사람이 있었다. 나중에 아들도 이 일을 했다. 그런데 아들 보기에 이상한 점이 있었다. 아버지의 물건은 늘 한 푼을 더 받는 것이다. 이것을 이상하게 여겨서 아버지에게 물었으나 대답은 늘 "차차 알게 된다"고만 했다.

아버지가 늙어 세상을 뜨려고 하자 아들이 "아버지! 집세기 값 어떻게 많이 받아요?" 소리쳤다. 아버지는 마지막으로 "털- 털-" 하고 숨을 거두었다. 집세기를 삼은 다음 털을 깨끗이 다듬어 주면 한 푼 더 받는다는 비결이다. 아주 간단한 것이지만 아들에게 조차 알려주지 않고 혼자서만 이익을 챙겼다.

(4) 약간 개량한 것도 큰 기술이다

증기기관(蒸氣機關)을 James Watt가 발명한 것으로 알려져 있는데 사실은 다른 사람이 먼저 증기의 힘을 응용하는 기계를 만들어 광산에서 사용했었다 한다. 다만 이것이 연속적으로 일을 하지 못해서 별로 쓰임새가 없었다.

여기에 J. Watt가 발브(Valve)를 발명해 붙여서 증기기관이 실용화 되었다. Watt는 큰 통에 좌우 양쪽으로 증기가 들어갈 수 있도록 하고, 증기가 들어가는 두 파이프 가운데에 발브를 달아서 이 발브의 움직임에 따라 증기가 좌우로 번갈아 통 속으로 들어가게 했다. 통 가운데에 있는 철판이 증기의 힘으로 좌우로 움직이는 과정에 피스톤 작용으로, 동력을 얻는다는 원리이다. 이 간단한 발명으로 인류역사가 바뀌었다.

(5) 기술은 '일을 하는 방법' - 모르면 중요하고, 알고나면 아무 것도 아닌 것

결국 얻어진 결론은 **'기술이란 무슨 일을 어떻게 하는가 하는 방법' 인데 모르는 동안은 중요하고, 알고 나면 별것 아닌 것으로 된다.** 다만 모르는 동안은 그 『어떻게』가 귀한 기술로 대접을 받는 것이다. 자동차 운전이 얼마 전까지 '기술'로 대접받았었다. 이 『어떻게』를 귀하게 여겨서 국가가 권리로 보호해 주는 제도가 『지적 재산권』 체제이다. 그 '어떻게'가 첩첩이 쌓여서 귀중한 큰 기술 집합체를 형성한다. 원자력발전소가 바로 이런 경우이다. 그러니 원자력발전소 건설·운영 기술을 얻기가 어려울만도 하다.

(6) Bechtel과 합작 시도

한전은 기술 습득 과정을 앞당겨 볼까 해서 설계 기술회사인 Bechtel과 설계합작사를 꾸며볼까 한 일이 있었다. 그것은 대만이 그렇게 하고 있다고 Bechtel이 자랑을 해서 김영준 사장의 지시로 KNE의 CEO 신기조[1] 님을 모시고 대만을 찾아갔다. 대만은 1970년대에는 여러모로 오히려 한국보다 앞서 갔다. 원전 건설도

---

1) 한전부사장, KNE 수석부사장

그들은 처음부터 Turn-key로 하지 않고 Bechtel을 고용해서 자체 구매를 하고 있었다. 그 당시 대만전력 사장은 David Chou(朱書麟)라는 공학박사였다.

처음에는 솔직한 속내를 들어내지 않더니 내중에는 진심을 토로했다. 미국 회사들 여럿을 겪어봤는데 까마귀 암놈 수놈 할 것 없이 다 검은 것 같이 미국의 기술회사들이 모두 자기네 잇속만 차리고 알려주는 것은 별것 없었노라고 했다. 〈당연한 일이다〉

David Chou는 다른 사람들에게도 비슷한 취지의 말을 했는데 이창건※ 박사에게는 다음의 글을 써주었다 한다.

天下烏鴉 服心同色 東西古今 全般暗黑
〈이세상 까마귀와 갈까마귀들의 배와 속내는 모두 같은 검은 색이다〉

우리도 그런 것을 경험했다. 그들은 알맹이는 숨기고 겁데기 만 선보였는데, 우리 측 사람들이 눈치껏 기술을 얻어내려고 시도하다가 실패를 했던 것이다. 결국 Bechtel과의 합작은 없던 일로 됐다.

공교롭게 그날이 1980년 8월 15일이었는데, 우리 대사관은 경축일이라 휴업이어서 아침에 인사 갔다가 헛걸음 했고, 저녁에 Hotel에서 대만의 석간 신문을 보니 최규하 대통령이 8.15 경축사에서 "본인이 장차 물러나고 젊은 일꾼들에게 권력을 이양하겠다"고 했다는 내용이 대서특필되어 있었다. 중국어는 하나도 모르지만, 대만 신문이 우리식 한자로 되어 있어서 한문만을 죽 훑어보아도 그대로 이해가 됐다. 참 신기했다.

5. 원천기술 습득을 위한 대모험

(1) 유익한 정보

1985년 한빛 3, 4호기를 건설할 즈음에 세계 원자력산업계는 완전히 Buyer's Market으로 돌아섰다. 이 기회를 기술자립을 할 절호의 기회로 삼아 "원천기술(源泉,Source Code)을 몽땅 내주는 업체를 선정할 수 없을까?" 하는 꿈을 꾸게 되었다. 이것은 하나의 모험이었지만 당시 한전 사장(박정기-朴正基※)의 뚝심이 이 계획을 밀어부쳤다. 그때 아주 유익한 정보가 들어왔다.

어느날 원자력연구소 이창건 박사의 방에 미국 에너지성(DOE) 차관이던 쉘비 브루어(Dr. Shelby Brewer)가 찾아왔다. 그는 장차 차관직에서 물러나 컴버스천 엔지니어링(Combustion Engineering, 약칭 CE)의 수석 부사장을 맡게 된다고 했다. 자기가 CE로 가면 이 회사가 가지고 있던 기술을 모두 한국에 내놓고 한국과 한 배를 타고 세계 시장에 진출했으면 한다고 했다. 아마도 많은 부채로 도산하게 된 이 회사가 마지막으로 한국과 계약 한 건을 맺어서 그 번 돈으로 빚을 청산할 작정인 듯 했다. 한국으로서는 바로 바라던 바였다.

(2) 자신 있는 입찰 안내서

그래서 1985년 1월 입찰안내서(ITB)에 "**100% 기술 전수를 하는 업체를 선정한다**"는 조건을 자신있게 명시하고 이것을 7개국 23 업체에 발송했다. 한 가지를 덧붙이면 "**계약서는 한국어본을 원본으**

로 한다."고 했다. 그동안 계약서 해석에서 수없이 수모를 당했었는데 이제는 칼자루를 우리가 쥐겠다는 것이다.

(3) 의외의 낙찰자들

입찰서를 발표한 결과 세계가 놀랐다. 합격자도 불합격자도 모두 놀랐다. 오랫동안 한국의 원자력발전소를 독점하던 웨스팅하우스가 미끄러지고 한국에 생소한 컴버스천 엔지니어링이 선택된 것이다. 그리고 계약방식은 한전이 **국내 업체**를 선정하고, 입찰에 성공한 **외국 업체**들은 해당 국내 업체와 계약 하는 3각계약 구도이다. 그 내용은 다음과 같다.

- 원자로 기기 제작 :
  한전 ⇔ 한국중공업[2] ⇔ Combustion Engineering
- 원자로 계통설계 :
  한전 ⇔한국원자력연구소 ⇔ Combustion Engineering
- 종합프랜트 설계 :
  한전 ⇔ 한국전력기술 ⇔ Sargent & Lundy
- 터빈-발전기 설계제작 :
  한전 ⇔ 한국중공업 ⇔ General Electric
- 핵연료 설계제작 ;
  한전 ⇔ 핵연료주식회사 ⇔ Combustion Engineering

---

2) 한국중공업은 두산중공업의 전신이다

전번에 했던 Island Approach와 외형은 비슷해도 내용이 다른 점은 **계약업체들이 의무적으로 한국업체에 '원천기술'을 넘겨야 한다는 조건**이 붙은 점이다.

Combustion Engineering이라는 미국 업체는 원자력발전소 건설의 2세대 강자였다. 1960년대 미국의 수많은 원전에 주로 PWR※ 원자로를 제작 납품했었고, 그 이름이 말하듯이 원자력발전소의 계통설계 강자였으나, TMI 사고 이후 미국 NRC의 규제 강화로 다른 원전업체들과 함께 사업 부진에서 벗어나지 못했다. 기술자들을 많이 내보내고도 부채를 해결할 방법이 없어 생명처럼 아끼던 족보(族譜)를 팔아먹게 된 것이다. CE는 그후, ABB에 팔렸다가 다시 팔려서(Westinghouse가 망해서 일본 도시바가 인수한 곳에 흡수돼서) 명맥을 유지하고 있다. 그들로서는 **부채 문제를 해결했**고, 한전으로서는 **거의 비용을 들이지 않고 원천 기술을 손에 넣은 것**이다. 큰 성공을 거두었다.

또 하나의 국제적인 화제는 세계적인 원전업체 General Electric이 한국중공업의 하청 업체가 된 것이다. 그러나 GE로서도 일감이 없는 형편이라 찬밥 더운밥을 가릴 처지가 못되었다. 그리고 한국의 원전건설을 독점하다시피 했던 Westinghouse는 크게 반발하고 요로에 로비를 했던 것 같다. 1986년 국정감사에서 야당의 요란한 파상공격이 있었고, 사법당국이 장기간 광범위로 조사를 했다. 관련된 한전맨들은 정상명 검사의 이름을 오래도록 기억하게 됐다. 그러나 처음부터 잘못이 없었으므로 아무리 캐도 나올 것이 없었다.

6. CE 기술을 완벽하게 흡수했다

(1) 120 여명의 기술 전수 인력

무엇보다 기술을 받아오는 과정이 성공적이었다. 원천기술(Source Code)이란 기록의 형태로 존재하기 때문에 그것을 손에 넣는다 해도 실제로 응용할 수 있어야 내 것이 되는 것이다.

원자력연구원과 KOPEC 등에서 120여명을 선발해서 기술전수 작업에 동원했고 원자로 계통 설계에만도 36명으로 팀을 짰다. 작업은 CE가 과거 제작해서 납품했던 1,270MW 원자로의 설계도를 원본으로 해서 우리가 필요로 하는 한빛 3, 4호기용 1,000MW 원자로를 설계하는 것이었는데 막상 설계에 들어가자 CE측은 흑심을 품고 일부를 감추려 하더란다.

우리 원자로 설계팀의 단장은 이병령 원자력연구원 연구원이었는데 이 박사는 아주 기묘한 아이디어를 짜내어 우리 기술진이 CE의 핵심 기술을 모조리 흡수할 수 있도록 했다. (그 내용은 복잡해서 다 옮길 수가 없다. 자세한 내용은 이병령 박사의 저서 '한국형 원전 후쿠시마는 없다'를 참조바란다)

(2) 천시(天時)를 잡았다

동양 사람들의 사상에는 천시(天時)라는 것이 있다. 하늘이 가끔 몇 사람에게 짧은 기간 호의적인 기회를 부여한다는 것인데 우리 한국에 내린 좋은 기회를 우리가 잡아챈 것이다. 독일 사람들은 '별의 시간'(Stern Stunde)이라고 한다. 어쨌든 우리는 기회를 잘 이용해서 일을 해냈다.

기초실력이 충분했던 우리 요원들은 공부하면서 실습까지 하게 되어 CE의 기술을 완벽하게 소화하게 된 것이다. 후일 이들 기술요원들은 한전의 자회사 KOPEC 으로 자리를 옮겨 기술력을 보존하고 있다.

7. 제3세대 원전 - APR1400

CE에서 배운 기술로 OPR1000이라는 고유 모델을 만들어서 여러 곳에 원전을 지은 다음, 거기에 더해서 우리가 오래전부터 나름 연구해 둔 고유 기술을 접목해서 짧은 기간 내에 APR1400이라는 아주 성능이 좋은 3세대 원자로 설계를 완성했다. 이것으로 신고리 3, 4호기를 건설하고 또 UAE에 우수한 원전 4기를 팔 수 있었다.

이 APR1400 설계는 미국의 NRC로부터 기술인증을 받았다. 까다롭기로 유명한 이 기관으로부터 받은 인증은 세계 최고 수준이라는 보증서와 같은 것이다. 왜냐하면 프랑스와 일본도 미국 NRC에 인증신청을 했으나 중도 탈락했고 미국 이외의 나라는 우리만이 받았으므로 앞으로 미국은 물론 세계시장에서 한전이 강자로 두각을 나타낼 수 있게 되었다. 이 설계는 구라파의 기술 장벽도 넘었다. EUR의 승인도 받았다.

미국 NRC의 인증서

제 5 장

원자력발전소는 위험한가?

1. 위험하다

모든 에너지는 다 위험하다. 원시적인 에너지인 물-불-바람 모두 위험하다. 불을 끄기 위해서 전국에 수 백군데 소방대를 운영하는데 화재가 그치지 않는다. 해마다 물난리를 겪고 산다. 거의 매년 태풍으로 큰 피해를 본다. 신규 에너지라는 수소도 몇 해 전에 속초에서 대규모 폭발이 있었다. 모든 에너지는 위험을 내재하고 있지만 인류는 각기 알맞는 기술을 개발해 유용하게 사용하는 것이다. 그래서 에너지로 인해서 일어날 피해가능성을 기술계에서는 위험(Danger) 대신에 위험부담(Risk)이라는 용어를 쓴다. 영어의 Risk는 인간이 '~를 무릅쓰고 극복할 부담'이라는 뜻이다.

위험을 다스리는 방법은 세 가지가 있다. ① 예방하는 것이다. ② 위험 요소를 제거하는 것이다. ③ 위험 요소에 가까이 가지 않고 피하는 것이다. 원자력발전소에도 위험요소가 있다. 이것을 제대로 아는 것이 출발점이고, 이것을 알고 다스리면 안전하다.

몇 번의 사고가 있었다. 그 내용을 소개한다.

2. 원자력 발전소의 3대 사고

(1) 3대 사고의 공통점, 원자로 용융

원자력발전소는 1950년대 개발이 시작돼서 이제까지 세 차례의 큰 사고가 있었다. ① 1979년 미국의 TMI, ② 1986 소련의 체르노빌, 그리고 ③ 2011년 일본의 후쿠시마이다. 이 사고들에는 **공통점**이 있다. 원자로를 식히는 냉각수가 어떤 이유로 모자라서(없어서) 핵연료의 용융(熔融)※상태가 발생했다는 점이다. 그런데도 이런 내용이 운전반(運轉盤)에 제대로 표시되지 못해서 운전원들이 이 사실을 몰랐고 적절한 대응을 하지 못했다. 그래서 사고가 확대된 것이다. 이들 모두 2세대 구형 원자로였다. 사고의 결과는 세 곳이 약간씩 다르다.

(2) TMI 사고 (1979. 3. 27)

TMI 발전소는 미국 Pennsylvania 주의 GPU Nuclear Inc. 회사 소유인데 PWR※(Babcock & Wilcox 제작)이고 발전용량이 89만KW 로서 우리 고리 1호기와 로형-발전용량 등이 비슷해 특히 관심이 갔었다.

본래 쌍둥이 발전소로 1, 2호기를 지었는데 사고가 난 것은 2

호기였다. 다른 회사 소유의 1호기는 수명 기간 동안 잘 돌다가 두어 해 전에 정지했다. 인류 최초로 원자력발전소 사고가 발생하고 보니 온 세계가 발칵 뒤집어졌다. 한전에서는 원자로 담당 박상기(朴祥基) 부장을 파견했다. 그의 보고내용(사실상 미국 원자력계의 조사내용)은 다음과 같다.

PWR※형 체제에서는 원자로에서 덥혀진 물이 증기발생기※(SG)로 가서 거기 있는 물을 데우고, 이 물이 고압 증기가 되어 발전실의 터빈을 돌리는 구조이다.

그런데 무슨 이유에서인지 원자로의 물이 SG로 들어가지를 않았다. 당연이 원자로 내부의 뜨거운 물 온도가 (식혀주지 않으니까) 급상승해 과열 현상이 일어났다. ***가압기는 150기압을 넘기지 않도록 (압력을 내리려고)*** *자동적으로 안전밸브가 열려서* ***물이 원자로 밖으로 방출****되기 시작했다.*

물은 줄어드는데 그 공간에 남아 있던 물이 증기로 되어 부피가 팽창하니까 압력이 올라가, 운전반 계기에 원자로 내부 압력이 상승하는 것으로 나타났다. 이런 상황에서는 당연히 물을 공급해 주어야 하는데, 운전원은 물이 넘쳐나는 줄 알고 반대로 ***물 공급을 차단****했다.*

원자로 내부에서는 난리가 났다. 핵연료 온도가 올라가면서 우라늄을 감싸고 있던 피복제(질코늄 합금)와 수증기가 산화반응을 일으켜서 ***수소****가 발생하고 뒤따라 핵연료의 용융(鎔融)※이 시작됐다. 다행히 이 와중에 운전원이 문제의 실상을 깨닫고 냉각수를 원자로에 넣기 시작하자 핵연료가 용융을 멈추고 사고가 종료되었다.*

격납건물 안의 상태는 험악했지만 원래 PWR형은 Dome을 높은 압력에도 견디도록 든든하게 만든 덕분에 문 닫고 전기 끄니 조용하게 일이 끝났다. ***인명피해도 없었고 환경 오염도 없었다,*** *졸지에 GPU N 회사는 발전소 하나를 잃었을 뿐이다.*

이 사고의 경제 사회적 영향은 지대했다. 세계적으로 원전의 안전성에 의문을 제기하는 '**사회적 수용성**' 문제가 생겼고, 미국 NRC는 **강력한 안전규정**을 새로 도입해서 한 20년간 미국에서 신규원전의 건설은 꿈도 꾸지 못했다.

반면 PWR 원자로 업자들은 거꾸로 TMI 사고가 PWR의 안전성을 입증한 것이라고 주장했고, 원자로 설계업체들은 이 사고에서 얻은 경험자료들을 토대로 원자로 내부의 계측기능(MMIS)을 강화해서 원자로안의 모든 변화가 운전반에 정확하게 뜨도록 다양한 보완을 했다. 즉 원자력발전소의 기술 기준의 향상으로 기능이 향상(up grade)된 것이다.

또 한 가지는 미국 정부가 원자력 기술의 해외 이전을 느슨하게 한 덕분에 우리가 CE로부터 기술을 이전받을 수 있었다. (프랑스의 EDF도 이 무렵 WH로부터 기술을 이전 받았다)

(3) 체르노빌 사고 (1986. 3. 25.)

구 소련은 핵무기를 비롯한 원자력 설비 상당수를 위성국이었던 우크라이나 지역에 배치했었다. 지금의 우크라이나는 모두 15개의 원전을 운영중이고 2기를 건설하고 있다. 지금의 원전들은 소련의 2세대 원전인 VVER-1000인데 사고가 난 체르노빌 단지 발전소들의 원자로는 RBMK라는 핵폭탄 원료 추출을 겸한 것이다. 압력관이라는 여러 개의 관속에 각 관마다 핵연료와 함께 냉각재※(물)와 감속재※(흑연)가 들어있는 구조이다. 감속재로 흑연을 사용하는 경우는 사용후 핵연료에서 플루토늄을 많이 회수하려는 목적이다. 북한의 영변 5MW(메가왓트) 원자로도 흑연을 감속재로 사용하고 있다. 문제는 Dome이 허술했다. 안전 개념이 약했던 소련 당국의 설계기준 탓이라고 평가된다.

사건은, 전력본부가 발전기의 **출력조절 실험**을 시도하다가 일어났다. 1차 실험은 잘 돼서 출력을 50%까지 내렸다가 잘 회복했다. 두 번째 실험이 시작돼서, 매뉴얼대로, 터빈으로 가는 증기를 줄여서 원자로 출력을 줄이고자 했는데, 줄기는 커녕 오히려 출력이 상승했다. 원자로가 제대로 제어되지를 않았다. 운전원들이 실랑이를 하는 동안 원자로 출력이 엄청나게 올라갔다. 이 상태가 지속되더니 (수소 발생으로) 압력관이 파손되고 연이어 폭발이 일어나자 2,000톤이 넘는 원자로 덥개가 날아갔다. 노심 상부의 핵연료가 공기에 노출되면서 감속재 흑연에 불이 붙었다. 두 주가 지나서야 화재가 진압되고, 헬리콥터로 약 5,000톤의 흙, 모래, 납을 혼합해 원자로를 매몰했다.

이 사고로 많은 인명피해가 있었다. 600명의 작업자 중 2명은 당일 사망하고 4개월 후까지 28명이 사망했는데 이들은 모두 소방관들이었다. 그 후 2005년까지 약 50명이 사망했다고 한다. 많은 핵물질이 방출되어 환경이 파괴됐다. 문제의 원자로를 콘크리트로 다시 매몰했으나 시원찮아서 석관(Sarcophagus 石棺)이라 불리는 거푸집을 만들어 씌워놓았다가 2016년에 NSC(New Safe Confinement 안전매몰설비)공사를 완료했다.

소련은 소련스럽게 처음에는 이 사고를 숨겼다. 두어 달 후 구라파 각국의 환경에 방사능이 과도하게 검출되자 할 수 없이 소련이 실토를 했다. 독일과 몇 나라들이 경악해서 탈원전을 결심하고 실천하는 빌미가 됐다. 체르노빌 발전소 단지에는 4기의 원전이 있었는데 사고가 난 것은 상업운전을 시작한지 2년밖에 안된 4호기였다. 나머지 3기의 원전들은 운영을 계속하다가 설계수명보다 약간 일찍 문을 닫았다. 이곳 발전소들이 무기 원료(플루토늄) 생산을 위한 특수 로형(RBMK-1000)이어서 소비에트 연방이 해체된 후 우크라이나 정부가 결단을 내린 것으로 보인다.

참고로, 우크라이나에는 지금 소련이 건설한 VVER-1000 PWR 15기는 잘 가동되고 있다. 30여년의 세월이 흘러, 조용해지자, 우크라이나 정부는 사고지역의 환경을 정리하고 관광객을 받기 위한 준비를 하고 있다고 한다. 1945년 원자폭탄을 정면으로 맞아 큰 피해를 입었던 히로시마와 나가사키 두 도시가 평온하게 살고 있는 것을 연상하기 바란다.

(4) 후쿠시마 원전 사고 (2011년 3월 11일)

일본 도쿄전력은 도후쿠(東北) 지방에 원전단지 2개를 운영하고 있다. 그중 제1단지에는 6기의 BWR※ 발전소가 있었는데, 2011년 3월 대지진(9.0규모)이 일어나자 이들 원전들은 자동적으로 운전정지가 되었다. 뒤이어 그 지역 송전탑들이 파손돼서 밖에서 들어오는 전력망이 끊어졌지만, 소내 자가발전기가 잘 가동해 별문제가 없었다. 여기까지는 아무 탈이 없었다.

그러던 중, 대형 쓰나미(15m)가 덮쳐서 지하에 있던 소내 발전시설이 침수 되고, 축전지실도 침수되면서 전원이 몽땅 없어졌다. 전원이 없으니 모든 설비를 기동할 방법이 없게 되었다. 1, 2, 3, 4호기에 같은 피해가 발생했다. 4호기는 보수중이라 핵연료를 꺼내놓고 있었는데도 결과적으로 비슷한 사고를 당했다.

기계 계통에는 아무런 고장이 없었음에도 불구하고, **전원이 없어서** 냉각수가 돌지 않으니까 **원자로안의 붕괴열**을 식힐 방법이 없었다. 원래 2, 3호기에는 GE가 가르쳐 주지 않은 일본 자체 기술로 사고에 대응하는 각종 장치를 추가했었는데 시간이 지남에 따라 하나씩 무력화되어 갔다. 그런데도 운전원들은 이들 장치들이 잘 작동하고 있어서 <u>문제가 없는 것으로 잘못 알고 있었다</u>.

원자로 내부에서는 핵연료의 금속(질코늄 합금) 피복재가 고열의 수증기와 반응하면서 수소가 발생하기 시작했고, 이것이 핵연료의 온도상승을 촉진하는 작용을 했다. 그때까지만 해도 시간은 충분했다. (복잡한 설명을 생략하고) **원자로에 물을 넣으면 간단히 해결 될 일**인데, 도쿄전력 임직원들은 사고내용의 심각성을 미처 인

후쿠시마 사고현장

지하지 못하고 문제를 크게 만들었다. 어떤 외국 기술자는 접시물에 빠져 죽은 꼴이라고 했다.

일설에는 직원들이 바닷물을 넣으려 하자 도쿄전력 사장이 "그렇게 하면 원자로가 아주 못쓰게 되는게 아니냐, 어디서 (단)물을 찾아보라."고 만류했다는 말도 있고, 원자로로 통하는 구멍이 배기밸브인데, 운전원들이 평소에 거의 사용하지 않아서 위치를 찾지 못했다고도 하고, 또는 그 위치를 알기는 했는데 방사능 준위가 너무 높아서 접근하지 못했다는 말도 있다.

대책 없이 시간이 흘러가는 사이 원자로 건물 상부에서 수소가 폭발하는 사고가 터졌다(1, 3호기). 이 장면은 국내 TV도 방영해서 많은 국민들이 경악했다. 혹시 원자로가 폭발한 것인가 하고 – 그러면서 원자로 건물 지붕이 날아갔다. 이후로 각종 방사성 물질

일본 도후쿠 단지의 오염된 지하수 모음 탱크들

이 산지사방으로 흩어지는 사고가 진행됐다. BWR※ 원전에는 원자로 건물을 보호하는 Dome이 약하다는 게 약점의 하나이다. 체르노빌 사고에서도 이 Dome이 약해서 문제가 확대 되었다.

PWR※에서는 고압(150기압)의 유체가 고속으로 순환하니까 원자로를 비롯한 원자력 건물 내부의 모든 설비를 두텁게 만들어야 되고, 외부에서 둥근 지붕으로 보이는 Dome을 강하게 해서 내부를 보호하고 있다. TMI 사고에서는 이 Dome이 모든 것을 덮고 조용하게 넘어갔다.

이후 원자로 내의 손상된 핵연료가 붕괴를 계속하고 있는 것으로 파악되었다. 이것을 식히기 위해서 하루 300톤의 물을 (순환) 공급해서 현상유지를 했다. 문제는 그 지역에 지하수가 나와서 오염된 후 바다로 빠진다는 것을 알게 됐다. 이것을 방지하기 위해서 거대한 물탱크를 만들어서 수집-보관하고 있다. 원자로 사고는 그럭저럭 멈췄는데, 오염수 문제가 또 다른 문제로 등장해서 일본을 괴롭히고 있다.

사고가 난지 10년이 됐다, 2021년 봄이 되자 오염된 지하수 보관이 한계에 도달했다. 일본 정부는 이들을 정화 처리해서 바다에 방류할 계획이라고 발표했다. 일본 정부는 이들 방류하는 물을 **오염수**(Contaminated Water) 대신에 **처리된 물**(Treated Water)이라고 주장한다. 주변국들 특히 한국은 방류하지 말라고 주장을 한다. 이 문제에 관해서는 상당한 설명이 필요하므로 다른 장에서 별도로 살펴본다. 〈제6장 후쿠시마 오염수 방류문제 참조〉

(5) 40년 전 후쿠시마 단지 견학

80년대 초 한국의 원자력산업계는 일본과 협력관계를 맺고 격년으로 일본과 한국을 오가며 세미나를 했다. 필자도 한 번 여기서 논문을 발표한 일이 있다. 우리는 겨우 고리 1호기 하나 운영하는 형편일 때, 일본에 가면, 우리를 지방에 있는 자기네 원전단지로 안내해 견학을 시켰다.

특히 이번에 사고가 난 도후쿠단지에 가서는, "1호기는 GE 것인데 2호기 부터는 자기네(도시바)가 만든 것이라고" 자랑하면서, "거기에는 약간의 설계를 개선해서 사고시에 발전소를 안전하게 유지하도록 한다고." 자랑했다. 그건 사실이었다. 이번 사고에서 2, 3호기에서는 1호기에는 없는 안전 설비가 한동안 작동했었다는 내용을 위에서 언급했다.

우리는, 그저 입 벌리고 바라보면서, 언제쯤 우리도 우리 손으로 이런 걸 만들어보나 - 하고 부러워했었다. 30여년이 흐른 후 그 단지에서 처참한 사고가 나고 보니 감회가 새롭다.

3. 3대 사고의 해석

(1) 두 가지를 살펴본다

위에 소개한 3대 사고는 세계 원자력발전소 역사에 아주 치명적인 영향을 끼쳤다. 원자력발전소를 30기 가까이 건설. 운영하는 우리로서는 이것이 단순한 『남의 집 불구경』이 아니다. 심각하게 분석하고 제대로 해석해서 안전성을 확인하지 않고서는 원자력발전소를 지을 수도 운영할 수도 없다. 이 문제는 두 가지 각도에서 검토할 필요가 있다.

첫째, 기기의 운영 부분인데, 원자로가 용융에 이르게 된 원인이 원자로 설비의 운영체제 결함때문인가 또는 운전원의 실수때문인가 하는 것이고, 둘째, 사고 여파로 방사능 물질이 유출돼서 방사선 피해의 위험이 있을 때 이것을 어떻게 극복할 것인가 하는 것이다.

(2) 사고 발전소의 운영체제 검토

TMI 발전소의 경우 1, 2호기 모두 Babcock & Wilcox 사가 원자로 계통을 납품했다. 이것은 딴 이야기지만, 이 단지의 두 발전소는 소유회사가 각기 달랐다. 같은 단지에 다른 회사끼리 함께 원전을 건설 운영하는 사례는 극히 드물다. 사고가 나지 않은 1호기는 Exelon사 소유이고 아무 일 없이 설계수명대로 잘 운영을 했다. 그렇다면 원자로의 운영체제 결함이라고 단정할 수는 없고, 사고당시의 보고서에도 운전원의 실수였다고 되어 있다. 그러나 원자로와 SG에 이상이 있을 때, 운전실의 운전반(運轉盤)이 운전원으로 하여금 용이하게 처리할 수 있도록 설계되어 있지 않은 것은 설비의 결함으로 보인다.

사고 직후 산업계 여론은 원자로 공급자에게 비난이 쏟아져서 B&W는 회사 문을 닫을 수 밖에 없었다. 지금 세계적으로 운영중인 원자로 태반이 TMI 원전과 비슷한 제2세대의 것인데, 〈1세대는 옛날에 폐쇄〉 운영체제를 당장 바꿀 수 있는 형편이 아니므로 엔지니어링이 미처 되지 못한 부분은 몇 가지 예상되는 여건을 예측해서 운영하고 있다. 원자로 운영은 전자 시스템에 의한 원격조정인데 그 당시의 전자 시스템이 구세대 방식이었다는 것도 문제의 하나다.

(3) 원자력발전소도 진화한다

원자력발전소 운영체제도 진화한다. '원전의 역사'에서 잠깐 언급했듯이 〈제6장 5. 방사능(선)은 무엇인가, 참조〉, 아인슈타인의 상대성원리를 현실화시켜서 실제로 핵물질의 연쇄반응을 성사시킨 사람은 Enrico Fermi이다. 그가 처음으로 실험한 실험로 이름이 CP-1인데 이것이 점차 진보해서 CP 시리즈가 CP-5까지 나갔다.

초창기 제1세대의 원전은 겨우 만kW, 3만kW 정도이고 운영체제도 (지금과 비교하면) 엉성한 수준이었다. 그러나 제2세대에서는 용량도 크게 늘고 운영체제도 많이 발전됐다. 1971년 한국에 고리 1호기가 들어온 것은 이 무렵이다. 한국이 원전 기술을 자립하고 우리 기술로 건설한 원전들, 한빛 3, 4호기부터(1987년), 한울 5, 6호기, 신고리 1, 2호기까지는 OPR1000이라는 원자로를 설치했는데, TMI 사고 결과를 반영해서 많이 개량한 것이다.

그러나 신고리 3, 4호기부터(2001년)는 획기적으로 진보된 APR1400를 설치하기 시작했다. 이것은 제3세대에 해당되고, UAE에 수출도 하고 세계적으로 인정받는 작품이다. 제3세대 원자력발전소의 특징은 발전된 전자기술을 접목해서 원전의 모든 분야의 운영을 AI 시스템으로 구동한다. 오십여 가지 원자로 안의 움직임이 완전히 운전반 패널에 전달된다. 무슨 사고가 생길 빈틈이 없다.

(4) 3대사고는 순기능도 있었다

인간이 고안(考案)한 모든 기기(器機)들은 처음에는 모두 유치한 것으로 출발해서 점차로 그 기능이 진화하고 성장했다. 자동차 기술도 그 한 예이다. 처음 자동차는 증기기관에 바퀴를 단 것이었다. 여기에는 변속기나 브레이크가 없었다. 내연기관으로 전환되고서도 많이 엉성했었는데 한 가지 두 가지 개량돼서 지금의 안전한 자동차를 우리가 향유하는 것이다. 지금 전기자동차로 전환되는 중인데 새로 나오는 전기차도 많은 시행착오를 거쳐야 괜찮은 물건이 생산될 것이다. 원전의 3대 사고는 세계적으로 원전사업에 엄청난 어려움을 안겼지만 순기능도 있었다. 높은 차원에서 바라보면 원자력발전소 건설, 운영 기술발전에 하나의 징검다리 역할을 한 것이다. 부족한 점을 노출시켜서 개선토록 했다. 사람으로 말하면 홍역을 치렀다고 할까? 이제부터 안전한 원전을 건설 운영할 수 있는 계기를 마련했기 때문이다.

(5) 방사능(선)의 위험성과 대처 방법

TMI 사고에서는 원자로가 용융되다가 중단되고 사고가 끝났지만, 분명 격납건물(Dome) 안에는 방사능 물질이 샜을 것이다. 그러나 격납건물이 든든하게 버티고 있어서 주변에 아무런 말썽을 부리지 않고 넘어갔다. 장차 폐로할 때 특별한 절차가 필요할 것이다. 이와 반대로 체르노빌 사고에서는 허술한 격납건물이 파괴돼서 그 안에 있던 방사능 물질들이 밖으로 흩어져서 문제가 생겼다. 이것은 분명 아주 위험한 상황임에도 불구하고 소련 당국은 '소련스럽게' 수 많은 인력을 위험지역에 투입해서 수습을 했다. 그 과정에 50명 가까운 인원이 생명을 잃게 됐다. 구소련의 위험 대처방법은 잘못됐다. 이 소식을 듣고 유럽 여러 나라가 경악한 나머지 탈원전이라는 극단의 선택을 하게됐다. 어쨌든 체르노빌 사고는 일회성으로 끝나서 더 손을 쓸 데가 없다. 주변에 흩어진 핵물질은 세월이 흐름에 따라 확산을 거듭해서 위험도를 점점 줄여간다고 한다.

일본의 경우 상황은 체르노빌과 비슷했지만 위험에 대처하는 방법은 소련과 전혀 달랐다. '위험 물질'에 접근을 삼가한 것이다. 용융된 원자로 근처에 접근을 하지 않고 주변의 일들만 처리하고 문제의 일거리는 '적절한 처리방법'을 연구중이다. 일본은 원자력 기술강국이다. 가까운 시일안에 해결책을 찾을 것으로 본다. 이 문제가 해결되면 원자력산업에서 또 한 단계의 진전이 이루어지는 것이다. 다만, 원자로 주변에 지하수가 침투해서 핵물질에 오염된 채 새나오는 것이다. 이것을 주어 담아 탱크에 저장하다가 10년이 되니 다른 해결방법을 찾고 있다. 이것을 처리해서 해양으로 방류하려는 것이다. 그렇게 하면 별문제가 없다. 이 문제는 약간의 설명이 필요하므로 다른 장에서 살펴보기로 한다.〈제6장 참조〉

제 6 장

후쿠시마 오염수 방류 문제

원자력 발전소의 구조를 설명하는 서두에,
"이것을 이해하면 원자력발전소 문제의 50%를
이해하게 된다"고 언급했었다.
나머지 50%는 제5장과 제6장을 이해하면 완성된다.

1. 일본의 오염수 방류계획

일본 후쿠시마 원자력발전소 사고는 현재도 진행형이다. 그래서 자세한 분석을 필요로 한다. 자료를 수집하는 중에 최근 『월간조선 2021년 6월호』에 이경훈 기자가 이 일을 잘 정리해 놓았다. 또 한국의 원자력환경기술개발(주) 임병우 사장[1]이 『원자력산업 2021년 4월호』에 '후쿠시마 원전사고와 방사능 제염 기술의 개발'이라는 논문을 발표했다. 독자 중에 관심이 있는 분은 함께 공부했으면 한다.

---

1) 한양대 원자력공학 학사, 서울대 원자력공학 석사, 한국전력기술(주) 상무

(1) 일본의 발표 내용

지금 후쿠시마에 모아 둔 오염수 총량은 125만톤이다. 이것을 ALPS 방식으로 제염해서 62개 핵종을 걸러내고 걸러지지 않는 삼중수소를 희석한 후 30년에 걸쳐 해수로 방류한다.

(2) ALPS

ALPS(Advanced Liquid Processing System)는 다핵종(多核種) 제거설비인데 7종의 흡착탑(이온화 교환수지 분리막[2])으로 방사성 핵종을 물리적-화학적으로 정화한다. 원자력발전소마다 비슷한 설비를 가지고 있다. 쉽게 말하면, 우리 가정에서 사용하는 정수기(淨水器)와 필터를 연상하면 된다. 우리의 정수기들은 눈에 보이지 않는 각종 광물질들을 걸러내서 증류수에 가까운 물(淨水)을 생산한다. 인체에 필요한 미네랄까지 걸러내기 때문에, 오히려 결손된 무기물들을 다른 경로 즉, 국, 김치 등을 통해서 섭취해야 된다.

일본의 ALPS와 같은 기능으로, 62핵종을 제거하는 한국의 '원자력환경기술개발(주)'가 개발한 설비의 개념도를 아래에 소개한다. 그리고 일본의 현장에서 사용하는 세슘 등 62핵종 회수장치인 '흡착재 카트리지 모듈'과 같은 내용의 것을 아래에 소개한다.

---

2) 분리막은 흡착재(필터)인데 우리 원자력환경기술개발(주)가 개발한 고효율 제품을 일본에 선보이고 일단 일본 권위있는 기관의 공인을 받았다. 일본이 위 기기에 넣어서 사용하게 될 듯하다.

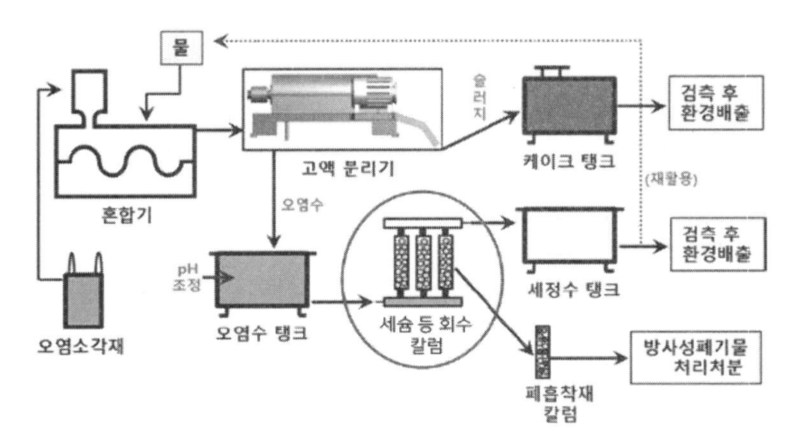

위 도면에서 원 안의 정화장치(세슘 등 회수 칼럼)

여기에 국내 업체의 활동을 소개하는 이유는 독자들이 한국 원자력산업계의 기술 수준을 정확하게 이해하고 우리 원전 운영에 신뢰를 가지도록 하기 위함이다. ALPS에서 62종의 핵종은 걸러지고 두 가지가 남는데, 하나는 탄소14이고 또 하나는 삼중수소이다. 탄소14는 화석(化石) 등의 연대 측정에 이용하는 등 쓰임새가 있는 물질이지만 그 양이 아주 미미해서 별도로 언급할 필요가 없다. 나머지는 삼중수소인데 이것은 약간의 설명이 필요하다.

2. 삼중수소(三重水素)란 무엇인가

우선 삼중수소의 속성을 알아보면, 자연 상태에도 존재하고 인공적으로도 만들어진다. 그러나 그 양이 아주 적다. 1년에 동해 전체에 비와 함께 내리는 삼중수소의 양이 3g이다. 눈에 넣는 안약 수준이다. 지금 일본 도후쿠 오염수 탱크에 있는 삼중수소 총량도 3g 정도라고 한다.〈16cc로 추정하는 사람도 있다.〉 베타 방사선을 방출하는데 그 에너지가 약해서 인체의 피부를 뚫지 못한다. 그래서 체외에 있을 때는 아무런 문제가 없고 이것이 인체내에 들어왔을 때 문제가 되는데(방사성 물질이니까) 10일 정도 지나면 소변으로 배출된다. 우리 체내에도 삼중수소가 상존(常存)하지만 (양이 극미해서) 별 문제가 없다고 한다.

이 물질의 쓰임새는 상당하다. 무기(수소폭탄) 원료 말고도 발광체 등을 만드는 데 활용된다. 뒤에 소개하는 핵융합에는 삼중수소가 주인공이다. 희귀한 물질이니까 값이 비싸다. 1g 가격이 무려 3,500만 원인데 (같은 무게 금값이 6만6천원) 포집이 어렵기 때문이라고 한다. 한수원이 상당량의 삼중수소를 확보하고 있지만 국제 거래에 제약이 있어서 그냥 보유하고 있다는 설이 있다.

3. 저준위 방사선 물질 방류는 허용된다

국제기구(ICRP)는 저준위 방사성 물질을 바다에 버리는 것을 허용한다. 인체에 전혀 위험이 없기 때문이다. 그 세부 기준은 국가마다 다르다. 일본은 삼중수소를 바다에 버릴 수 있는 기준을 L당 6만 Bq로 하고 있다. (한국은 4만 Bq)

방사능을 측정하는 단위로 **시버트**(Sv)와 **베크렐**(Bq)이 있다. 전자는 인체가 받게되는 방사능의 영향을 기준으로 하는 것이고, 후자는 방사능 자체의 활동(1초에 몇 번 붕괴를 일으키는가)을 기준으로 한 것이다. 동일한 방사능의 활동을 Bq로 표시하면 숫자가 엄청 크다. 한국의 언론에서 Bq로 표시하는 경우가 많은데 '수 십만 베크렐' 이렇게 표현하면 무언가 무시무시한 느낌이 든다. 혹시 위험정도를 부풀리려는 것 아닌가 하는 의심을 받는다.

Sv 단위는 보통 그 1,000분의 1인 mSv를 쓴다. 자연상태에서 인간이 연간 방사선에 의해서 피폭(被曝)되는 선량은 2.1mSv 수준인데 서울에 거주하는 시민들의 연간 피폭선량은 (약간 높은) 3.1mSv이고 도쿄 시민은 1.5mSv이다. 그것은 서울을 둘러싼 지질구조가 화강암 지대여서 자연방사선의 영향을 더 받기 때문이라고 한다.

만약 1,000mSv(1Sv)에 피폭될 경우 메스꺼움을 경험하게 되고, 많은 경우 백내장에 걸린다. 4,000mSv를 맞으면 그중 50%는 이르면 2개월 이내에 생명을 잃는다. 그러나 이렇게 엄청난 방사선을 받을 경우가 거의 없다.

4. 우리 정부와 과학자의 후쿠시마 오염수 조사 결과

우리나라는 후쿠시마 오염수에 관해서 주목할 만한 두 가지 문건을 만들었다.

그 하나는 정부기관이 만든 것이고 다른 하나는 방사능(선)을 연구하는 과학자들이 만든 논문이다. 이 두 문건으로 인해서 후쿠시마 오염수 문제는 더 이상 거론할 필요가 없다.

(1) 정부기관의 조사 결과

정부는 2020년 10월 15일 국무조정실 사회조종실장이 주관하는 TF에서 『**후꾸시마 원전 오염수 관련 현황조사**』라는 8페이지 짜리 보고서를 작성했다. 이 팀에는 원자력안전위원회, 과학기술정보통신부, 외교부, 환경부, 해양수산부 등 9개 부처 국장들이 참여했다. 형식상 9개부처 고위공무원들의 이름이 보이지만 실질적으로는 과학계통 부처의 어느 조직이 2011년 이 발전소 사고 후 2019년까지 조사한 결과임을 언급하고 있다. 정부의 조직에서는 당연히 이런작업을 해야되고, 또 잘 했다. 이 문건을 국민의 힘 안병길 의원이 공개했는데 그 내용을 요약하면 다음과 같다.

【1】 후쿠시마 오염수를 『그대로』 해양에 방출하는 경우, 이것이 수년 후 국내 해역에 도달하더라도, 해류에 따라 이동하는 과정에서 확산-희석돼 유의미한 영향은 없을 것으로 본다. 실제로 국내 연안에서 측정된 수치는 사고 전후가 변함이 없다.

【2】 일본이 오염수 정화에 활용하는 ALPS 방식은 원전마다 일반적으로 사용하는 처리설비와 비슷한 것이므로 작업이 제대로 될 것이다.

【3】 일본이 오염수를 『그대로』 해양에 방출한다 하더라도 자연 방사선에 의한 피폭선량(2.1mSv/연) 대비 1000분의 1 이하로 예상된다.

후쿠시마 오염수를 『그대로』 방류한다 해도
우리나라에 무해하다는 사실을 우리 정부가 확인한 셈이다.

(2) 과학자들의 논문

Nuclear Engineering and Technology라는 국제 원자력학회지에 2020년 9월 한국 과학자 4명이 공동으로 논문 하나를 실었다. 제목은 『후쿠시마 원전 오염 처리수 방류로 인한 방사선 환경 영향 연구 결과. Assessment of public radiation dose due to marine and atmospheric release of the Fukushima treated water』이다.

그런데 이 논문이 본인들에 의해서 '철회'(withdrawn)된 상태다. 국내 과학자들은 여기에 대해서 "해당 논문은 학술적 기술적으로는 문제가 없다. 과학적 사실의 오류로 인한 논문 철회는 아니다. 위 논문의 저자들은 국책연구기관에 소속돼 있다. 연락을 시도했으나 이들은 상부의 허락 없이는 인터뷰 등에 응할 수 없으니 양해해 달라는 말을 들었다."고 했다. 논문을 철회하게 된 사정이 무엇일지는 독자들이 판단하시기 바란다. 그 내용을 요약하면 다음과 같다.

> 후꾸시마 오염수를 현 상태로, 정화 없이 그대로, 방출해도 그 영향은 한국인의 연간 방사선 피폭 선량한도(線量限度) 기준치인 1mSv의 7100만분의 1 수준인 것으로 평가됐다.

위의 두 문건들은 일본의 오염수를 '그대로' 방류해도 우리나라에 아무런 피해가 없다는 내용이다. 항차 더 정화해서 버린다 하지 않는가. 이제 후쿠시마 오염수 문제를 더 이상 문제 삼을 필요가 없다.

일본 정부도 이런 내용을 잘 알고 있다. 그런데 후쿠시마 근방의 어민들의 반발과 인접국인 한국과 중국의 여론을 의식해서 용단을 내리지 못하고 급기야 국제기구인 IAEA를 끌어들여서 처리하려고 하고 있다.

한국은 정면으로 반대할 입장이 아니다. 우리 정부는 "예의 주시하고 있다" 정도 이상의 강경한 발언을 할 수가 없다. 왜냐하면 우리도 원자력 발전소들이 그렇게 하고 있기 때문이다. 공교롭게도 2021년에 한국이 IAEA 의장국이 됐다. IAEA가 어떻게 처리할 것인지 관심사이다.

5. 방사능(선)과 질병

방사능(선)에 관해 좀 더 깊은 설명이 필요한 독자를 위하여 다음 자료를 소개한다.

(1) 방사능(선)의 발견

세계 최초 방사선인 X-ray를 발견한 사람은 그 유명한 *Röntgen*이다. 그리고 1901년 Nobel상을 받았다.

앙리 베크렐

프랑스 물리학자 Becquerel이 1896년 우라늄염의 '자연방사능'을 발견했고, Marie & Pierre Curie 부부가 라듐 연구를 해서 두 팀이 공동으로 1903년 Nobel 물리학상을 수상했다. (Marie Curie는 또 다른 연구로 1911년 한 번 더 Nobel 화학상을 수상했다). 그런데 Marie Curie의 딸 *Irène Joliot-Curie*(부부)도 인공방사성 동위원소 합성 연구로 1935년 Nobel 화학상을 받았다.

Becquerel은 대대로 과학자 집안이었다. 그는 적외선 연구가 전문이었는데 우라늄 화합물에 적외선을 쐬면 어떻게 되는가 하는 실험을 하다가 우라늄 자체에서도 광선이 나온다는 것을 알게 됐다. 이것을 제자인 큐리 부부에게 이야기했다. 처음에는 단순한 호기심이었는데, 나중에 큐리 부부가 라듐 원소를 발견하고 라듐에서도 광선이 나온다는 사실을 스승에게 보고하면서 비로소 방사능 물질에서 방사선이 나온다는 사실을 알게 됐다. 그래서 이들은 공동으로 노벨상을 받게 된 것이다.

(2) 방사능(선)과 질병

이들은 모두 훌륭한 일들을 했는데 그러나 한결같이 건강상의 질병을 얻었다. Becquerel은 피부에 홍반과 궤양이 생겼고, Marie Curie와 그의 딸은 백혈병으로 죽었다. (그 남편은 교통사고로 죽었지만 아마도 생전에 상당한 량의 방사선 피폭을 입었을 것이다. 나중에 Enrico Fermi는 위암으로 죽었다.)

과학자들은 방사선 에너지가 실용적인 면이 있는 반면 인체에 위해가 된다는 사실을 비로소 알게 되고 1928년에 국제방사선방호위원회 ICRP(International Commission on Radiological Protection)를 조직했다. 그러나 이때까지는 방사능(선)과 질병에 상관관계가 있다는 정도는 알았지만 방사능 물질과 접촉하는 사람이 극히 제한되어 있었기 때문에 방사선 피폭과 인체에 미치는 관계를 단정하지 못했다. 20여년 후 1945년 8월 히로시마에 원자탄이 투하되고 많은 피해자들이 발생한 다음 유용한 통계를 얻게 되자 확실한 내용이 밝혀지게 됐다.

방사능을 측정하는 단위로는 베크렐(Bq)과 시버트(Sv)가 있는데 모두 물리학자 이름에서 따온 것이다. Bq는 방사능 물질이 1초에 몇 번 붕괴되는가를 기준으로 한 것이고, Sv는 인체에 어느 정도의 방사능이 쪼이게 되는가를 기준으로 하는 것이다. 문제는 Bq 쪽이 큰 숫자를 사용하게 되어서, 이것으로 표시하면 어마어마한 숫자가 동원되므로 더 위험한 것으로 착각될 수 있다.

6. 히로시마 원폭 생존자 조사

1945년 8월 일본의 히로시마와 나가사키에 원폭이 투하되고 막심한 피해와 함께 많은 사람이 죽었다. 히로시마 24만 시민의 2/3가 당일 사망했고, 생존자의 대부분이 방사선 피폭으로 괴로움을 겪었는데 후일 이들은 시나브로 사망했다. 그러나 이 불행한 사건이 다른 면에서는 과학계에 아주 유용한 열매(통계표) 하나를 선물했다.

일본정부는 방사선영향연구소(RERF) 주관으로 8만명에 달하는 원폭생존자들을 대상으로 『전생애 장기 추적』(全生涯長期追跡, Life span study) 조사를 실시하고 통계표를 만들었다.

이 통계표는 모집단(원폭 피해자들)이 동일한 조건(일시, 장소 및 원인)하에 일어난 분명한 사건이기 때문에, 통계 기법상 아주 신뢰성이 높은 통계자료를 얻게 되었고, 인류가 방사선의 공포에서 벗어나 방사선을 정복하는데 크게 기여하게 되었다.

국제기구인 ICRP가 이 자료를 접수하고 관계기구들과 숙의를 거듭한 후 결론을 내렸다. 그 주요골자는

◇ 100mSv 이하의 방사선은 쬐어도 인체에는 절대 아무런 문제가 없고,

◇ 그 이상의 것일지라도 1000mSv 이하에서는 별 문제가 나타나지 않는다는 것을 확인해 준 것이다. (결국 1000mSv 이상의 경우에만 주의할 필요가 있다는 것이다)

그러나 이 국제기구는 한 가지 실수를 했다. 『인간이 년간 방사선에 노출되는 정도를 1mSv 이하로 할 것을 각나라에 권고했는데, 후일 이 수치는 전혀 현실에 맞지 않는 지나치게 낮은 수치라는 것이 확인됐기 때문이다.

아래 표를 참조바란다.

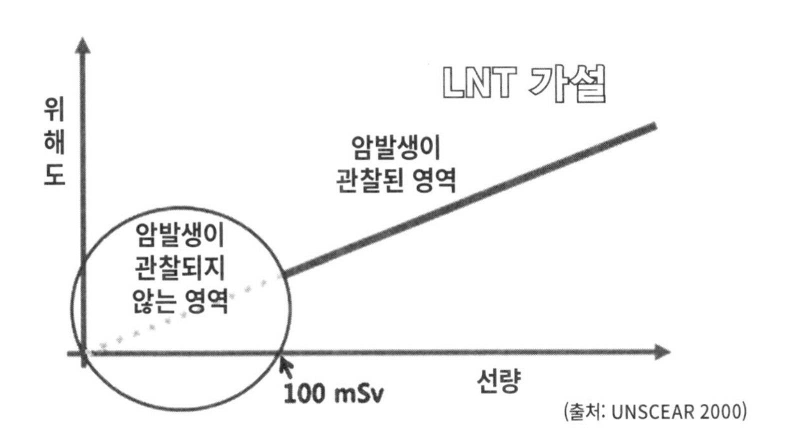

7. 자연에도 존재하는 방사능(선)

과학의 발전과 함께 인간의 생활 주변, 즉, 자연 환경에서도 방사선이 나온다는 것을 알게 되었다. 우주에서 떨어지고 땅속에서도 나온다(토륨, 라돈 등). 자연 환경의 방사선은 지역에 따라 큰 차이가 있다. 서울지역의 방사선량은 년간 3mSv 정도인데 도쿄는 2mSv라고 한다. 서울지역이 많은 것은 둘러싼 산들이 화강암으로 되어있기 때문이라 한다. 〈미국 콜로라도, 브라질의 구아라파리 같은 지역은 월등히 높다〉 그리고 놀라웁게도 바나나, 커피 콩 등 식물에서도 나온다. 우리가 잘 아는대로 X-ray, CT-PT 등 의료기기에서도 나온다.

그래서 방사선은 우리가 없애려고 하면 없앨 수 있는 『선택』의 문제가 아니라 어쩔 수 없이 함께 살면서 해결해야 되는 불가피한 존재라는 사실을 알게 되고, 방사능(선)의 강약에 맞춰서 우리의 생활을 『조절』하면 어렵지 않게 더불어 살 수 있다는 사실을 알게 되었다. 나를 알고 적을 알면 백전백승한다는 병법서와 마찬가지로 방사능(선)의 본질을 파악하게 됨에 따라 이제는 인간이 방사능(선)을 정복하게 되었다.

〈연구는 계속되고 있다. 국제방사선방호위원회(ICRP), 세계보건기구(WHO), 국제원자력기구(IAEA), 국내의 의료업체들과 함께 한국수력원자력은 자체로 '방사선보건원'을 두고 면밀한 연구를 하고 있다.〉

8. 위험, 본질을 알면 피할 수 있다

(1) 위험을 극복한 여러 사례들

플랭크린

인류가 원시시대 이래 가장 무섭게 생각했던 번개(落雷)는 인간에게 무서운 공포의 대상이었지만 1700년대에 플랭크린이라는 물리학자가 이것은 단순히 '전기현상'이라는 사실을 발견하고 피뢰침을 개발해서 지붕 꼭대기에 설치하고서부터는 아무런 두려움 없이 살고 있다.

또 한 가지, 1970년대 영국에서는 석탄의 수요가 날로 늘어나서 탄광 개발 붐이 일어났다. 그런데 문제가 생겼다. 심심치않게 탄광 갱내에서 폭발사고가 일어나는 것이다. 많은 인명의 희생자가 생기고 게다가 흉흉한 소문이 나돌았다. 폭발사고의 생존자들 중 상당수가 증언하기를, 폭발직전에 공중에서 혀를 날름거리며 춤을 추는 요괴(妖怪)를 보았다는 것이다. 광부들은 공포에 휩싸이고 탄광들이 하나 둘 문을 닫게 되었다. 이때 의사 한 사람이 현장을 조사하고 Methane Gas라는 (무취, 무색, 무미의) 가연성(可燃性) 기체가 폭발의 원인이며, 불을 당긴 것은 바로 공사장의 등불임을 밝혀냈다. 그리고 발화를 시키지 않는 '안전등'을 개발하고 몸소 시범을 보였다. '요괴'에 관한 소문도 풀었다. 이것은 가스가 폭발하기 직전 순간적으로 불꽃이 흔들리는 모습이라고 해석했다. 탄광 폭발의 의혹이 풀리니 공포가 사라지고 다시 안전하게 조업을 하게 됐다. (지금 우리 광산의 안전에 관한 법규에서도 가스가 나오

는 여부에 따라 갑종탄광, 을종탄광을 구분하고 안전을 도모하고 있다)

문제의 원인을 밝혀내고 여기에 대한 대책을 마련하면 위험은 정복되는 것이다.

(2) 방사선으로부터 안전을 지키기 위한 가이드

방사선의 성질과 그 위험성의 성격을 파악하고 보니 방사선의 위험은 정복된 것이다. 방사선 가까이서 종사하는 사람들의 안전에 관한 수칙을 정하고 안전하게 종사하게 됐다.

예컨대 원자력발전소에서 근무하는 근무자들의 년간 피폭 허용량은 20mSv 이하로 정했다. 그래서 근무자들이 Film badge라는 패(佩)를 몸에 달고 근무를 하는데, 실제 피폭량은 그보다 훨씬 못 미친다. 예외로 암 치료 등을 위해서 필요한 경우에 치명 수준인 1000mSv 이상의 방사선 쬐는 것을 허용하고 있다. 그러나 항암치료를 하는 환자들도 방사선 조사 횟수를 제한하고 있다.

결국 『방사선』은 원자력발전소 등에서 인위적으로 만들어진 것이든 자연상태에서 발생된 것이든 '절대 악'도 '절대 선'도 아니다. 인간과 공존하는 불가피한 자연현상이다. 어느 것이든, 그 양이 '허용되는 수준' 이상이면 위험한 것이고, 그 이하로 유지하면 아무런 문제가 없는 것이다.

〈다음 도표 참조, 이 도표는 라돈침대가 아무런 문제가 없다는 내용을 표시하기 위해서 만든 것인데, 다른 많은 경우에도 참고가 된다〉

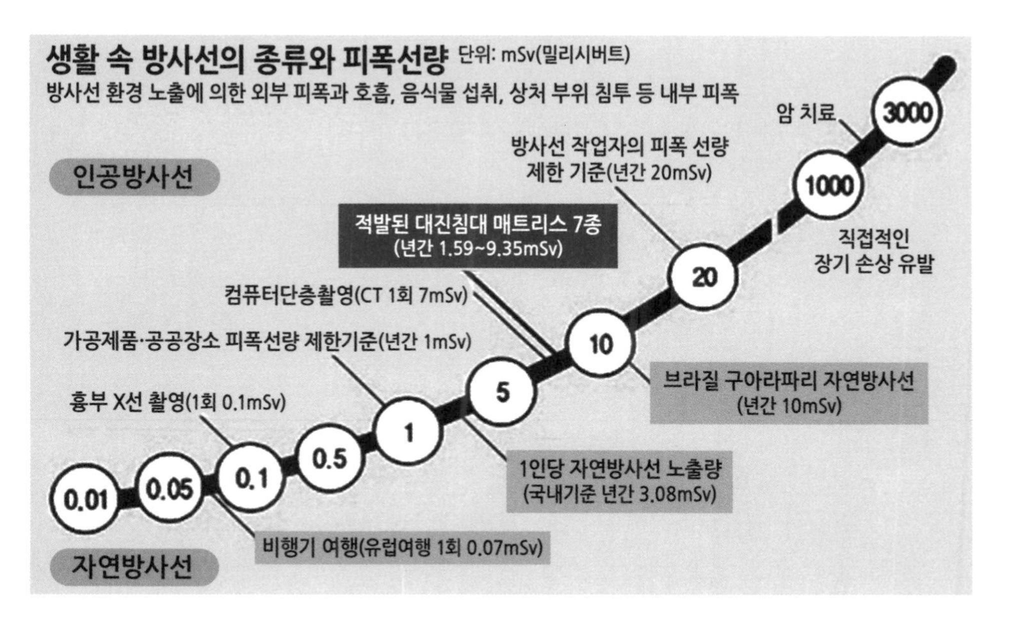

제 7 장

월성 1호기, 무엇이 문제인가?

1. 효자 발전소

월성 1호기의 '월성'은 구 주소가 경상북도 월성군 양남면 나아리였기 때문이다. 그리고 월성(月城)은 경주, 고대 신라 왕궁의 도성 이름 반월성(半月城)과 관계가 있다.

이 발전소는 1977년 5월에 착공돼서 1983년 4월 준공됐다. 그 제원은 **중수로(重水爐)**※형으로서 캐나다 AECL사 제품이다. 설비용량이 678,700kW나 돼서 전력 가뭄을 겪던 당시에 효자 노릇을 했다. 이 발전소 준공으로 당시의 전국 발전설비가 1000만kW라는 역사적인 기록을 달성하게 됐다.

이 발전소는 **냉각재**※가 중수인 것 말고는 다른 형식의 발전소와 다름이 없는데, 특징은 매일매일 연료를 교체하는 구조여서, 고장 개소가 없으면 연중무휴로 운전이 가능하다, 그래서 계산상 약 5%의 전력이 더 생산된다. 세계적으로 원전의 운영실적을 비교 분석하는 기구에서 매년 각 나라 원전의 운영성적을 평가 발표하는데, 월성 1호기가 **'최우수 발전소'**로 여러 차례 선정됐다.

2. 내용년수 30년

준공 당시, 실무자들이 내용년수를 몇 년으로 할 것인가를 논의한 일이 있었다. 설비 공급자인 AECL이 설계상으로는 30년이지만, 한전이 형편대로 결정하라고 했었다. 한 50년으로 해도 되지 않겠냐 하는 의견도 있었으나, 내용년수 문제는 감가상각, 전력요금 등과 연계되어 있으므로 건설비용을 속히 회수하기 위해서 30년으로 줄여 정했었다. 지금 미국에서는 원자력발전소의 내용년수를 보통 60년에서 80년으로 늘리고 있다. 언론에서 '노후(老朽)' 발전소라는 용어를 서슴없이 사용하고 있는데 삼갈 일이다. 서울의 종합청사가 지은지 60년 다 됐다. 노후돼서 철거하는가? 원전도 건조물이다. 원전은 지을 때부터 특수 재질로 견고하게 지었고, 핵심 기자재를 새로 교체하면 새 발전소가 되는 것이다.

2012년 30년 설계수명이 다 됐는데도 성능이 멀쩡했다. 〈원전의 나이 계산은 준공식을 거행한 날이 아니고, 물리적으로 초임계(初臨界)에 도달한 날을 생일로 친다. 월성 1호기는 초임계가 1982년 11월 21일에 있었다.〉 상당한 비용을 들여서 핵심설비, 예컨대 **원자로 본체**(칼란드리아)를 비롯해서 중요 부품을 아주 신품으로 교체해서 **새 발전소**를 만들고 우선 10년 돌려보기로 했었다. 그러다가 2018년 졸지에

폐쇄라는 날벼락을 맞고 지금은 폐쇄 절차를 밟고 있다. 장담컨대 앞으로 한 30년 더 돌릴 수 있다.

3. 다시 태어난 발전소

원래 원자력발전소의 발전원가는 막대한 건설비(80%)가 대부분을 차지하고, 약간의 연료비와 운영비 등(20%)으로 구성된다. (LNG의 경우 연료비가 60%를 차지한다) 이 발전소는 감가상각도 끝났고, 그래서 건설비 80% 부담은 없고 약간의 연료비와 운

영비 20%만 부담하는 발전소이다. 거의 거저 돌리는 것이다. **전기가 거의 공짜로 나오고 있는데** 한전에 공짜로 판다고 한들 '경제성'이 나쁠 수 있는가? 이것은 초등학교 산수 문제다. 너무나 무리하게 폐쇄를 밀어 부쳤다. 월성 1호기 조기 폐쇄문제에 관련된 인사들에게는 앞으로 사법처리가 불가피할 것이다. 국가 재산을 그렇게 함부로 수장시켜도 되는 것인가? 1년에 1천억원을 버는 발전소인데--

4. 문재인 정부의 탈원전

문재인 정부가 대선 기간에 탈원전을 슬로건으로 내걸었었다. 실제로 탈원전을 실행하는 과정은 (2017년 6월 17일) 문 대통령이 고리 1호기 영구정지 행사에서 『탈원전』을 선언함으로서 실행에 들어갔다. 문 대통령은 "일본 후쿠시마 사고를 보니 원전은 위험해서 도저히 돌리지 못하겠다. 월성 원전도 조기 폐쇄하겠다"고 선언했다.

곧이어 ① 신규 원전 건설은 없다. 건설중인 신고리 5, 6호기 등의 건설공사도 중단한다. ② 설계수명이 되는 원전의 운영 연장은 없다는 정책을 발표했다. 그러나 이러한 문 정부의 탈원전 정책의 시행은 적절한 절차가 많이 생략됐다.

❶ 대선공약이라는 것은 정치적인 슬로건일 뿐이다. 그 자체가 무슨 법률적인 집행력을 가지는 것은 아니다. 그것이 실제로 집행되려면 실무부서가 주관해서 국가 에너지 정책에 관한 국민적 합의를 도출하는 절차를 거치는 등 합법적인 접근을 통해서 결론을 내렸어야 한다. 독일이 탈원전을 할 때 그렇게 했다.

❷ 국무회의 결의가 있었다 하는데, 그속에 무슨 유의미한 내용이 들어 있는지 모른다. 요새 와서는 '탈원전'이 아니라 '에너지 전환'일 뿐이라는 색다른 논리를 펴는데 이것은 더욱 이해가 안 된다. '전환'이라는 용어는 독일 사람들이 구차하게 사용하는 것인

데, 예컨대, 자동차의 에너지를 기름에서 전기로 바꾼다는 등의 의미 있는 경우에는 가능하지만, 자동차에서 '달구지'로 교통수단을 바꾼다는 경우에는 전환이 아니라 한쪽을 포기하는 것이다.

산자부 장관은 2021년 6월 **체코**에 가서 원전 세일즈를 하고 돌아오자마자 '세계적인 추세가 탈원전'이라고 말했는데, 앞뒤가 맞지 않는다. '원전을 짓는 나라는 OECD 아닌 나라들이라'고 한다는데, 미국은 이제 원자력산업을 살리려고 노력중이고 일본은 사고 여파로 국민들의 여론이 가라앉기를 기다리는 중이다. 영국은 열심히 원전을 (프랑스에 맡겨서) 짓고 있다. 장관이 헛소리 한 것이다. 지금 러시아, 중국, 인도가 열심히 원전을 짓고 있는 것은 세계가 다 안다.

❸ 위험해서 탈원전을 한다면 당연히 하루라도 지체할 수 없다. 며칠 안에 원전을 다 세웠어야 한다. 그러나, 그와 반대로 잘 돌리고 있고, 앞으로도 수명 기간, 더 돌린다고 한다. 그러면 원전은 안전하다는 증거가 아닌가. 또, 문 대통령은 외국에 나가서 **"우리 원전은 안전하고 우수하며 값이 싸다, 사라."**고 했다. 어느 쪽이 진실인가?

❹ 산자부의 주장은 사업자인 한수원이 못하겠다고 해서 탈원전을 하게 됐다는 설이 있다. 그러나 최근 알려진 바에 의하면 실소를 금할 수 없다. 우선 산자부가 한수원에 탈원전을 시사하는 지시공문을 보내고, 한수원이 여기에 대응해서 탈원전 정책에 적

합한 보고서를 보냈다. 이때 그 문구까지 일일이 산자부가 간섭했다는 말이 있다.

결국 탈원전 정책은 아무런 정당한 근거나 절차 없이 추진됐다는 결론에 도달한다. 지금 두 가지 문제에서 탈원전 정책의 수정이 불가피하다. 첫째, 탄소중립으로 화석연료를 때지 않을 때, 활용할 에너지는 당연히 연기나지 않는 원전을 동원하지 않을 수 없다. 둘째, 2021년 5월 한미 공동성명으로 한국과 미국이 공동으로 세계 원전시장에 진출하기로 되어있다. 그러려면 다 죽어가는 한국의 원전산업을 소생시켜야 하지 않을까?

5. 재판정에서 공개된 사건 전모

이 원고를 시작할 무렵(2021년 8월 25일) 월성 1호기 조기폐쇄에 관여한 공무원들의 불법행위에 대한 형사재판이 열렸다. 그 공소장 내용이 신문에 소개됐는데 그것을 읽고 눈을 의심했다. 그 기사에 따르면 월성 1호기를 무참하게 폐지하는데 ① 대통령이 불을 지피고 청와대 고위직들이 총대를 메고(A), ② 산업부가 저항하다가 동조하고(B), ③ 한국수력원자력이 저항하다가 주저앉았다고(C) 한다. 그렇게 월성 1호기가 사망했다는 것이다.

정부투자기관은 숙명적으로 감독기관의 간섭을 피할 수 없는데 그 형태는 언제나 A ⇒ B ⇒ C 유형의 연쇄작용이다. 정부투자기관이 하나의 독립된 기업체로서 존립 목적을 달성하기 위해서는 상부의 부당한 지시에 대해서 부득이 맞서서 싸울 수 밖에 없다. 그 기관의 이익을 위해서가 아니라 이 기관이 국가로부터 부여받은 사명을 달성하기 위해서이다.

이번 사건에서 보면 초기에는 B-C가 함께 저항을 했다. 잘했다. 당연한 일이다. 그러나 B의 수장(백 모 장관)이 직원들을 압박하니 B는 전체가 협조자로 돌아섰고, C의 수장을 협박했더니 그 이 모 사장이 사표와 함께 자기 몸을 던졌다. 이 사람은 사명을 다했다. 이런 사람들의 이름을 오래 기억해야 된다. 애국자가 따로 있는 것이 아니다. 이런 공직자들이 바로 애국자들인 것이다. 그 후에 C의 수장을 복종형으로 바꾸고 보니 A의 뜻하는 대로 일이 다 이루어졌다.

B-C의 실무자들은 저항을 하다가 결국 굴복을 했다는 죄로 지금 법의 심판을 받고 있는데, 이들에게 무슨 책임을 물을 수 있겠는가? 이들을 들들 볶아댄 A와 B의 수장만이 원천적으로 책임이 있고 강학상(講學上)의 정범(正犯)이다. 이 사건은 문제의 원천인 A를 수사하고 심판하는 것으로 끝내야 한다. 어쨌든 정부는 대한민국 역사에 명예롭지 못한 과오를 남겼고, 행정법 역사에 아주 중요한 판례가 하나 남을 것이다. 자랑스런 '민주' 정부에서.

6. 국영기업체의 숙명

(1) 경제기획원(EPB) 공무원들의 올곧은 태도

한전도 국영기업체인지라 이런 저런 수난을 많이 겪었다. 나는 70-80년대에 몸담고 있는 직장(한전)의 중요한 일에 동원돼서 가끔 뛰어다녔다. 80년대 초 5공정권의 '중화학공업 통폐합'이라는 과제를 둘러싸고 대기업들의 이전투구에 한전이 말려들었다. 한전의 중요한 업무의 한 부분을 아예 통째로 떼어내겠다는 정책이 나왔다. 이 싸움은 1차, 2차가 있었는데 1차 싸움은 고위층 간의 막후 싸움이어서 나는 그저 이야기만 들었고, 2차 싸움은 결정적인 실전이었으므로 TF를 꾸리고 팀장으로 표면에 나서서 싸웠다. 이때 정부의 담당부서는 경제기획원(EPB)이었는데 이때도 위에서 말한 A(청와대) ⇒ B(EPB) ⇒ C(한전) 체제가 작동했다. 아무리 설명을 해도 처음에는 B가 끄떡도 하지 않았다.

몇 달동안 이해당사자인 기업체들과 3각 토론을 전개하고 싸웠는데 하루 하루 EPB의 태도가 달라졌다. 나중에는 "한전의 말이 맞다. 다만 무언가 절충안이 없겠냐"하는 타협의 제의가 나와서 결국 무난히 해결됐다. 그 원인은 나도 물론 노력했지만, EPB 실무팀의 업무에 임하는 태도가 시종 올곧았기 때문이다. 그 당시 실장(陳稔), 국장(金永泰), 과장(權勇男), 담당 사무관(崔暢林)의 이름은 세월이 많이 흘렀어도 잊을 수 없다. 이들은 후일 나라를 위해 많은 일을 했다. 무엇보다도 그 윗 분들이 실무자들을 믿고 거기에 따라주었다는 것도 아주 중요한 요소이다. 지금 같이 "너 죽을래?" 하는 식이면 무슨 일이 됐겠나? 후일 이 시대를 가르켜 '독재권위시대'라고 호칭한다는데 그거 많이 잘못된 말이다. 그때는 고위공무원들의 업무태도가 기본에서 크게 어긋나지 않았었다. 적어도 내가 접촉한 사람들은 그랬었다.

(2) 국영기업체 수장의 요건

이 기회에 한 마디 덧붙이자면, 국영기업체의 수장(C)을 잘 임명해야 된다. 누구나 웬만큼의 능력은 발휘하겠지만 사회적인 힘이 없는 사람이 오면 큰 바람이 불때 아무 쓸모가 없다. 차라리 산업부의 일개 국장만도 못한 존재가 된다. 포철이 박태준이 아니었으면 제대로 성공적인 출발을 할 수 있었겠나? 나도 여러 수장을 모셨는데 이런 사실을 뼈저리게 느꼈다. 적어도 C가 대통령과 독대할 수 있는 신분일 필요가 있다. 정부가 진정 국영기업체의 중요성을 인정한다면 대통령이 신임하고 사회적인 Power가 있는 사람을 임명해서 그 기업체의 본래의 업무가 제대로 운영되도록 할 필요가 있다.

7. 탈원전 정책의 폐해

(1) 탈원전의 내용

문 대통령의 선언으로 시작된 탈원전은 실제로는 ① 건설중인 신고리 5, 6호기의 공사 중단 (나중에 정상화됨). ② 건설중인 신한울 3, 4호기의 건설 중단. ③ 계획단계에 있지만 사실상 상당한 정도로 업무가 진척된 천지 1, 2호기의 건설 중단 등으로 나타났다. 이들 프로젝트 들은 모두 장기전력수급계획에 따라서 추진중인 것이었다. 아무 대책없이 이 공사들을 중단하면 그 폐해는 후일 돌이킬 수가 없는 것들이다.

(2) 공론화 위원회

여론이 들끓자 정부는 묘한 방법으로 이것을 돌파하려고 했다. 민간인 수 백명을 모아서 에너지 정책에 관한 교육을 시키고 이들의 의견을 들어서 결론을 내겠다는 방안을 발표했다. 무슨 연예기획사 행사같은 프로그램인데 불행중 다행으로 상당한 공사진척이 있었던 ①번 공사(신고리 5,6호기)는 살아났다. 그러나 ②, ③번 공사는 끝내 묻히고 말았다. 앞으로 언젠가 그 피해가 나타날 것이다.

(3) 탈원전의 폐해

첫째, 원전 걸설과 관련된 모든 업체들이 고사상태로 들어가고 있다. 탈원전 시작해서 1-2년은 기존의 공사가 남아 있어서 그럭저

공사가 중단 상태인 신고리 5, 6호기 공사 현장을 찾아간 필자

력 연명을 했으나 이제는 국내의 신고리 5. 6호기 공사도 마무리 단계에 있고, UAE의 원전 공사도 사실상 중요 기자재 발주가 다 끝나서 이제 일거리가 바닥났다. 원산업체들을 크게 둘로 나누어 볼 때 주기기를 만드는 큰 업체들은 다른 업종의 일거리도 있어서 그런대로 기업체의 간판은 지킬 수가 있으나, 오로지 부속 자재만 만들던 업체들은 '원팀 코리아'가 해체돼서 외톨이가 되고 보니 일거리가 전혀 없어졌다. 이런 중소기업들의 몰락은 다시 재건이 어렵다. 사람이 흩어지기 때문이다. 후일 어디 가서 찾아올 수가 없다.

영구정지된 고리 1호기

인간이 물속에서 숨 쉬지 않으면 5분을 견디지 못하고, 육상에서 영양을 공급하지 않으면 40일을 견디지 못한다. 후일 여건이 좋아져서 다시 찾을지라도 이미 땅속에 들어가 있어 찾을 수가 없다. 땅속에 들어갔다가 다시 살아나온 사람 보았나? 미국이 바로 이런 중소기업들의 몰락으로 인해서 Westinghouse가 원자력발전소를 짓다가 (작지만) 중요한 부품 몇 가지 조달이 안 돼서 완공을 하지 못하고 몇 해씩 헤매다가 중도 포기하고 수 십억달러 부채를 떠안고 파산하게 된 것이다. 이렇게 미국의 원전사업이 전멸된 것이다. 지금 바이든 대통령이 나서서 용을 쓰고 살리려는데 잘 안된다. 오죽하면 한국더러 업어달라고 하겠는가? 이제 한국이 그 꼴을 당하게 됐다. 참 어이가 없다.

둘째, 신진 인재가 들어오지 않는다.

'기술'이라는 것은 결국 사람과 사람의 관계 속에 존재하는 것이다. 2차대전 이전까지 기술과 문화의 주류는 프랑스와 독일을 중심으로 하는 유럽이었다. 2차대전 후 유럽의 인재들이 미국으로 몰려들어서 미국이 무력강국, 문화강국과 함께 기술강국이 된 것이다. 이렇게 되기까지 미국은 유럽 전선에서 많은 젊은이들의 피를 흘렸다. 왜 그랬을까? 러시아 출신 정치철학자 세르히 플로히(Serhii Plokhy)가 지은 『얄타』에 보면 미국이 유럽 전선에 참전한 것은 루즈벨트 대통령이 Pax Americana를 꿈꾸었기 때문이라고 결론지었다. 그때까지 영국의 세계 지배를 뜻하는 Pax Britanica를 넘어서기 위해서는 유럽이 위험할 때 구원자의 역할을 하고 그 이후에는 미국의 세상이 된다는 것을 예견했다. 사람은 강한 곳으로 몰려간다. 전후 미국으로 모여든 기술인들 덕분에 미국은 모든 면에서 최강국이 되었던 것이다.

사람의 족보가 끊어지면 기술의 족보도 마지막을 고한다. 고대 한국에서 많은 기술이 있었으나 대가 끊겨서 전해오지 않는다. 지금 한국의 원자력 기술이 그 지경이 됐다. 원자력 기술의 인재를 양성하는 주요 대학의 대학원생들의 동향을 보면 심각하다. 문재인 정부가 탈원전을 시행하고보니 원자력에 장래가 없다고 보고 주요 과목에 지망자가 크게 줄어든다.

〈KAIST 원자력 및 양자공학 전공 지원학생 수〉			
	상반기	하반기	총 인원
2011	6	13	19
2012	7	3	10
2013	17	8	25
2014	10	2	12
2015	22	3	25
2016	20	2	22
2017	8	1	9
2018	5	0	5
2019	4	0	4
2020	7	0	7
2021	6	0	6

KAIST의 근래 지원자를 나타내는 위 표를 보면 많은 것을 느낄 수가 있다. 원자력은 원자력으로 끝나는 것이 아니다. 장차 다가오는 핵융합 시대에도 결국 원자력 기술이 기본으로 된다. 하루 속히 이 상태를 벗어나야만 한국의 미래가 있다.

셋째, 원전을 새로 건설하지 않고 기존의 것들을 운영만 하는데 무슨 기술이 필요할까? 아니다. 〈제1장 7의 표들을 참조하기 바란다〉 우리나라가 원전을 처음 시작할 때 Infrastructure가 부실해서 한전 사장이 전전긍긍 했던 일화를 참고하기 바란다. 앞으로 20여기의 원전을 운영만 하는데도 원자력 기술의 전 주기(週期)에 상당한 수준의 기술력을 필요로 한다.

■ 뒤안길 이야기

(1) 월성 1호기와 원자탄 프로그램

인도는 1964년 Rajasthan 1호기를 건설하면서 캐나다의 중수로를 들여와서 이 발전소를 돌리고 사용후 핵연료에서 플루토늄을 추출해 원자탄을 만들려고 한다는 소문이 돌았다. 박정희 대통령이 이 이야기를 듣고 우리도 그렇게 하자고 했다. 청화대 경제2수석 오원철씨를 캐나다에 보내 1차 협의를 했다 한다. 그 후 정부와 한전의 실무자들이 캐나다를 방문해서 협의를 하고 있는 중인데 사건이 터졌다.

1974년 5월에 인도가 비밀리에 핵실험을 한 것이다. 미국이 강력한 항의를 하고 캐나다와 줄을 대고 NRX형 원자로를 사려는 한국에도 압력이 가해졌다. (NRX는 플루토늄을 많이 생산하는 원자로형이다.) 그러나 그 무렵 석유파동이 일어나 한국에는 더 많은 원자력발전소가 필요하다는 명분이 강해서 결국 미국이 한 발 뒤로 물러났다. 1974년 12월 한전의 민충식 사장이 급히 캐나다로 달려가서 캐나다의 AECL이 개발한 CANDU 발전소를 들여오기로 계약을 체결했다. 〈더 자세한내용은 제14장 박 대통령의 원자탄 계획을 참조바란다.〉

월성단지에는 그 후 3기의 중수로가 더 건설돼서 4기가 운영됐었다. 2000년대에 들어와 PWR※ 원자로 건설을 자립하게 된 후 2기의 국산화 된 PWR(신월성 1, 2호기)가 건설돼서 잘 돌아가고 있다. 어쨌든 월성 단지에 태산같이 쌓여있는 **사용후 핵연료**에는

월성 원전단지에 있는 사용후 핵연료 임시저장 탱크

높은 비율의 플루토늄이 들어 있다고 한다. 박정희 대통령이 지하에서 이 저장탱크들을 바라보면 감회가 어떨런지….

냉각재-감속재※로 중수를 사용하는데, 이 값이 비싸다. 같은 용량의 죠니워커 값보다 약간 비싸다고 한다. 그대신 핵연료는 농축을 하지 않아도 되니까 (농축비가 핵연료 값의 40%) 발전원가가 저렴한 것이 장점이다.

(2) 나와 월성 1호기

월성 1호기는 필자와 여러가지로 인연이 깊다. 우선 그 부지가 왕년에 경주 석씨 대종회(慶州昔氏 大宗會) 문중 땅이었다. 삼국사기와 삼국유사가 모두 전하는 내용은, 신라 제4대 석탈해 이사금이 영아(嬰兒)일 때 동북쪽 먼 나라에서 배를 타고 이곳에 도착했다는 것이다. 그래서 배가 도착했다는 바위(배바위)가 보이는 대안

(對岸)에 고대에 비각이 세워졌고 이곳 일대의 토지를 석씨 문중에 하사했던 것이다. 한전에서 지질조사 결과 그곳이 원전 부지로 적지이므로 내놓으라고 했을 때, 우리 문중은 발칵 뒤집혔다. 결국 국책사업이므로 우리가 지자고 협의가 돼서 거의 무상으로 땅을 넘겼다. 비각은 지금도 그대로 건재하다.

또 한 가지는 필자가 원자력 분야로 옮겨가서 담당했던 업무가 원자력발전소의 계약, 보험, 운송, 관리 등 지원업무인데 이곳의 지리상의 특징으로 교통이 잘 안 닿는 곳이다. 육로는 높은 산맥을 가로지르는 험로여서 중량물을 옮길 수 없고, 이곳이 해안이기는 해도 불규칙한 바위턱들로 인해서 제대로 배를 댈 데가 없었다.

부산까지 운반된 중량물을 작은 배로 실어다가 양륙하는데 많은 고생을 했다. 그 덕분인지 1983년 4월 준공식 때, 훈장 하나를 받았다. 필생의 영광으로 삼고 있다.

제 8 장

탄소중립과 원자력발전소

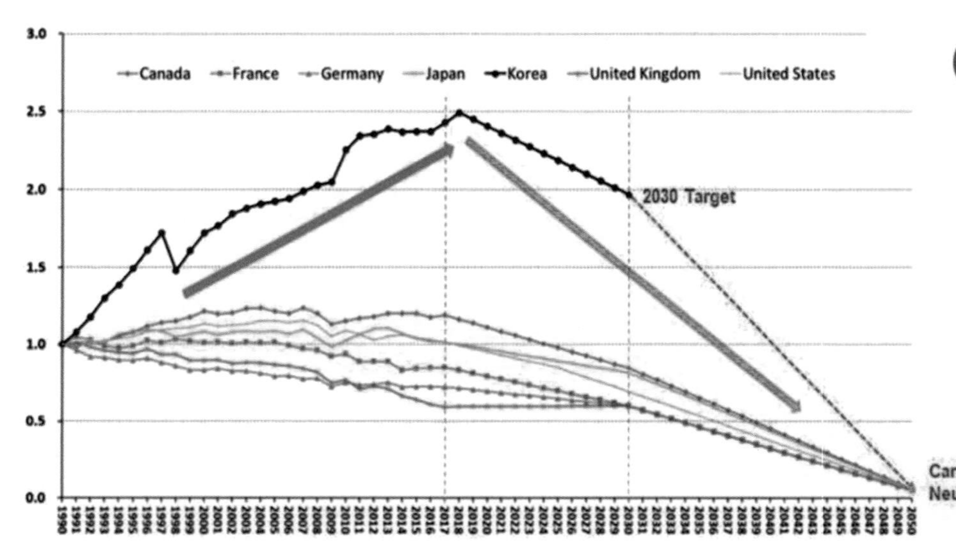

한국의 특이한 탄소배출 상황

1. 에너지 대란(大亂)이 온다

(1) 기후 온난화와 탄소중립

오래 전부터 지구 환경이 악화되고 있다는 연구가 진행되어 왔다. 북극과 남극의 빙하가 녹아내리고 〈그 면적은 미국과 멕시코를 합친 만큼이라고 한다.〉 성층권의 오존층이 뚫려서 우주로부터 오는 각종 방사선 방어에 어려움이 생기는 등, 자연현상에 많은 이상이 나타나고 있다고 알려졌다. 그 원인은 18세기 영국의 산업혁명 이후 무제한으로 사용된 화석연료가 지구의 환경에 영향을 미치고 온난화로 이어져, 급기야 지구의 평균 기온이 1℃ 상승하는 지경에 이르렀다.

인류문명의 발달과정에 에너지가 그 중심에 있었다. 나무-석탄-석유-원자력으로 이어지는 에너지의 역사에서 21세기 현재는 석탄-석유-원자력 등을 섞어서 사용하는 세대인데 〈이 부분 자세한 내용은 제12장 1. 에너지의 역사 참조〉 앞으로 에너지 사용에서 탄소(CO_2) 배출을 최대한으로 억제하거나 배출된 탄소를 (삼림에서) 흡수해서 발생된 전체 탄소량이 중립(zero)을 이루도록 한다는 것이다. 결과적으로 화석연료가 서리를 맞게 됐다.

세계 선진국들은 오래전부터 이 일에 신경을 쓰고 화석연료 사용을 절제해 왔다. 그 결과 위의 표에서 보는바와 같이 경제 상위권 나라중에서 한국만 유독 엄청난 량의 탄소배출을 하고 있는 사실이 두드러져 보인다. 그래서 이들은 한국을 가리켜 기후 악당(Climate Villain)이라고 비난을 한다.

(2) 탄소중립에 관한 국제협약

세계 주요 국가들은 반기문 UN 사무총장의 주도로 2015년 12월 12일에 파리에 모여서 결의를 했다. 앞으로 지구의 평균온도 상승을 (2050년 까지) 1.5℃로 억제하기 위해서, 중간단계로 2030년 이전에, 2010년 대비 온실가스 배출량을 45% 감축하고, 2050

년경에는 아예 탄소중립(zero)을 달성해야 한다는 내용이다. 협정 제15조의 내용은 당사국들이 약속을 철저히 이행하도록 강제한다. 한번 제시한 약속은 거둬들이지 못한다. 앞으로는 탄소중립 문제가 (핵무기 개발문제 비슷하게) 국제적인 규찰대상으로 될 공산이 크다. 〈주요 내용은 별표 파리협정의 주요 조항 참조.〉 지금 당장 우리나라에서 에너지의 주력이 되고 있는 화석에너지(석유, 가스, 석탄)를 버리라고 하면 어떻게 하나? 큰 일이다. 장차 에너지 대란이 기다리고 있다.

탄소중립 협약에 반대하는 나라들이 있다. 러시아, 중국, 인도들이 그들이다. 이들의 논리는, 과거 선진국들이 지구환경을 어지

<파리협정의 주요 조항>

럽혀 놓고 이제와서 후진국들더러 그 책임을 같이 지자고 하는 것은 사리에 맞지 않는다는 것이다. 그러나 국제질서는 힘있는 자들의 주장이 관철되는 것이다. 한국으로서는 선불리 반대할 형편이 되지 못한다. 그대로 따를 수 밖에.

2. 한국의 산업과 화석 에너지

(1) 최빈국, 에너지 빈국에서 산유국으로

1948년 독립할 때 한국은 최빈국이었다. 1950년 한국동란이 일어났을 때 나라 살림을 외국의 원조에 의존해서 겨우 연명했다. 에너지도 빈곤해서 기름, 석탄, 전력 어느 것도 모자라서 절절 매면서 살다가 1960년대 이후 경제개발계획이 성공을 거두고 중화학 공업을 이르키고 산업이 발달하게 돼서 에너지 다소비 국가로 됐다. 1970년대 초 제1차 오일 쇼크가 왔을 때 원유공급이 어려워서 사경을 헤매다가 다행이 중동건설 붐을 타고 오일 달러가 들어오게 돼서 소생했는데, 다시 1980년 제2차 오일쇼크가 와서 고생을 했다. 강남지역 중심부를 관통하는 Teheran로라는 도로가 있다. 이것은 이란의 수도 이름이다. 1980년대 원유를 구하기 어려울 때, 아직도 건설이 진행중이던 도로에 이름을 이렇게 붙여 놓고 (최규하) 대통령이 직접 이란을 찾아가 기름을 구걸했었다. 지금은 산유국들과 제대로 거래가 트여서 기름 구하는 일이 어렵지 않게 됐고, 특히 GS라는 대기업이 UAE에서 원유개발(8억 배럴)에 성공해서, 40년간 매월 150만 배럴의 기름을 들여오게 됐다. 산유국인 셈이다. 또 들여온 원유를 정제해서 외국에 잘 팔고 있다.

석탄도 풍부한 량을 좋은 조건으로 도입하고 있다. 인도네시아, 호주, 브라질 등 자원이 풍부한 나라에 지분참여를 하거나 장기계약을 체결해서 발전소용으로 또는 제철소나 기타 산업용으로 어렵지 않게 수입하고 있다. 국내에 두산중공업이 아주 성능 좋은 석탄화력발전소(1기당 100만kW)를 지어서 싼 전력을 공급함으로써 (원자력과 함께) 효자노릇을 하고 있다. 정부는 민간기업들에게 석탄발전소 사업에 투자하기를 권유해서 (한전 소유의 것 말고도) 수십기의 석탄화력발전소가 운영중이다.

천연가스도 원유 못지않게 풍부한 량을 도입해서 산업용으로 발전용으로 (또 가정용으로) 사용하고 있다. 이들 화석 연료들이, 원자력과 함께, 저렴하고 풍부한 에너지를 공급해서 국민경제에 밑거름이 되고 있다. 이제 살만하게 되니까 이들을 모두 버려야 될 형편이 되어서 에너지 난리가 몰려오게 됐다. 호사다마라 할까? 난리 난 해에 과거(급제)한 격이 됐다.

(2) 한국의 산림녹화

한국의 산야는 6.25를 겪으면서 민둥산이 됐었다. 1960년대 박정희 정권은 심혈을 기울여서 산림녹화를 했다. 고 건 전총리는 내무부 초임 사무관시절부터 성실한 공무원이었는데 특별히 산림녹화에 공적이 많아서 박 대통령의 신임을 얻고 고속 승진한 케이스로 유명하다. 고 건 전총리는 퇴임후에도 '기후변화센터'를 사실상 운영하고 있다. 이 단체는 북한의 민둥산에 조림을 하기 위한 묘목을 보내는 사업 등을 했다.

한국의 환경이 이만한 것도 아마 산림녹화가 잘 되어 있는 덕분일 것이다.

근래에 태양광 사업을 하기 위해서 산림을 훼손하는 일이 자주 있었는데, 이것은 건강을 위한다면서 신체를 훼손하는 일과 같은 것이다.

3. 문재인 정권의 탄소중립 대책

(1) 탄소중립위원회, 탄소중립시민회의

문재인 정권은 2021년 5월에 탄소중립 문제를 처리하기 위해서 정부에 '탄소중립위원회라'는 조직(77명)을 구성하고 같은 해 8월 5일에 1차 시나리오를, 10월에 확정적인 안을 내놓았다. 그런데 이 위원회의 구성이 참 이상했다. 에너지 분야의 전문가는 보이지 않고, 노동계-종교계 등 시민운동가들이 대부분이라고 한다. 과학계-산업계의 전문가들을 대거 동원했어야 하지 않을까?

그리고 같은 해 8월 7일 '탄소중립시민회의'가 출범했는데, 이들에게 2개월간 에너지에 관한 지식을 주입하고, 이들이 토론을 거쳐 탄소중립문제에 관한 최종안을 내놓는 형식을 취했다.

이런 일은 마땅히 정부의 주관부서가 알만한 사람들을 총동원해서 조직을 만들고 이들로 하여금 답안을 내놓도록 해야 되는 게

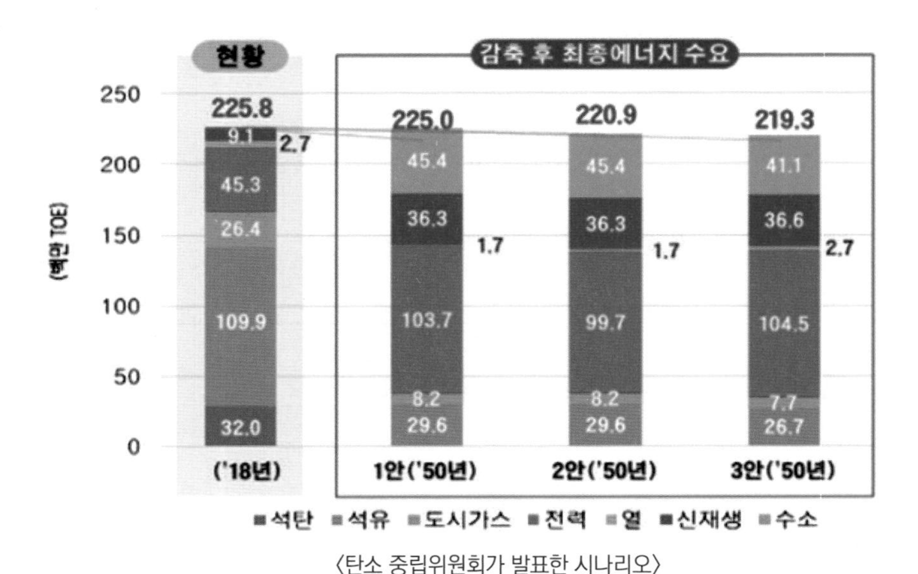

〈탄소 중립위원회가 발표한 시나리오〉

아닐까? 이런 중차대한 일을 마치 무슨 예능단체 흥행사업 비슷하게 추진한 것이 몹시 마음에 걸린다. 더구나 이들이 내놓은 자료들을 훑어 본 결과 산출기초도 잘 모르겠고, 합리성도 이해가 잘 안됐다. 〈'에너지정책 합리화를 추구하는 교수협의회'라는 단체의 해석〉

어쨌든 최초에 발표된 내용(별표)을 중심으로 다음과 같은 내용으로 가정하고 나 나름대로 해석해 본다.

화석에너지가 철폐되면 전기에너지 수요가 2.5배 증가할 것이다. (윤석열 정부의 정책은 아직 구체적으로 발표된 바가 없으나 수요증가분은 비슷하게 전망할 것이다.)

① 앞으로 원자력과 석탄발전, LNG를 크게 줄이고

② 신재생(태양광, 풍력)이 전력의 70%를 담당한다※

③ 수소, 질소 등 아직 산업적으로 실증되지 않은 에너지를 동원한다.

④ 에너지가 모자라면 외국(중국, 러시아)에서 들여온다.

4. 2050년까지 3억kW를 어떻게 건설하나

(1) 탄소중립 목표연도의 전력수요 전망

문재인 정부의 시나리오는 목표연도(2050년)의 전력수요가(3개안 모두 비슷) 지금의 약 2.5배에 이를 것으로 보았다. 이것은 어쩔 수 없는 숫자일 것이다. 화석연료를 못쓰게 되면 그 부분의 에너지 수요가 대거 전기로 옮아올 수밖에 없기 때문이다. 지금의 전력수요는 약 9천만kW 정도이다. 수요가 2.5배 는다면 2억 3천만kW, 이 규모의 수요를 담당하기 위해서는 발전설비 규모가 3억kW 정도쯤 되어야 한다. (이하 계산을 모두 槪算으로 한다. 독자의 머리를 복잡하게 하지 않기 위해서)

(2) 발전설비에서 신재생 에너지가 담당할 몫

새 정부의 탄소중립 정책안은 2050년에 신재생 에너지가 담당

※ 이 책의 2판을 발행하는 시점에 20대 대선이 끝나서 새 대통령 당선자가 확정됐다. 다행히도 그는 원전 친화적인 정책을 천명해서 원자력을 육성하고, 탄소중립의 경우 신재생 에너지가 전력의 25%정도를 담당한다는 방침을 내놓았다.

할 몫이 25%로 알려졌다. 3억kW의 25%라면 7천5백만kW가 되는데 이만한 실제 발전능력을 가지는 발전소를 만들기 위한 설비는 다시 계산해야 된다. 일반적인 태양광 이용율 16%를 감안해 보면 (명목상) 4억 7천만kW의 태양광설비를 건설해야 된다. 지금 가동중인 것 약 1000만kW를 빼면 4억 6천만kW가 더 필요하게 된다. 이 어마어마한 설비를 어디다 만들것인가? 문재인 정부가 계획했던 태양광 설비 증설계획은 매년 1000만kW였지만 잘 안 됐다. 된다 해도 46년 걸린다.

신재생 에너지에는 수력(양수발전 포함)도 포함되는데 추가로 건설할 가능성이 거의 없다. 그리고 태양광으로 4억 6천만kW를 건설하기 위해서는 엄청나게 많은 부지가 필요하다. 그리고 우리나라에서 풍력발전이 어떤 형편인가를 뒤에 항목을 나누어서 차례로 설명한다.

(3) 원자력발전소 건설

나머지 75%(2억 2천만kW)의 대부분을 원자력이 담당해야 된다. 이것은 지금의 독일연방 전국의 발전설비와 비슷한 규모이다. 지금 가동중이거나 준공이 가까운 원전들을 약 3000만kW로 보면, 1억 9천만kW를 새로 건설해야 된다. 어마어마한 양이다. 덩치가 큰 원자력발전소 140만kW짜리로 136기를 지어야 한다. 앞으로 28년간 쉬지 않고 매년 5기씩을 지어야 한다. 부지를 확보할 수 있을까? 까마득하다.

1961년 5.16 당시 약 50만kW로 출발해서 정부가 전원개발에 주력한 결과 1967년에 100만kW, 1983년에 1000만kW를 달성하고, 그 이후는 원자력과 석탄화력의 굵직굵직한 발전소를 부지런히 추가해서 오늘날에 이른 것이다. 이렇게 되기까지 60년 걸렸다. 지금 2억 7천만kW(2050년 필요한 규모 3억kW에서 현재 확보된 원전을 3천만kW로 보고)를 건설하려면 한국이 동원할 수 있는 모든 발전 수단을 총동원해도 어렵다.

탄소중립 한다고 선언해 놓고 하지 않으면
국제적인 제재가 따르고
이것을 이행하자니 전력이 모자라게 돼서
전력 대공황이 올 수 있다.

5. 수력(양수발전)에서는 늘릴 데가 없다

신재생 에너지가 지금 6%대라고도 하고 10%라고도 한다. 그 구성방법에 관한 견해도 여러가지다. 만약 수력을 포함하는 개념이라면 앞으로 수력 부문에서는 늘어날 소지가 전혀 없다. 수력에는 순수 수력발전(182만kW)과 양수발전(470만kW)이 포함되는데 우리나라 지형상 수력발전 지을 곳은 이미 동이 났고, 양수발전이라는 것은, 원자력과 석탄화력을 기저부하로 돌리다가 '남는 전력'이 있을 때, 하부 물을 퍼올렸다가 발전하는 것이므로 석탄과 원자력을 줄이는 마당에 이들이 더 늘어날 수가 없다.

한국의 수력설비는 한수원의 수력 643MW(소수력 포함), 양수 4,700MW, 수자원공사 다목적 댐 1,124MW, 도합 6,467MW 정

한수원 수력발전소 가동상황(21년 4월)

발전소	시설용량 (MW)	발 전 량 (MWh)	이용율 (%)	비 고
강 릉	82	0	0	*1
괴 산	2.8	784.7	38.9	
보성강	4.5	1,400.30	43.2	
칠 보	35.4	3,320.60	13	
의 암	48	9,647.00	27.9	
청 평	140.1	23,209.00	23	
춘 천	62.3	6,505.00	14.5	
팔 당	120	27,644.00	32	
화 천	108	6,205.00	8	
합 계	602.5	78,715.60	18.1	

*1) 배수의 환경오염 문제로 발전 중단됨

한수원 양수발전소 가동상황(21년 4월)

발전소	시설용량 (MW)	발전량 (MWh)	이용율 (%)	비 고
무주양수	600	53,279,8	12.3	
삼랑진양수	600	44,623.60	10.3	
청평양수	400	24,977.00	8.7	
양양양수	1,000	80,839.40	11.2	
산청양수	700	64,605.10	12.8	
청송양수	600	51,122.10	11.8	
예천양수	800	0	0	복구중
합 계	4,700	319,447	9.4	

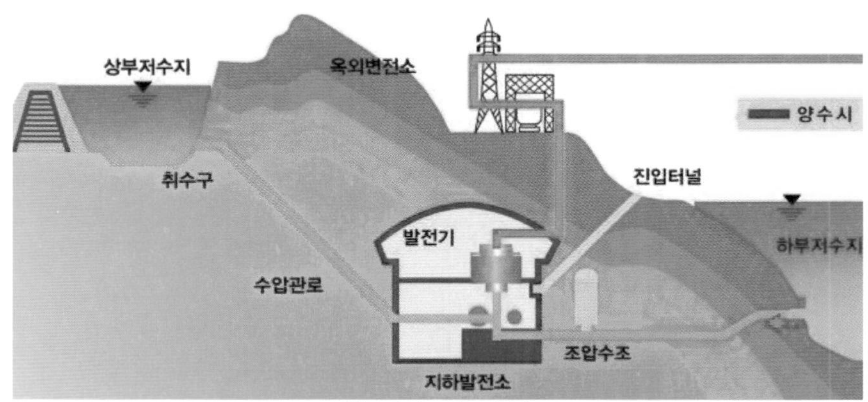

양수발전소 양수 원리

도이다.

그렇게 되면 순수 **태양광과 풍력** 쪽에서 늘려야 하는데 지금보다 8배를 늘려야 한다. 약간이야 늘겠지만 단기간에 8배, 이게 가능하겠나? 그 입지는 어떻게 구하고 그 간헐성(間歇性)은 어떻게 해결할 것인가? 신재생은 발전에만 동원되는 것이 아니라 에너지의 다른 부문에서도 역할을 하도록 되어 있다.

6. 태양광 발전에 필요한 토지

태양광 발전은 온 천지에 흔한 햇빛을 값없이 이용하는 것이지만 많은 제약이 있다. 우선 밤에는 작동이 안되고, 태양이 비치는 시간을 하루 12시간(춘분, 추분 기준)이라 해도 빛이 어느 각도로 비치는가에 따라 발전량이 다르다. 해가 뜬 후의 발전량을 그래프로 표시하면 ∩ 형이 된다. 궂은 날씨와 겨울에 눈이 내려서 집광판을 덮으면 또 일이 안된다. 이렇게 그 이용율은 많은 제약을 받는다.

나의 친지 한 사람이 태양광 발전소를 운영한다. 설비용량이 998kW인데 2020년 년간 운영실적은 별표와 같다.

연간 총발전량은 1,363,082kWh인데 1년이 8,760시간이므로 1시간에 얻는 전력은 평균 155.6kWh (이용율)이다.

<이때 이 설비를 155.6kWy로 표시한다 155.6kW짜리 일반 발전설비와 맞먹는 설비라는 뜻이다.> 998kW짜리 설비를 백만 곳 지으면 155.6GW를 얻을 수 있다는 계산이 된다.

이 발전소의 부지가 3,700평인데 ㎡로 환산하면 12,210㎡이

998kW 태양광 발전설비 년간 운영상황 (2020년)

월	발 전 량 kWh	년/월/시간	1시간 kWh	설 비이용율 %	비고
1	77,170	744	103.72	10.3	
2	99,396	672	104.91	10.4	
3	142,532	744	191.6	19.2	
4	163,462	720	227	22.7	
5	136,476	744	183.43	18.3	
6	131,155	720	182.15	18.2	
7	88,898	744	119.48	11.9	태풍
8	115,675	744	155.47	15.5	
9	106,560	720	148.22	14.8	
10	124,690	744	167.59	16.8	
11	92,779	720	128.85	12.9	
12	84,290	744	113.29	11.3	
계	1,363,082	8,760	155.6	15.6	

농사용 토지에 설치한 태양광 발전소

다. ㎡를 **백만배**(1000^2) 하면 그대로 ㎢가 된다. 이렇게 보면 전력 155.6GW를 얻기 위해 태양광발전소를 짓는데 12,210㎢가 필요하다는 계산이 나온다. (참고 : 1,000kW=1MW, 1,000MW=1GW)

그러면 그 절반(77.8GW)을 짓는데는 6,100㎢가 필요하게 된다고 볼 수 있다. 윤석열 정부의 탄소중립에서 신재생 에너지 몫으로 필요한 75GW를 건설하는데 토지는 약 6000㎢가 필요하게 된다. 이 넓이는 남한의 면적 10만㎢의 약 6%이다. 이런 땅을 어디서 구하나?

남한의 지형이 60%가 산지니까 나머지 4만㎢ 중에, 반반한 땅에서, 택지 빼고 경작지 빼고 무슨 노는 땅이 있을까? 땅이 없으면 경작지에 농작물 경작과 겸해서 태양광을 설치한다는 안을 내놓는다. 농작물도 햇빛으로 생산되는 것인데 태양광이 덮는 만큼은

농사에 피해가 있기 마련이다. 지금 일부에서 산림을 훼손하고 있는데, 이것은 자해행위이다. 태양광 설치할 땅이 없다.

해상풍력이 약간 거든다 해도, 글쎄, 일이 잘 될까?

신재생 에너지로부터 나오는 전기를 저장하기 위해서는 ESS(전기저장장치)를 준비해야 되는데 이것을 만들기 위해서는 1200조의 자금과 토지가 여의도 면적 76배 필요하다. 그리고 이들 설비와 전력계통을 연결하는 송전망을 전국에 거미줄 같이 세워야 한다. 아득한 이야기이다.

7. 문재인 정부 신안 해상풍력 발전단지

(1) 명목상 설비용량 8000MW

문재인 정부는 2021년 2월 신안에서 큰 행사를 벌이고, 신안 앞바다에 세계 최대의 풍력단지를 조성하겠다는 계획을 발표했다. 8MW급 풍력 타워가 1,000개가 들어설 계획이다. 총 발전설비는 8,000MW가 된다. 지금 두산중공업이 국책사업으로 8MW짜리 풍력발전기를 개발중이라 한다. 이 모델은 탑의 높이가 (해상) 230m, 날개 하나의 길이가 100m라고 한다. 이것은 남산타워(236m)를 상상해 보면 된다. 이제까지 국내에 건설된 풍력의 규모는 2~5MW급이 고작이었다. 그 두 배가 된다는 것인데 두산의 개발이 끝나야 실현된다.

풍력 발전의 원리는 선풍기를 역으로 생각하면 된다. 다만, 총

투자비가 48조 5000억이라는 점을 기억해 두기 바란다. 준공이 잘 돼서 운영하게 되면 어떻게 될까? 문재인 대통령은 8,000MW의 발전기가 가동되면 원자력발전소 (1,400MW) 6기와 맞먹는다고 발표했다. 그러나 이것은 무슨 착각이거나 의도적인 과장이다. 신재생 에너지를 설명할 때는 A. 설비 용량 B. 이용율-실제 발전량 등으로 구별해서 표현해야 된다는 점을 알아야 한다. 실제 발전량을 표시할 때는 MWy로 표시한다.

(2) 실제 발전능력은 2,400MWy

A. 설비 용량 표시는 재래식 발전기나 신재생 에너지(발전기)가 동일하다. 보통 MW(천kW)로 표시한다.

B. 원전은 웬만하면 24시간 돌린다. 그러나 풍력발전기는 바람이 불지 않으면 전기가 나오지 않는다. 하루에 몇 시간 돌아갈지 모른다. 또 바람의 세기와도 관계가 있다. 그 가동률과 출력이 일정하지 않으므로 『실제 발전량』 평균을 MWy로 표시한다. 이용률은 유럽의 북해에서는 보통 50%를 본다는데 우리 황해 연안과 내륙에서는 잘해야 30%라고 한다.

그러면 이 발전소의 가치는 8,000MW × 30% = 2,400MWy이다. 2,400MW짜리 (보통)발전소와 맞먹는다는 뜻이다. 원자력발전소 APR-1400 1기가 1시간에 1,400MWh 전력을 생산하므로 이 발전단지 예상 전력 생산량은 원전 2기 보다 약간 적다.

그것만이 아니다. 풍력발전소의 내용 연수는 20년 남짓하다. 30년으로 쳐도 60년인 원전 APR-1400 보다 투자효율이 1/2 이하이다. 따라서 신안 풍력단지의 투자효율은 원전 APR-1400 1기의 투자효율에 비슷하거나 미치지 못한다.

다른 각도에서 보면 신안 풍력발전소 단지 8,000MW의 48조 5,000억원의 건설비는 APR-1400 1기 건설비의 10배가 되므로, 원전 1기 비용보다 10배 들여서, 이용하기 어려운 설비를 만드는 결과로 된다.

(3) 약한 풍속이 걱정

이런 계산은 영국 풍력단지에서 풍속이 초속 11m임을 기준으로 한 것이다. 10년 전 부안, 영광 단지 공사를 할 때 우리 해안에 부는 바람의 속도가 7m 정도로 파악됐었다는 관련자들의 증언이 있다. 만약 신안 단지에 부는 바람의 속도가 7m 정도가 된다면 계산이 또 달라진다. 그냥 절반이 아니다. 풍력발전소의 능률과 풍속의 관계는 3제곱에 비례한다. 그러면 신안 풍력단지의 투자효과는 원전(APR-1400) 1기의 투자효과에 아주 많이 못 미친다는 말이 된다. 여름 태풍이 불 때 예상되는 어려움과 해난사고 등은 여기서는 아주 논외로 한다.

8. 신안 앞바다의 풍경

그 부지가 엄청나다. 신안군의 두 도서(임자-도초)간 40km 바다에 700m 간격으로 1,000기를 배치하게 된다. 그 배치를 위한 계산은 56 × 18 = 1,008이므로 두 섬 사이에 56기를 심고 옆으로 18기를 나란히 심으면 1,000기가 된다. 옆으로 벌어지는 너비는 18 × 700 = 12,600 이므로 약 13km의 넓은 면적을 바다 쪽으로 차지해야 된다. 40km라면 광화문에서 임진각 까지의 거리이고, 13km는 그 절반이 조금 못 된다. 그 넓은 바다에 남산타워 1,000기가 솟아 있는 광경을 상상해 보시라. 이 지역의 어업이 어떤 영향을 받을지? 그 지역에 수로(水路) 사정이 어떻게 되는지 하는 문제도 고려해야 된다.

9. 풍력발전과 전력계통의 문제점

신재생 에너지의 특수성은 그 생산과정이 '하늘의 사정'에 달렸다는 점이다. 모든 에너지는 인간이 필요할 때 나와야 하고 필요치 않을 때는 나오지 말아야 한다〈인간 조절형〉. 그런데 신재생 에너지는 이와 무관하게 들쑥날쑥 생산되는 것이니까 제주 전력계통에서 보듯이 불안하다. 다만, 저장 설비를 이용하는 경우에는 도움이 된다. 그러나 이 ESS(Energy Storage System)의 대용량 설비를 아직 만들지 못하는 것 같다.

한전은 제주 지역에 1,000MW 규모의 독립된 전력계통을 운용하고 있다. 규모가 작은 만큼 작은 전력량의 변동에도 계통 운용에 지장이 된다. 그래서 한전측이 그때마다 계통에 연결된 신재생 전력의 송전을 제한했다. 2015년부터 2021년 3월까지 송전제한 지시가 무려 191회가 있었다 한다. 그로 인해서 제주 지역의 신재생 발전 업체들이 65억원의 손해를 보았다고 한다. 이들 업체는 2021년 4월에 모임을 갖고 보상 받을 방안을 찾고 있다.

10. MB 정부의 해상풍력 발전단지

2011년 MB 정부 때 부안, 영광에 풍력단지를 조성한다고 했었다. 세계적으로 풍력발전 이야기가 풍성하던 때였다. 이때 많은 국내 업체들이 참여 의사를 밝혔다. 현대중공업, 삼성중공업, 대우조선해양, 효성중공업 등이다. 이들은 해상 구조물, 해상플랜트 전문 업체들이다. 이들의 속셈은, 국내 프로젝트에서는 풍속이 시원치 않아서 별 수익이 없겠지만, 국내 건설 실적을 발판으로 해외 풍력단지 공사를 수주하려는데 의미를 두고 있었다. 그런데 그 무렵 조선업계에 불황이 닥쳐와서 해상풍력발전을 위한 조직들이 해체되고 보니 모든 것이 없던 일로 됐다. 그때 겨우 100MW 규모의 실증단지 조성만 이뤄졌다.

11. 한국의 지형과 신재생 에너지

산이 많고 인구밀도가 높은 한국에서는 넓은 면적이 필요한 재생에너지 발전 설비 확대가 쉽지 않다. 발전량의 기복을 보완하기 위한 국가 간(중국/러시아) 전력망 연결도 이뤄져 있지 않다. 한국의 풍속은 연평균 초당 7m에 불과해 초당 10~11m로 풍력발전 효율이 50%를 넘는 북유럽과는 여건이 다르다.

12. 수소, 질소 등 신규 에너지의 역할

실증되지 않은 생산기술 수소와 질소를 동원한다. 아직 실현이 안 되고 미래의 에너지인데 지금 이것을 현역으로 참여시키면 어떡하나? 과거 조선조 3정문란의 하나가 군적(軍籍) 폐해였다. 젖먹이 어린아이에게 병역의무를 매기고 세금을 뜯었다는 고사(古事)가 생각난다.

수소가 없으면 사오면 된다고 한다. 내것 놔두고 남의 집에서 사다 쓰면 살림살이가 제대로 되겠는가?

13. 원전 참여 없이 탄소중립 돌파 못한다

탄소중립으로 탄소 배출하는 에너지를 없애면,

① 화석 연료 사용하던 산업이 모두 전기화 되니까 그만큼 전력 수요가 는다. 자동차들이 동력을 전기로 바꾸고 있다.

② 발전설비 중에서 화석연료 사용하던 것을 접으면 그만큼의 공백을 다른 것으로 메꾸어야 된다.

③ 30년간 자연적으로 전력 수요 증가분이 있다. 이렇게 엄청난 전력수요 증가분을 메꾸려면, 석탄, LNG, 원자력 모두 동원해도 될지 말지 하다.

원자력은 무탄소 에너지다. 그런데 왜 원자력을 배척하나? 이것은 심해 탐험하는 사람이 산소통 집어던지고 물에 뛰어드는 것과 같다.

문재인 정부는 원전에 대한 태도를 명확하게 해야 된다.

A안, 위험해서 그런다.

B안, 위험한 것은 아니지만 외국에서 모두 원전을 접는 추세라서 그런다.

C안, 원전을 없애는 것이 아니라 '에너지 전환'이다. 탈원전이 아니라고 한다.

그런대로 말이 되는 것은 A안 뿐이다. 위험하다고 판단한다는데야 어쩌겠는가? 그렇다면 위험한 원전을 단 한 기라도 돌릴 수 없다. 지금 당장 원자력발전소의 불을 다 꺼야 한다. 어찌 월성 1호기 뿐이리오. 반대로 지금 20여기의 원전을 계속 돌리고 있는 것은 전혀 위험하지 않다고 자인하는 것이다.

B안이라면 대통령 이하 전 각료가 사퇴해야 된다. 에너지 정책이 무슨 유행품도 아니고 외국에서 한다고 무조건 따라 하는 것이 정책인가?

C안은 말장난이다. 동일한 가치의 것들을 놓고 선택하는 것이 '전환'이다. 원전 버리고 유명무실한 것을 선택한 것은 원자력을 그냥 버리는 것이다.

14. 원전 가동을 위해서도 원전 기술이 살아야

원전의 신규건설 없이 현존하는 것을 운영하는 것 만으로는 원자력산업이 괴사한다. 기술이 살아 있기 위해서는 ① 기초학문, ② 기초연구, ③ 기자재 생산, ④ 발전소 운영, ⑤ 뒷 처리 등, 전 주기(全週期)가 살아 있어야 가능한 것이다. 〈p25의 표1, 표2 참조〉

Infrastructure가 무너지면 50년 전 원전산업의 원시시대로 돌아간다. 이렇게 되면 지어진 원전을 돌리는데도 위험이 따르게 된다. 대통령과 국무총리가 "우리 원전의 기술이 우수하다는 것을 잘 알고 있으며 이것을 버리려 하는 것이 아니다"라고 말을 한다. 아기는 예쁘다고 하면서 젖을 주지 않는다면 어떻게 되는가? 이 아기 아사(餓死) 책임을 누가 질 것인가?

결국 탄소중립을 제대로 하기 위해서는 무탄소 에너지 원자력을 건설하는 것 외에 따로 방법이 없다. 그것도 당초 계획보다 많이 늘려야 된다. **미국**을 비롯한 외국들은 다 그렇게 하고 있다. 바이든은 다 망한 원저력산업체에 자금 지원을 해서 소생시키는 계획을 실시중이다. 이번에 한미 공동성명에서 한미가 공동으로 해외에 진출한다는 합의는, 다 죽은 미국의 원전산업체가 한국 업체에 업혀서 같이 살아보자는 것으로 보인다. 그리고 국제에너지기구(IEA)도 그렇게 권유했다.

15. 2021년 2월 미국 텍사스 대정전

2021년 2월 미국 텍사스에서 대 정전사태가 발생했다. 텍사스는 겨울에도 기온이 영하로 내려가는 일이 거의 없는 지역인데 영하 20도의 한파가 몰려오자 많은 발전소들이 얼어붙어 발전을 못하게 되고 대정전이 발생했다. 텍사스의 전력망 운영에는 여러가지 특이한 점이 있었다.

첫째, 미국 전국전력망에서 독립된 계통망을 운영했다. 비상시에 외부와 연결할 수 있는 비상망(Grid)을 만들어 두어야 하는데, 그런 것이 없어 외부로부터 아무런 도움도 받을 수가 없었다.

둘째, 예비율을 빡빡하게 운영했다. 신용불량 전원인 신재생 에너지(풍력 24%, 태양광 2%)가 26%나 되는데도 예비율을 10% 정도로 운영했다.

셋째, LNG 발전소가 원래 44%를 담당하는데 그중의 몇 개가 동해를 입어서 발전정지가 됐다. 풍력발전소는 터빈이 얼어 붙어서 발전이 안 되는 곳이 많았다. 태양광은 흐린 날씨에 전기가 전혀 나오지 않는 것이 당연하고, 그래서 전력계통이 무너지니까 텍사스 전체가 정전이 됐다.

며칠 후 원자력발전소(발전설비 11% 담당)들이 아무 일 없이 살아 있는 덕에 전력계통이 복구돼서 겨우 회생을 했다. 지금 정부가 하는 대로 가면 우리가 이런 지경에 이를 우려가 커진다.

16. 유럽 10개국 장관들의 공동성명

2021년 10월 유럽 각국 장관들이 "우리 유럽인은 원자력이 필요하다"는 제목의 공동기고문을 유럽 내 유력지에 동시다발적으로 게재했다. 그 내용의 신문기사를 그대로 소개한다.

프랑스 핀란드 체코 등 10개국 경제·에너지 담당 장관 16명이 한꺼번에 이름을 올렸다는 점에서 관심을 끈다. 이들은 공동기고문을 통해 "기후 변화와 싸우는 데 최상의 무기는 원전"이라고 잘라 말했다. 기후 재앙을 막는 데 신재생에너지도 필요하지만 탄소배출이 없는 유일한 에너지원인 원전이 주도적인 역할을 할 수밖에 없다는 현실적 인식을 재확인한 것이다.

또 "에너지 수요를 지속적으로 충족하려면 원자력은 필수"라고도 했다. 기후변화로 올 들어 바람이 약해지면서 유럽은 치명적인 전력난을 겪고 있다. 풍력 등 신재생에너지 효율 저하로 천연가스(LNG) 사용이 늘자 눌러 놓은 용수철이 튀듯 LNG 유럽 수입가격이 1년 새 6배 가까이 폭등했다. 덩달아 전기료도 감당하기 힘든 수준으로 치솟았다. 가장 저렴하고 안정적으로 전력을 생산할 수 있는 원전 필요성이 더 커진 이유다. 러시아로부터 LNG를 공급받는 유럽 지역의 에너지 주권을 강화하는 차원에서도 원전은 중요하다.

이 공동기고문은 원전 없이는 탄소 중립도, 전력난 해소도, 에너지 안보도 이뤄낼 수 없다는 경고나 마찬가지다. 그런데 우리 정부는 “서구 선진국가들이 빠르게 원전을 줄이고 있다”는 가짜뉴스를 퍼트리고 있으니 한심하다.

‘원전 르네상스’라고 할 만큼 400기가 넘는 원전이 유럽 등 전 세계에 들어설 예정이다. 전 세계 원전은 줄어드는 게 아니라 확대되는 추세다. 후쿠시마 원전 사고 후 원전 가동을 전면 중단했던 일본도 결국 재가동에 들어갔다. 기시다 후미오 일본 신임총리는 원전 재가동 정책 유지를 약속했다. 유럽보다 신재생에너지 환경이 훨씬 나쁜 우리가 원전이 없어도 전력이 부족하지도 않고, 탄소중립 목표도 달성할 수 있다고 주장하는 건 과학이 아니라 억지다. 그나마 다행스러운 건 여야 대선주자 대다수가 압도적인 탈원전 반대 여론 확산에 귀를 기울이기 시작했다는 점이다.

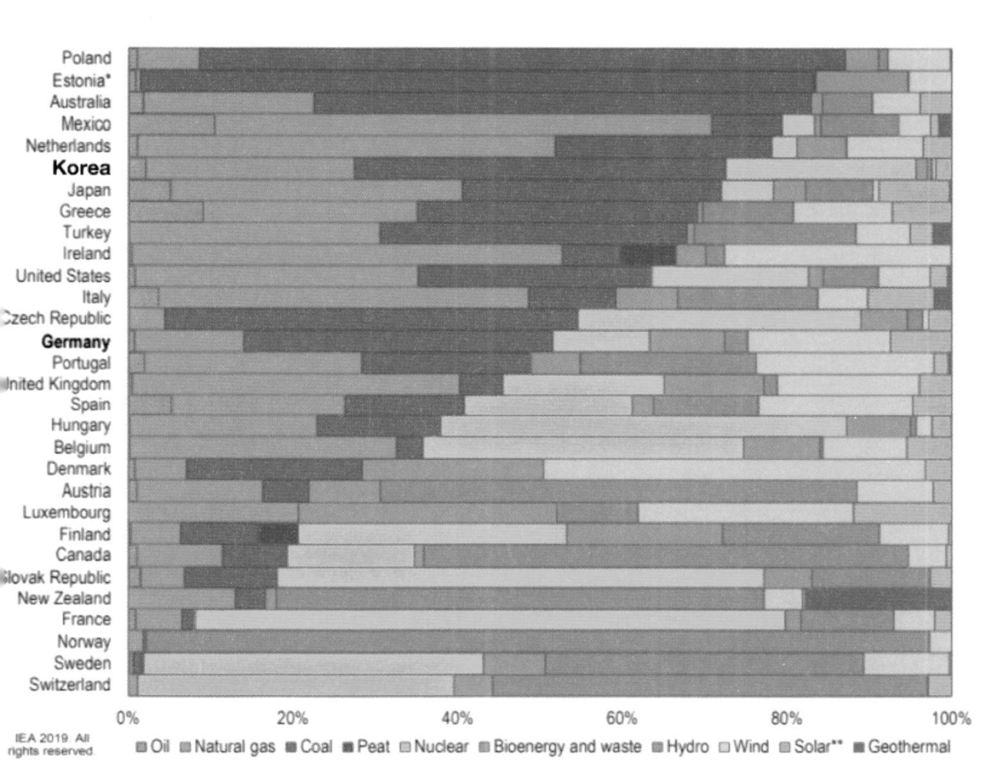

세계 각국 전력 공급원 현황

제 9 장

원자력설비 기술주권을 확립했다

1. 기술과 안전규제

원자력발전소를 포함해 모든 산업설비에는 늘 '위험'이 따라다니고, 이것을 방지하기 위해서 늘 '안전'이라는 방호막을 친다. 이 안전을 국가 권력이 법규형식으로 강제한다. 그 내용은 사실상 전세계적으로 대동소이 하다. 기술의 내용이 공통적이기 때문이다. 그러나 나라에 따라 이것을 행사하는 형식은 천차만별이다. 설비만 사용하고 안전이고 규제고 아무것도 없는 나라가 있고, 규정은 있지만 그것을 누가 만든 것인지 알지도 못하고 또 집행도 소홀이 하는 나라, 자국의 법규체제에 편입시켜 기술주권을 제대로 행사하는 선진국 등이다.

원자력 이야기에서 법규 문제를 꺼내는 것은 약간 빗나간 느낌이지만 혹시 독자들 중에 나라의 국격(國格) 문제에 관심을 가진 분이 있다면 공감이 될 것으로 생각해서 한 꼭지 적어 둔다.

2. 기술주권이 무엇인가?

기술주권이 무엇인가를 이해하기 위해서 다음의 사례를 소개한다. 한전이 UAE에 원전을 짓고 1호기 공사를 끝낸 것은 예정대로 2018년 초였다. 그러나 UAE는 사소한 문제로 핑계를 대며 냉큼 준공식을 하지 않다가, 공사비 정산 문제가 있어서 부득이 2년 늦게 우리 문 대통령이 참석한 가운데 '공사 완료식'이라는 이상한 이름으로 간이 준공식을 가졌다. 그러고도 냉큼 상업운전에 들어가지 않았다.

그 이유가 무엇일까? 외부에서 추측하는 내용은 다음과 같다. UAE는 외국인 기술자문단을 고용해 매사 그들의 조언대로 일을 해왔다. 1호기 공사가 끝나자 UAE 정부는 "이제 발전소를 돌리면 되겠는가?"라고 물었다.

자문단은 "아니다, 아직 할 일이 있다. 발전소를 돌리려면 정

〈UAE에 온 문재인 대통령〉 – 준공식은 아님

부가 인허가 등 규제를 하는 **UAE 자체의 법률**이 있어야 한다. 지금까지 건설 기간에, 절차마다 인허가를 처리한 FANR(Federal Authority for Nuclear Regulation)이 있지만, 그것은 이제까지의 절차가 그저 형식적으로 좋다, 나쁘다고만 확인한 것일 뿐이다. 앞으로는 무엇을 어떻게 하라는 구체적인 알맹이가 있어야 된다. 지금 완성된 발전소는 한전이 대한민국 법률인 '**전력산업기술기준**'에 맞춰서 건설된 것이다. 이대로 운전 한다면 UAE에 대한민국 법률이 시행되는 모양새가 되고, **기술주권이 침해**되는 결과가 된다"고 자문했을 것이다.

그래서 UAE정부는 외국(아마도 영국)의 기술기준을 빌려(구매)와서 자기네 기술기준을 (엉성하게나마) 만들고, 이것을 운영하는 인력도 양성한 후, 1호기의 상업운전을 허가하는 절차를 밟았던 것으로 이해된다. 그렇게 하는데 시간이 걸린 듯 하다. 〈이것은 후일 사실로 밝혀졌다. 규정도 만들었고 72명의 요원을 양성했는데 UAE 국적은 30명(여성 3명 포함)이라고 발전소 운영회사 사장이 한국의 어느 행사의 연설에서 밝혔다.〉

2020년 12월 중순에 UAE 바라카 원전 1호기가 비로소 100% 출력 시험을 마쳤는데, 바라카 원전 운영회사는 2021년 초에 **"UAE 규제요건과 품질기준에 만족하는지 확인하는 과정이다"**라고 발표했다. 〈그렇다 바로 이거다.〉

그리고 2021년 4월 6일에 비로소 상업운전을 시작했다. 이렇게 4년이나 상업운전을 미적거리게된 사유는, 이들의 전력사정이 다급하지 않다는 점도 있겠지만, **기술주권을 살릴 목적**으로 규제체제를 갖추는데 시간이 소요되었다고 해석되는 것이다.

3. 한국의 技術主權

한국에서는 이러한 기술주권이 어떻게 운영되어 왔는지 그 역사를 알아보고, 지금의 형편을 소개하기로 한다. 전력산업계에서 이런 이야기는 좀처럼 할 기회가 없어서 후배들을 위해서 기록을 남겨둔다.

(1) 해방 전·후

우리에게는 '일제 시'라는 부끄러운 과거가 있었다. 그때 한반도에 시행하는 규범체제는 일본의 법령을 그대로 받아서 '총독부 령'이라는 이름으로 발표하고, 그것이 한반도의 규범이 되는 것이었다. 그래서, 한반도에 설치 운영되는 '전기설비에 관한 규제법규'는 일본의 '전기사업법'을 그대로 인용한 '조선전기사업령'이라는 총독부령이 시행되었었다.

해방이 되고 1948년 정부가 수립된 후에도, 이 총독부령들을 손볼 엄두를 내지 못해 독립헌법 제100조에 '현재 시행되고 있는 모든 법령은 그대로 효력을 가진다'는 규정을 두고, 부끄럽게도 일제의 법령들을 '이름도 그대로' 운영했었다. 그렇게 지내다가 1961년 혁명정부에서 이들의 명칭을 '전기사업법'이라고 문패만이라도 바꿔 달았다. 이것은 주권국가로서 아주 중대한 의미를 갖는 일인데, 지금에 와서 이런 일을 기억하는 사람이 거의 없다.

문제는 그 내용이 1939년 무렵의 일본 법 내용이어서 그동안 눈부시게 발전된 전기분야 기술현실과 맞지를 않아 불편이 막심했다. 그래서 상공부(당시)와 한전이 합동으로 '전기사업관계법령 정비위원회'를 구성하고 작업을 해서 1972년 1월에 '신 전기사업법'을 공포하게 됐다. (그때는 아직 원자력 사업이 시작 단계에 불과해 원자력에 관해서는 간단한 규정 두어 개만 두고 있었다.) 이 새 법은 당시로서는 아주 새롭고 세계적 수준에 맞는 것이었지만, 실은 불편한 진실이 숨어 있었다. 미국의 것을 그대로 베꼈기 때문이다. 아무런 교섭도 하지 않고, 물론 대가도 주지 않았다. 이 작업에서 필자가 팀장으로 일했는데, 좀 더 잘 해볼까 하는 생각이 없었던 것은 아니지만 그 당시 국내 전기분야의 산-학-연 기술 능력이 그런 일을 수행하기에는 턱없이 모자랐었다.

(2) 대한민국의 전력산업기술기준 (KEPIC)

1980년대들어 원전 건설에서 기술자립을 하는 방향으로 나가는 것과 함께, 자체의 기술기준을 확보하는 작업을 더는 미룰 수가 없는 일이었다.

그동안 미국, 영국, 프랑스 독일, 일본 등의 발전설비가 들어와 가동되면서 이들에 대한 기술기준 적합성 문제가 많이 있었는데 그 내용이 너무나 복잡해서 여기서는 설명을 생략한다. 1961년 공업표준화법이 제정돼서 KS규격이 시행됐고, 그후에 전력산업계가 수행한 일들을 모두 언급하기에는 그 내용이 너무 방대하고

지면이 부족하다. 부득이 모두 건너 뛰고, 결론만 소개하기로 한다.

한빛 3, 4호기부터는 우리 손으로 설계를 하고 물건을 만드는 상황인데, 우리의 기술기준이 없다면 말이 안 되는 것이다. 마치 나라는 독립했는데 헌법이 없는 것과 마찬가지이다. 과기처와 한전, 그리고 관련 업체들이 힘을 합해서 일을 시작했다. 우선 한기(한전기술주식회사-KOPEC)에 전담부서를 두고 작은 일부터 시작했다. 그리고 점차 업무 범위를 넓혀서 결국 일이 완성됐다.

규격과 기술기준에는 만드는 주체에 따라 국제-, 국가-, 단체-, 기업체- 의 것이 있는데, 단체의 것이라도 국가가 이것을 공인하면 국가의 법률과 같은 효력을 가진다. 우리 전력산업기술기준은 전력산업관계 단체가 만든 기준이지만 정부가 법률(전기사업법, 원자력안전법, 원자력안전위원회법)로 공인해 줘서 대한민국의 법률의 일부로 효력을 가지게 됐다.

1995년에 '전력산업기술기준' 33권 초판이 완성됐고 이듬해 추록이 발행됐다. 그 내용은 원자력, 품질, 기계, 전기, 토목, 화재예방 등 전력설비 전반을 아우르는 기술기준인 것이다.

영문으로는 Korea Electric Power Industry Code (KEPIC)으로 표시된다. 전력설비의 모든 공작물에 대하여 그 ▲설계 ▲제작 ▲공사 ▲ 유지 ▲운용 ▲QA ▲ QC에 모두 적용된다.

이것은 그동안 우리나라의 전력산업계가 산-학-연을 막론하고 능력이 증진되어 외국의 기술을 흡수 소화할 수 있는 수준에 이르렀기 때문에 가능했던 것이다. 이제 대한민국의 전력산업의 기술주권이 확립돼서 기술독립국가로 행세하게 되었다. 오래 전에 퇴역한 필자로서는 하늘에 오를 듯한 희열을 느낀다.

동시에 이런 힘든 일을 뒤에서 뒷받침한 인사들의 공로를 빼놓을 수 없다. **이종훈(李宗勳)**※ 씨는 한전 부사장, 한기 사장, 한전 사장을 역임하면서 시종일관 이 사업을 꾸준히 후원해서 결실을 보도록 했다. **이창건(李昌健)**※ 박사는 실무적으로 작업을 총 지휘해서 이 사업을 완성케 했고, 고령(92세)임에도 불구하고, 지금도 이 업무를 뒷바라지하고 있다. 이 업무는 끊임 없이 세계의 기술동향을 파악하고, 각국의 기술 연구단체들과의 부단한 교류가 있어야 가능한 사업이기 때문이다. 이 분야의 후계자 양성이 절실하다.

이 작업을 하는 과정에 미국의 ASME(미국기계학회)를 비롯한 십여 개의 기술 소유자들과 정식으로 교섭해 사용승인을 받고 로열티를 지급했다. 가장 비싼 것은 ASME에 약 5만불, 가장 싼 것은 IEEE(미국전기학회) 120불이었다. 필자로서는 특히 이 부분이 자랑스럽다. 이제 마음의 부채를 갚았다.

(3) 대한전기협회가 주관

그 동안 이 사업은 **대한전기협회**로 이관되어 많은 인력으로 구성된 **상설기구**를 갖추게 됐다. 총 **23개 위원회**, **500여명**의 기술기준 전문가들이 참여하고 있으며, 후속 개정판을 계속 발행하고 있다. **전자문서**로도 발행되어 누구나 쉽고 싸게 접근할 수 있다.

4. 안전은 어느 수준까지 지키는가?

(1) 안전과 투자비용의 상관관계

원전의 안전을 어느 수준까지 대비해야 하는가 하는 문제가 대두된다. 결론을 먼저 말한다면, 원전만이 아니고, 모든 인공 공작물의 안전은 '**필요하고 충분한 수준**'까지만 대비하는 것이 합리적이다. 유지하고자 하는 안전수준(y)과 이를 위하여 투하되는 비용(x)의 관계를 도표로 살펴본다.

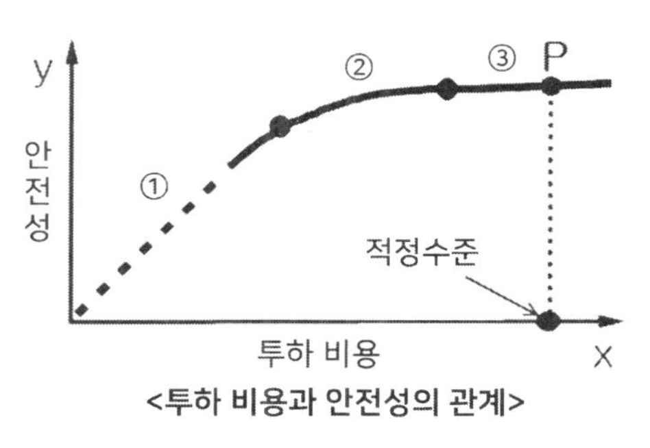

<투하 비용과 안전성의 관계>

① 처음 몇 단계까지는 투하하는 비용과 안전 수준의 향상이 정비례관계를 가진다. 비용을 많이 투하하면 그만큼 공작물의 안전 수준이 향상되는 것이다.

② 그러나 어느 단계를 지나면 투하된 비용 Δx에 비해서 향상되는 안전수준 Δy가 미미하게 늘어난다.

③ 이 단계를 지나면 Δy가 아예 0(zero)에 수렴된다.

결론이 나왔다. 아무 효과가 없는 비용을 그 이상 넣을 필요가 없는 것이다. 결국, 비용 투자의 수준은 ③단계 직후의 수준에서 멈추어야 한다. 이 지점을 P라 한다면 P가 안전을 위해서 투입하는 **적정수준**이다.

(2) 안전의 적정수준

P의 수준은 **기술의 발전**에 따라 내려갈 수도 있고 **위해요소의 증가**에 따라 높아질 수도 있다. 어느 시대의 **안전규정**은 이 P점을 기준으로 정해진다. 원자력발전소 Dome 두께를 두배로 늘린다고 해서 안전이 두배로 높아지는 것은 아니다. 공작물 공사에서 안전을 위한 투자 수준이 P점에 못 미치면 **부실한 공사**이고 P점을 훨씬 초과하는 투자는 **무모한 짓**이다. 이 P 수준을 안전도 1이라고 본다면 원자력발전소 건설에 있어서 설계기준은 보통 Px2 또는 Px3로 강화된 수준을 택하고 있다. **우리나라 전력산업기술기준(KEPIC)**은 이런 사정을 모두 고려해서 만들어졌고, 이 수준은 한국만의 것이 아니고 사실장 세계적으로 공통된 내용이다.

(3) 기술기준의 법적 효력

또 KEPIC 규정은 대한민국 법률(전기사업법, 원자력안전법)의 일부이므로 강제규정이다. 한편, 거기까지 지켰으면 그 이후에 일어나는 문제에 대해서는 책임을 면책해 주겠다는 면죄부로도 작동하는 것이다. 이렇게 함으로써 원자력발전소의 안전 확보와 여기에 투하하는 비용이 균형이 이루도록 하는 것이다.

제 **10** 장

한국의 전력사업

1. 건청궁 건달불

1887년 4월 어느 날 밤 경복궁이 대낮 같이 밝아졌다. 에디슨 전기회사의 21kW짜리 증기 발전기 하나가 설치돼서 건청궁에 아크등 불을 밝힌 것이다. 이것이 한국 전기사업의 시작이다. 궁내외 모든 사람들이 놀랐고 밤마다 구경거리가 되었다. 그러나 가끔 고장이 나서 꺼졌다 켜졌다 하는 바람에 건달불이라는 별명이 붙었

고, 냉각수로 향원정 연못 물을 쓰다보니 물이 뜨거워져서 물고기들이 죽어 떠오르는 사건이 일어나 흉흉한 소문이 돌기도 했다. 그러다가 미국인 기술자로 와있던 맥케이 청년이 권총 오발사고로 사망하는 변고가 일어났다. 조수로 일하던 한국 청년이 맥케이의 호신용 권총을 만지다가 실수로 방아쇠를 당긴 것이다. 맥케이는 죽으면서 이 청년이 고의로 그런 것이 아니라고 극구 변명해 주어서 조수는 생명을 건졌다. 〈한성전기가 생기고 전등사업도 겸하게 되어 경복궁 건달불은 퇴장했다〉

2. 한성전기회사와 전국 전등 사업

1898년 미국 사람 콜브란과 고종황제가 합작으로 한성전기회사를 세워서 전차를 운영했다. 동대문에서 청량리를 왕복하는 것이었는데 전등사업도 겸했다. 325kW 발전설소가 동대문 바로 앞에 있었는데 얼마 후 이 사업은 일본인에게 인계됐다. 이후 전국 도시에 전등(電燈) 사업을 위주로 하는 전기회사들이 우후죽순같이 생겨나서 전국이 전기 열풍에 휩쌓였다. 이 점(点) 조직이 점차 광역화 되면서 전국적인 송전망이 형성됐다.

3. 운산 광산과 수력발전소

운산에 금이 많이 나오는 광산이 있었다. 명나라가 금을 조공으로 바치라는 성화에 금 생산은 이익보다 폐해가 많다고 판단하고 왕명으로 폐광시키고 일체 생산을 못하게 했었다. 운산의 금광은 1811년에 일어난 홍경래난에도 등장한다. 홍경래가 금광의 인부를 모집한다 해서 모은 인부 800명을 거느리고 난을 일으킨 것이다. 고종실록에 의하면 1896년 4월 17일(양력) 미국인 모스에게 이 광산의 채광권을 허가했다. 이 사람은 의료 선교사 출신 미국외교관 Allen이 천거했다. 왕실은 25%의 지분을 가지는 것으로 되어 있다. 모스(Morse)는 다시 자본가 헌트(Hunt)에게 사업권을 넘겨서 실제로 사업을 수행한 것은 헌트였다.

헌트는 500만 달러 자본금으로 동양합동광업회사를 차리고 본격적으로 금 광석 채굴에 들어갔다. 채광설비와 제련소 운영에 전력이 필요하게 되자 수력자원을 탐사해서 한 곳을 찾아냈다. 청천강 지류인 구룡강 상류 협곡에 제방을 쌓고 프란시스형 수차와 발전기(500kW)를 설치해서 전기를 생산했다(1905년). 광산에 필요한 전력을 공급한 후 남는 전기를 광산 근무자들의 가정에도 공급했다.

1939년 무렵에는 일본이 전쟁을 준비하고 미국인들을 축출하는 분위기였다. 헌트는 광업권을 일본 기업에 넘기고 떠날 수 밖에 없었다.

『노다지』라는 말이 있다. 운산광산의 운영형태는 미국인 감독자, 일본인 기술자, 중국인 노동자 등으로 구성되어 있었는데, 한국인들도 상당수 있었다. 광석 채굴공사의 일과가 끝나면 입구를 철저히 봉쇄하고 미국인 감독자가 "No Touch"라고 써붙였다 한다. 그 밑에 한글로 "노탓찌"라고 써 있어서 한국인들이 '노다지'라는 말로 구전되어 왔다 한다.

4. Allen 선교사

(1) 의료선교사

Allen은 구한말 우리 정치사에 아주 중요한 역할을 한 사람이다〈의료 선교사, 고종의 외교고문, 조선의 외교관, 미국의 외교관〉. 전기와 관련된 면에서도 아주 많은 역할을 했다. 건청궁 점등 사업, 한성전기회사 사업, 경인선 철도부설(1896년) 그리고 1902년부터 시작된 하와이 이민 사업도 Allen의 주선에 의해서 이루어졌다. 그는 단순한 선교사가 아니라 구한말 역사에 많은 영향을 끼친 인물이기 때문에 잠시 그의 활동을 알아보는 것이 유익하다.

(2) 갑신정변과 광혜원

선교사 Allen은 1884년 9월 아직 기독교가 공인되기 이전에 미국 공사관 의사의 자격으로 조용히 입국했다. 몇 달 후 일어난 갑신정변이 그를 고종의 총애를 받는 사람으로 만들었다. 민비의 오라비 민영익이 중상을 입고 죽게 되었을 때, 동원된 한의들은 손도 대지 못해서 가망이 없어 보였다. 이때 미국 공사관이 Allen을 보내줬다. 그는 17군데 칼에 찔려 출혈이 심한 민영익을 자기 숙소로 데려다가 외과 수술을 하고 3일간 주야로 간호한 결과 생명을 건졌다. 고종 내외의 기쁨은 하늘을 찔렀다. 그를 불러 큰 상금을 내렸는데 Allen은 "황공하옵니다. 이 돈을 신(臣)이 개인적으로 쓰기보다 병원을 만들어 조선의 백성들을 고쳤으면 합니다" 해서 고종을 더욱 감동케 했다. 역적 한 사람의 집을 몰수해서 거기에 광혜원(廣惠院)이라는 고종 친필의 간판을 걸고 우리 역사 최초의 신식 병원이 시작됐다. 기독교 금지문제는 연기처럼 사라졌다.

(3) 조선의 외교관

고종은 그를 왕실의사 겸 정치고문으로 삼았다. 1880년대 외교문제는 항청(抗淸)이 당면 과제였다. 독립을 위해서는 미국에 공관을 설치하고 미국과 긴밀한 관계를 유지하는 게 좋다는 Allen의 건의를 받아들여 박정양 전권공사 일행이 미국으로 떠나게 됐는데, 조선 대감님들이 미국을 아나, 외교를 아나? 하는 수 없이 Allen더러 같이 가달라고 부탁하고 그에게 참찬(參贊)직을 하사했다. 그는 워싱톤에 가서 청국 대사의 끈질긴 간섭을 물리치고 박 공사가 직접 미국 대통령을 알현하도록 하는 등 활동이 컸다. 1890년 미국은 조선반도의 중요성을 깨닫고 유능한 외교관을 찾다가 고종과 조선말로 격의 없이 독대할 수 있는 Allen을 찾아내고 그를 조선 주재 미국 외교관(나중에 공사)으로 임명했다. Allen

이 한양으로 돌아와 고종을 알현했을 때 고종이 걱정을 하니까 “전하, 신이 이렇게 된 것이 오히려 조선을 위해 도움이 될 것이옵니다” 했다. 그는 끝까지 조선-고종에 충성했다.

(4) 미국의 외교관

1890년부터 십여년간 조선-청-일-러를 둘러싼 파란만장한 사건들이 있었고, 1905년 미국은 조선을 버리기로 작정을 했다. 을사조약으로 외교권이 일제에 넘어가고 한국은 바야흐로 죽어가고 있었다. 외교권이 없어진 나라에 미국 공관이 존속할 수 없어서 조선에서 철수하고 Allen은 해임되었는데 워싱톤으로 대통령을 찾아가 항의를 했다. 여러 자료에 의하면 대통령에게 삿대질을 하면서 고함을 쳤다고 한다. 그는 회고록 “어느 희한한 인생”을 남기고 1932년 세상을 떠났다. 회고록에는 조선을 사랑했던 이야기로 가득차고 “고종은 하지 말라는 일만 골라서 하더라”고 한탄했다 한다.

(5) 조선의 개화를 지원했던 선교사

역사학자들 중에는 이 사람을 비판하는 사람도 있다고 한다. 특히 일본 학자들이 그렇다. Allen이 추진했던 일들을 모두 일본인이 인수해서 운영하면서 이권을 챙겼는데 거꾸로 “알렌이 이권을 챙기다가 일본에 넘겼다”는 식으로 표현한다고 한다. 그러나 그는 어느 사업에도 직접 간여한 바 없고, 단지 조선 정부(왕실)가 새로운 사업을 영위하고 신기술을 도입해서 번영하게 되기를 바라는 마음에서 주선했던 일이라고 해석하면 무리가 없다.

5. 일제의 수력자원 조사

일제는 한국을 병탄한 직후 수력자원 조사를 시작했다. 1차는 1911년부터 4년간, 2차는 1922년부터 8년간 실시했다. 그 결과 압록강의 지류인 장진강과 부전강 그리고 허천강을 막아서 이 물을 동해안으로 흘리면 약 1,000m의 낙차가 생겨서 80만kW의 전력을 얻을 수 있다고 보았다. 이런 식으로 해방이 될 때까지 북한의 평안북도와 함경도 지경에서 약 300만kW의 전원을 개발했다. 그리고 압록강에 수풍댐을 건설하고 동양 최대규모의 수풍수력도 건설했다. 수풍수력은 그 당시는 60만kW 규모였으나 나중에 증설해서 80만kW 규모가 됐다. 이들 수력발전소를 실제로 건설-운영한 사람은 일본의 노구치 시타가우(野口遵)였다. 그는 압록강계의 수력발전소를 거의 독점해서 건설하고 운영했으며 '조선전업주식회사'를 설립했다.

이들 수력발전소의 전력은 흥남 질소비료공장에 사용됐고, 마그네슘, 인조견사 등을 생산하는데 이용됐다. 일본이 만주를 점령한 후로는 군수산업이 들어와서 중국대륙을 침공하는데 필요한 군수품을 생산했다. 후일 일본의 한 일간지가 폭로한 바에 의하면 (1996년 8월 14일자 아사히 신문) 일본군은 태평양전쟁중 흥남에 원자폭탄 연구시설을 운영했었다고 한다. 전후에 소련군은 일본군이 운영하던 중수(重水)설비와 알루미늄 전해시설들을 철거해서 소련으로 가져갔다고 한다. 풍부한 전력자원을 밑바탕으로 일본이 대단위 중공업 지구를 조성했는데, 해방후 북한은 이들을 인수해서 좋은 방향으로 선용하지 않고 원자탄 등 불순한 무기제조에 자원을 낭비하고 있다.

노구치는 반도호텔도 건설해서 소유했었다. 이들 대용량의 전력은 송전망을 통해서 남쪽에 보내서 한반도 전체는 풍부한 전력을 사용할 수 있었다. 그러나 2차대전이 끝나고 한반도가 남북으로 나뉘고 보니 남쪽은 전력설비가 태부족인 형편이 됐다.

6. 일본의 2차대전 준비

1940년 무렵에 일제가 전쟁을 위한 비상체제의 일환으로 수 많은 전기사업체들을 강제로 통폐합시켜서 전국적으로 4개의 기업체로 정리가 되었다. 그 4개는 발전사업자 하나(조선전업주식회사)와 배전회사 3개 북선전기주식회사(황해도 이북을 관할), 경성전기주식회사(주로 서울과 경기지역을 관할), 남선전기주식회사(남한에서 경전을 제외한 전 지역을 관할) 등이었다. 해방이 되고 38선이 막히니 남쪽은 조선전업과 경전 그리고 남전이 전기사업을 했으나 전력이 부족했다.

7. 해방직후 남쪽의 전기사업

해방이 되고 보니 일제의 한반도 경영에서 발전설비 대부분이 북쪽 지역에 위치하게 됐다. 그 비율은 북쪽에 88.5%, 남쪽에 11.5%인데 남쪽의 발전소들은 비효율의 소규모 설비 뿐이었다. 그래서 해방 후에도 남쪽은, 3년간, 북쪽의 전기를 얻어 쓰면서 그 대가를 현물로 보냈다. 1948년 5월 10일 정부수립을 위한 총선거가 치러지자 4일 후인 5월 14일 자정에 송전을 중단했다. 이것을 '5.14 단전'이라 한다. 당시 수색변전소의 책임자였던 현인겸(玄隣謙)씨에 의하면 북쪽에서 반송전화로 "상부의 지시에 의해서 송전을 중단합니다" 간단한 한마디 하고서 전기가 끊어지더라 했다.

당시 남한 지역의 발전설비는 20만kW 미만이어서 졸지에 암흑세상을 겪었다. 미군정청이 급히 발전함 3척을 들여와서 약 12만kW가 보충됐다. 내가 초등학교 시절인데 밤에는 촛불을 켜고 공부했고 교회에는 남포불이라는 석유등이 사용됐다.

내가 한전에 입사할 때(1962년)도 아직 남한의 발전설비는 52만KW에 불과해서 제한송전을 했고 고생이 막심했다. 생각해 보라, 지금 석탄발전소 한 대가 100만kW를 낸다. 52만kW가 얼마나 허설픈 전력량인지 짐작이 갈 것이다. 1950년대 군 복무로 DMZ에 근무한 사람들의 경험담에 의하면, 밤이면 북쪽 진영에 환하게 켜있는 전기 불이 부러웠다. 국군 내무반에는 수류탄 껍데기로 만든 호롱불을 켰다고 한다. 지금은 어떤가? 북쪽은 암흑세상이고 남쪽은 도처에 철조망을 밝히는 조명등이 대낮 같다고 한다. 70년

전과 정 반대 현상이 되었다. 해방후 70여년간의 경쟁에서 남쪽이 이긴 것이다.

8. 5.16과 전기사업

(1) 3사 통합

1961년 5월 16일 군사혁명이 일어나서 여러가지 혁신적인 시책이 실행되었다. 그중에 전력 3사(조선전업, 경성전기, 남선전기)를 한국전력주식회사 하나로 통합한 것이다. 주지하는 바와 같이 전기는 발전과 송배전 그리고 소비가 동시에 이루어지는 『전기』라는 특수한 상품을 다루는 사업인데, 이것을 발전회사(조선전업)와 배전회사(경선전기, 남선전기)로 2원화 되어 있어서 불합리한 점이 많았었다. 이들이 하나로 통합됨으로써 매우 능률적인 사업운영이 가능하게 되었다. 오늘날 한국이 세계적인 전력사업을 영위할 수 있게된 것은 실로 이 전력사업 통합에 힘 입은 바 크다.

(2) 전원개발 계획

1961년 한전 창립당시의 당면 목표는 『전원개발』이었다. 남쪽의 국민들은 오랜동안 전력가뭄을 겪어야 했다. 3사 통합 다음해인 1962년부터 제1차 장기 전원개발계획이 수립되고 추진됐다. 나는 입사(1962년 9월) 초기 인사부서의 기획팀에 소속돼 있어서 이 업무를 직접 담당하지는 않았으나 기획업무끼리의 업무관련성으로 인해서 시종 전원개발계획을 눈여겨 보면서 일을 했다. 이 부서 사람들은 일하면서 투덜댔다. 당시의 경제상황은 년 100% 가까운 인플레가 진행되는 형편이라 내일의 물가를 알 수 없는 상황인데, 옆으로 길다란 노란 용지에 5년후 10년후의 발전설비 건설계획과 비용을 계산하는 일을 하면서 늘 '뜬구름 잡는 일'을 한다고 자조했다. 게다가 당시는 전자계산기가 나오기 전이라 계산을 모두 주판으로 해결해야 되는 고행을 했다.

지금으로 보면 코딱지 만한 설비들을 많이 지었다. 예컨대 부산 감천화력, 삼척화력, 제주 한림화력 등(지금은 모두 폐쇄됐다) 3-4만kW가 고작이었지만 준공식만은 성대했다. 대부분 대통령이 참석해서 치하했다. 나는 이들 발전소의 준공행사에 모두 참여해야 했다. 담당 업무가 인사 기획이었는데 여기에는 상벌(賞罰)과 인사위원회 업무 등이 포함돼 있어서 이들 공사를 담당한 외국 업체에게 매번 '감사장-Letter of Appreciation'을 한글과 영문으로 작성해서 기념품(자개 방패)과 함께 전달하는 일을 맡았기 때문이다.

(3) 전원개발 성공

그런데 이게 웬일인가, 5년을 지내고 보니 계획했던 목표가 비슷하게 달성됐다. 그래서 제2차 5개년 계획을 세울때는 꽤 희망을 가지게 됐다. 이렇게 3차, 4차 계속되는 동안 발전설비가 늘어나서 1967년에 100만kW, 1983년에 1천만kW로 늘어나게 되고 전력기근에서 해방이 됐다. 농어촌에 모두 전기가 들어가는 소원을 성취했고 중화학 공업을 뒷받침하는 대업을 이루었다.

발전량이 늘어나는 것과 함께 발전 전원의 종류가 다양해졌다. 처음에는 약간의 수력과 두어 군데의 석탄화력 그리고 디젤엔진에 의한 내연발전소들이 대종을 이루었었다. 심지어 몇천kW짜리 섬진강(칠보), 보성강, 괴산수력들 까지 동원 했었다. (이들 소수력들은 지금도 운영은 되지만 주연이 아니라 조연으로 잠깐씩 출연할 뿐이다.) 원자력발전소들이 들어서고 석탄화력발전소 한 기의 용량이 30만, 50만kW로 늘어나다가 아예 100만kW짜리가 등장했다. 뿐만 아니라 이들 발전기들을 우리 국내 중공업업체가 직접 생산 공급하는 형편이 됐다. 한국이 선진국으로 도약한 사례로 포철과 중화학 공업 그리고 고속도로 등을 예거하는 사람들이 있는데, 사실 그 모든 것의 밑바탕에 전력산업의 도약이 있었다.

충남 지방에 석탄 화력발전소 단지가 건설돼서 값싼 전력이 생산됐다. 그리고 원자력과 석탄화력이 전력 공급의 기저부하※를 형성하게 되니까 저렴하고 풍부한 전력시대가 열렸다. 이것은 중화학공업을 크게 뒷받침해서 1980년대 한국경제 도약의 발판이 되었다. 지금은 전국의 발전설비가 1억 3천만KW에 이르러서 약간의 여유가 생겼다. 북한의 18배 쯤 된다.

9. 전기사업은 공익사업

(1) 적정투자보수율 유지

한전의 **전기사업**은 국민생활에 필수불가결한 에너지를 공급하는 사업이니까 국가로부터 **공익사업**(Public Utility)으로 특별대접을 받는다. 그 설비가 특별히 보호를 받고, 요금 책정에 정부가 개입한다. 요금이 지나치게 높아서 사용자들에게 부담이 되지 않도록 함과 동시에, 너무 낮아서 전기사업자(한전)가 손해를 보고 도산함으로써 결국 사용자들이 **〈전기를 못쓰게 되는〉** 피해를 보지 않도록, **적정 이윤을 보장**하고 있다. 이런일을 규제하는 법이 전기사업법이다. 그래서 한전 주(韓電 株)가 자산주(資産 株)였는데 요지음 한전의 수익이 나빠지고 배당액이 줄자 한전 주가가 곤두박질쳐서 주주들의 원성이 높다.

최근 한국전력 사장을 역임한 후 퇴직한 한 기업인이 회고록을 펴내고 이런 기업 운영의 원칙을 잘 지킬 수가 없어서 재임 중 고민이 많았다는 후일담을 적어놓았다. “두부를 콩 값보다 싸게 파니 장사가 되었겠냐?”고 했다.

(2) 전기사용의 안전

전기 사용의 안전에 관해서는 전기사업법(67조)과 부속법령에 규정되어 있다. 1972년 까지는 일반 가정에서 전기 사용중 발생한 손해에 대해서 전기사업자(한전)가 책임을 지도록 되어 있었는데 그 후 법체계가 바뀌어 전기 사용에서 발생하는 손해는 각자 소유자(점유자)가 책임을 지는 체제로 되었다. '전기 안전의 민주화'가 된 것이다. 일반 가정의 전기 안전을 도와주는 '전기안전공사'가 있다.

10. 한국의 전력망

(1) 전력 계통

대한민국의 전력설비는 전국에 걸쳐 한 개의 망(網)을 형성하고 있다. 제주도는 독립된 계통망을 운영하고 있으나 본토와 두 곳의 해저케이블로 연결이 되고 있다.

특히 경인지구에는 환상망(環狀網)이 구축되어 있다. 마치 거미줄의 망 같이 서울을 중심으로 3중으로 빈틈 없이 연결되어 있어서 어느 지역에 문제가 생겨도 즉시 전력이 공급되는 체제를 갖추었다. 이것은 안보상의 문제와도 직결된다. 발전소에서 생산된 전기가 공장이나 가정에 도달할 때까지의 과정을 개념적으로 표시하면 172면의 표와 같다.

(2) 송-변-배전 설비

전기는 발전소에서 만들어져서 송전선을 타고 전국으로 전달된다. 송전선은 높은 전압일수록 손실이 적고 많은 량의 전력을 운반할 수 있다. 가장 높은 송전 전압은 765,000 볼트인데 보통 765kV로 표시한다. 이 전압은 미국이나 러시아 같은 대륙 국가에

2021년 7월 21일 15:00 전국 전력계통 수급상황
공급능력 98,367MW 현재부하 86,420MW 예비력 13,570MW (율)15.7%

동서울 변전소

서 대용량 송전용 전압인데, 우리는 통일 후 남북을 융통하는 경우를 예상해서 이 전압을 우선 운영하고 있다. 345kV, 154kV를 거쳐 마지막 송전 전압은 22,900V이다. 22,900V의 전기는 주상(柱上)변압기까지 온 다음 220V로 강압해서 가정에 배전되는 전압이므로 한전에서는 배전(配電) 전압으로 간주한다.

(3) 전력요금 산정 원리

모든 요금의 산출방식은 **원가 + 알파**이니까 전력요금도 발전소에 가까운 단계의 변전소로부터 공급받으면 저렴하고 먼 단계의 변전소로부터 공급받으면 그만큼 부가 요금이 붙게 되는 원리이다.

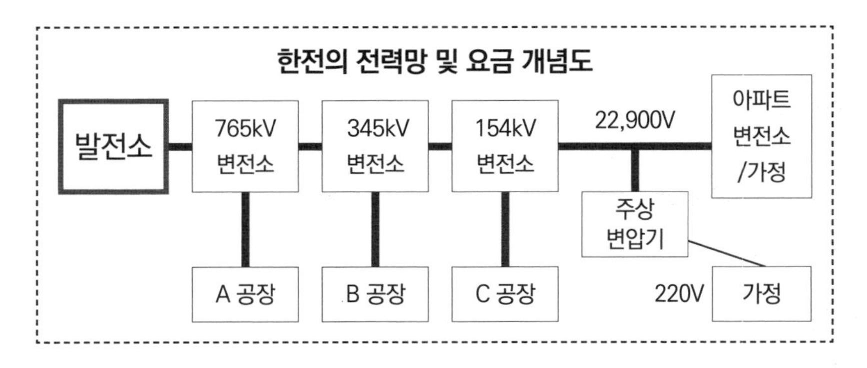

위 도표의 A 공장은 B나 C 공장보다 요금이 싸다. 반면 가정용 전력요금은 많은 단계를 거쳐온 전기니까 C 공장의 경우보다 약간 비쌀 수 밖에 없다.

이렇게 보면 아파트의 경우 22,900V로 〈아파트 변전실이〉 공급받으니까 일반 가정용 보다 요금이 싸야 하는데, 일반 가정과의 형평을 고려해서 정책적으로 일반 가정용과 동일한 요금이 되도록 규정을 고쳤다. 가로등 같이 국민생활에 긴요한 전기는 많은 시민들의 안전을 위한 것이니까 그 요금을 발전원가보다 오히려 싸게 받고 있다.

11. 대한민국 전화율(電化率) 99.99%

(1) 농어촌 전화 완료

우리나라는 1970년대에 대부분의 농어촌에도 전기가 들어가 전화(電化)사업을 마쳤다. 그때 아세아 개발은행(ADB)의 차관을 사용했다. ADB는 또 차관을 더 주겠다고 해서 지방 도로를 개선하는데 사용했다. 얼마 후 ADB 직원들이 내한해서 차관을 제대로 썼는지 검사를 했다. 그렇게 하는 것이 그들의 규정인 모양이다. 농촌 지방을 돌아보고나서 감탄을 했다. 어쩌면 이다지도 알뜰하게 자금을 썼냐고. 그럼 '빌려 온 돈을 함부로 쓰는 나라도 있냐?' 고 했더니 "그렇다. 부끄럽지만 자기네 나라가 그렇다"고 하면서 한전에 무슨 프로젝트가 더 없냐고 물었다. 이들은 인도, 파키스탄 출신들이다. 영어를 하니까 이런 기관에 채용이 됐던 모양이다. ADB도 장사를 해야되는데 돈을 달라는 나라는 많지만 제대로 쓰고 제때 갚는 나라가 흔하지 않다고 했다. "자 일본이 이 돈을 쓰겠어요?" 대출을 안심하고 할 수 있는 나라는 아세아에서 한국밖에 없다고 했다.

(2) 도서지역 전기사업

남은 곳은 깊은 산간 오지, 도서 지방이었다. 그후 웬만한 산간에도 모두 전기가 들어갔고 도서지방이 남았었는데 일부는 스스로 발전기를 설치해서 전기 문제를 해결하다가 나중에 한전이 인수해서 특별사업으로 운영하고 있다.

한전은 한국전력전우회(韓國電力電友會)라는 한전 퇴직사원들의 친목단체(사단법인)로 하여금 사업체를 만들도록 하고 여기에 도서의 전기사업을 위탁해서 운영하고 있다. 그 범위는 제주도를 제외한 전 도서이다. 울릉도도 포함된다. (제주도는 100만kW 규모의 독립된 전력망을 구축하고 한전이 직접 운영한다.) 이들 도서의 발전기는 대부분이 디젤발전기를 사용한다. 각 발전설비를 모두 합치면 약 70만kW 정도 된다.

이렇게 하면 오지(奧地)근무를 기피하는 (젊은) 직원들로 인한 인사문제를 해결하고, 퇴직 사원들의 퇴직 후 일거리 제공도 되는 것이다. 그러면 도서의 전력요금은 얼마씩 받냐고? 육지와 동일하다. 당연히 한전이 도서 전력사업에서는 막대한 손실을 본다. 국토 전화(電化)가 100% 가까운 나라는 세계에 그리 많지 않다.

12. 양질의 전기 공급

한국의 전력사업은 그 양적인 면도 괄목하려니와 그 질적인 면에서 세계적이라 칭찬을 듣는다. 전기의 질은 ① 정전이 없을 것

② 전압과 주파수(Cycle)가 안정적일 것 ③ 값이 저렴할 것 등인데 한국의 전력사업은 이런 것을 모두 충족하고 있다.

전력요금으로 말하면 도쿄전력의 1/2이다. 북한에서 탈북한 사람들은 한국에 오기 전에도 남쪽이 잘 산다는 것은 짐작을 했지만, 정작 와서 신기하게 느낀 것 몇 가지를 예로 드는데, 먹을 것이 널려 있는 것과 밤에 전기가 나가지 않는 것이라고 한다.

우리도 60년대 까지 수시로 정전을 겪으며 살아왔다는 사실을 지금의 젊은 세대들은 모를 것이다.

13. 성능좋은 석탄발전소

충남 지방에 조성된 석탄화력 단지는 우리나라 전력생산에 효자노릇을 하고 있다. 석탄화력발전소가 연료(석탄)는 싼데 연소할 때 나오는 연기 때문에 말들이 많다. 그러나 이 단지에는 집진설비(集塵設備)와 탈황설비(脫黃設備)를 갖추어서 환경오염을 줄이고자 노력하고 있다. 집진설비는 1960년대에 영국사람 기술자 Cottrell이 고압전기를 이용해서 분진(粉塵)을 포집하는 방법을 고안했다. 굴뚝 안쪽에 구리판을 둘러 붙이고 여기에 고압전기를 흘려서 정전기를 발생시키면, 연기의 알맹이들이 여기에 달라 붙는다. 10분 간격으로 전기를 끊고 구리판을 진동시키면 알맹이들이 밑으로 떨어진다. 이것을 모아서 시멘트에 섞으면 아주 고강도의 시멘트가 된다 해서 시멘트 회사에서 사간다. 한전에서 이 기술을 사다가 설치를 하고 사용했는데, 한전 직원이던 이달우(李達雨) 씨가 이 기술을 개량하는 특허를 등록하고 더 성능이 좋은 설비를 만들었다. 이 기술에 의하면 분진의 99.99%를 포집하는 것이다. 처음에는 Korea Cottrel이라는 회사를 차리고 소규모로 활동했었는데 나중에는 아예 모기업인 Cottrel을 인수해서 세계로 진출하게 됐다.

석탄화력발전소 굴뚝에서 하얀 기체가 나오는 것을 볼 수 있다. 그 하얀 기체는 굴뚝에서 나온 뜨거운 공기가 굴뚝 주변에 있던 찬 공기와 만나서 (공기 속의 수분이) 수분결집현상으로 나타나는 물방울(보통 수증기로 표현한다)인 것이지 흔히 말하는 연기가 아니다. 우리나라의 석탄화력발전소는 CO_2 배출량이 LNG보다 약간 많다. 분진을 거의 전량 포집하고 보면 환경문제에 있어서 LNG와 비슷한 수준으로 평가되어야 한다.

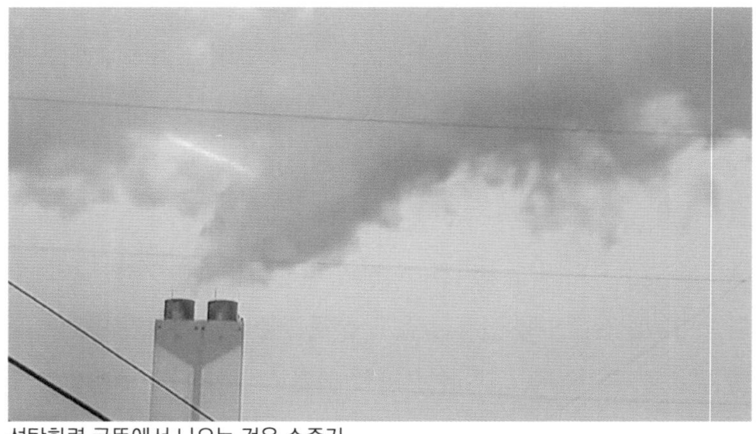

석탄화력 굴뚝에서 나오는 것은 수증기

우리 두산중공업이 만드는 석탄화력 발전기는 1대가 100만kW를 생산한다. 그래서 더욱 경제성이 있다. 100만kW짜리 발전기를 우리가 만들다니 격세지감이 있다. 환경오염 때문데 석탄화력을 없애고 그대신 LNG를 더 많이 돌린다 하는데, LNG 값은 비싸기도 하고 이 역시 화석연료이므로, CO_2와 유해성 기체를 배출한다. 재고할 일이다.

14. 1980년대 발전소 건설사업 논쟁

1970년대 들어 정부는 **중화학공업**을 시작했다. 조선(造船), 자동차 사업과 자주국방을 위한 무기 국산화를 위해 몇 군데 대기업에 한 두 가지씩 중화학 무기를 만들도록 했다. 어느 정도 기술력이 축적된 업체 몇 군데가 발전소 건설사업에도 참여하기를 희망했다. 그중 '한라건설'(두산중공업의 전신)은 정부 보증부 차관으로 세계적인 중공업 생산 시설을 도입하고 발전소 건설을 기다리고 있었으나 일감이 없어 쓰러지게 됐다.

이러다가 10.26 이후, 5공 정권이 들어서며 **중화학공업 일원화** 정책을 폈다. 조선, 자동차, 발전소 건설 등 업무를 종류별로 한 군데로 몰아주는 조치인데, 결국 **현대가 자동차**를, **대우가 발전소건설**을 나누어 맡게 됐다. 그런데 대우는 엉뚱한 제안을 했다. 즉 발전소 건설을, 사업주 한전을 제쳐놓고, 대우가 **전체 사업관리를 도맡아 시행**하겠다고 주장했다. 이런 논란의 파도는 두어 차례 더 있었다. 사업주인 한전은 그것을 힘겹게 방어했다.

그후 "민간 업체가 맡으면 발전소를 싸게 건설한다"는 풍문이 돌았다. 이것은 '반값 아파트' 논리의 일종인데, 경제기획원이 한전에 '대안을 내라'고 통보해서 한동안 실랑이를 했다. 그당시 국내의 기술 수준은 사업주인 한전을 제쳐놓고는 사업관리, AE, 기기 제작, 자금 마련(차관) 이런 것들을 주관할 만한 업체가 없었다. 결국 한전이 한 일 년 싸워 '없던 일'이 되고, 한때 한국중공업(지금의 두산중공업)을 한전이 자회사로 거느리게 됐었다.

15. 전력회사 분립

(1) 민영화 명분으로 시작

2001년 김대중 정부에서 한국전력의 발전사업을 떼어내서 여러 개로 분리했다. 이들 발전회사들은 원자력과 수력을 관장하는 한국수력원자력주식회사와 단순히 화력(LNG 포함)발전을 담당하는 회사 5개(동서발전, 서부발전, 남부발전, 남동발전, 중부발전)로 분리했다. 여기에 본래 민간기업인 화력발전회사들과 국가기구인 수자원공사의 수력발전소들(소양강, 춘천 등)이 있다.

과거 걸핏하면 국영기업체 경영쇄신을 한다면서 대학 등의 연구기관에 용역을 맡겨서 한전의 운영상태를 점검하는 일이 자주 있었다. 그럴때면 의례히 『너무 방대한 조직이어서 경영이 방만하다』는 결론을 내렸다. 조직이 크다는 것과 경영에 지장이 있다는 것은 같은 말이 아니다. 그당시 한전은 도쿄전력의 절반에 불과했다. 그렇다면 50만 대군을 거느린 국방부를 서너 개로 나누어야 되는가? 문제는 종래 한전의 『급전실』에서 운영하던 전국적인 전력계통운영을 정부기관인 전력거래소가 담당하게 됐다. 이렇게 되자 한전은 단순히 전기를 판매하는 영업소에 불과하게 됐다.

김대중 대통령은 전력회사를 분리해서 민영화한다는 목표를 내걸었으나 국영기업인 전력회사는 민영화할 수 없는 법률체제이므로 실현되지 못했고, 반면 전국적인 전력공급면에서 보면 문제의 소지가 만들어졌다. 기존의 한전 단일체제에서는 '단일 국적군'이었던데 반해서, 발전사 분리 이후에는 '다국적군' 체제가 됐다. 그래서 나누어진 발전사들은 서로 경쟁하면서 각자 도생하는 것을 최우선으로 하는 구조로 변형되어 『무조건 전력공급을 최우선』으로 하는 혈연동맹이 무너졌다. 민간 업체들과의 경쟁도 있어서 능률적인 급전에 지장이 된다. 사실상 사장실과 비서실만 6군데 늘어난 것 말고 유익한 점은 하나도 없게 되었다. MB 정권과 박근혜 정권을 거치면서도 이것을 환원시키지 못한 것이 한이다.

(2) 2011년 9월 전국적인 정전사태

2011년 9월 MB 정부때 전국에 걸쳐 일시 정전이 있었다. MB는 국가적인 망신이라면서 한전을 혼내주겠다고 했다. 나는 직장 재직 시절, 그가 아직 높은 임원이 되기 전, 업무관계로 두어번 상종한 일이 있다. 그때 벌써 현대에서 잘 나간다는 소문이 있었다. 아주 머리가 빨리 돌고 민첩한 사람이라는 인상을 받았다.

MB는 사고 다음날 새벽에 한전 본사를 급습했다. 출근시간 전이어서 아무도 없는 형편이라 정문 수위는 대통령 일행을 당직실로 안내했다. MB는 한전의 고위직을 만나서 질책하려고 마음먹었던 모양인데 그대신 당직자에게 "(전날의 정전이) 창피한 줄 알아야 돼요" 큰소리를 쳤다.

그러나 당직자들은 뭐라 대답할 말이 없으니 멀뚱멀뚱 쳐다만 보았다. 전력계통 운영이 정부기관으로 넘어간지 10년이 넘었는데 이것을 모르고 딴 동네를 방문한 것이다. 그때 당직팀의 팀장이 차근차근 정전관련 업무에 대해서 대통령에게 설명을 했다.

MB는 머쓱해서 돌아갔는데 내용도 모르는 신문은 대문짝 만하게 "대통령이 한전을 야단쳤다"는 기사를 실었다. 대통령이라는 사람이 이런 업무가 어디 소관인지도 모르고 찾아 왔다는 것이 코메디이고 이런 사안을 분석하지도 않고 기사화하는 언론도 문제였다. 당시의 정전사태는 순전히 발전사 분사로 인해서 일어난 사건이다. 전체 발전설비가 결코 모자라지 않았는데 각 발전사들이 '전력공급 의무자'라는 희생적인 차원에서 운영하기보다 각개 약진을 한 때문이다.

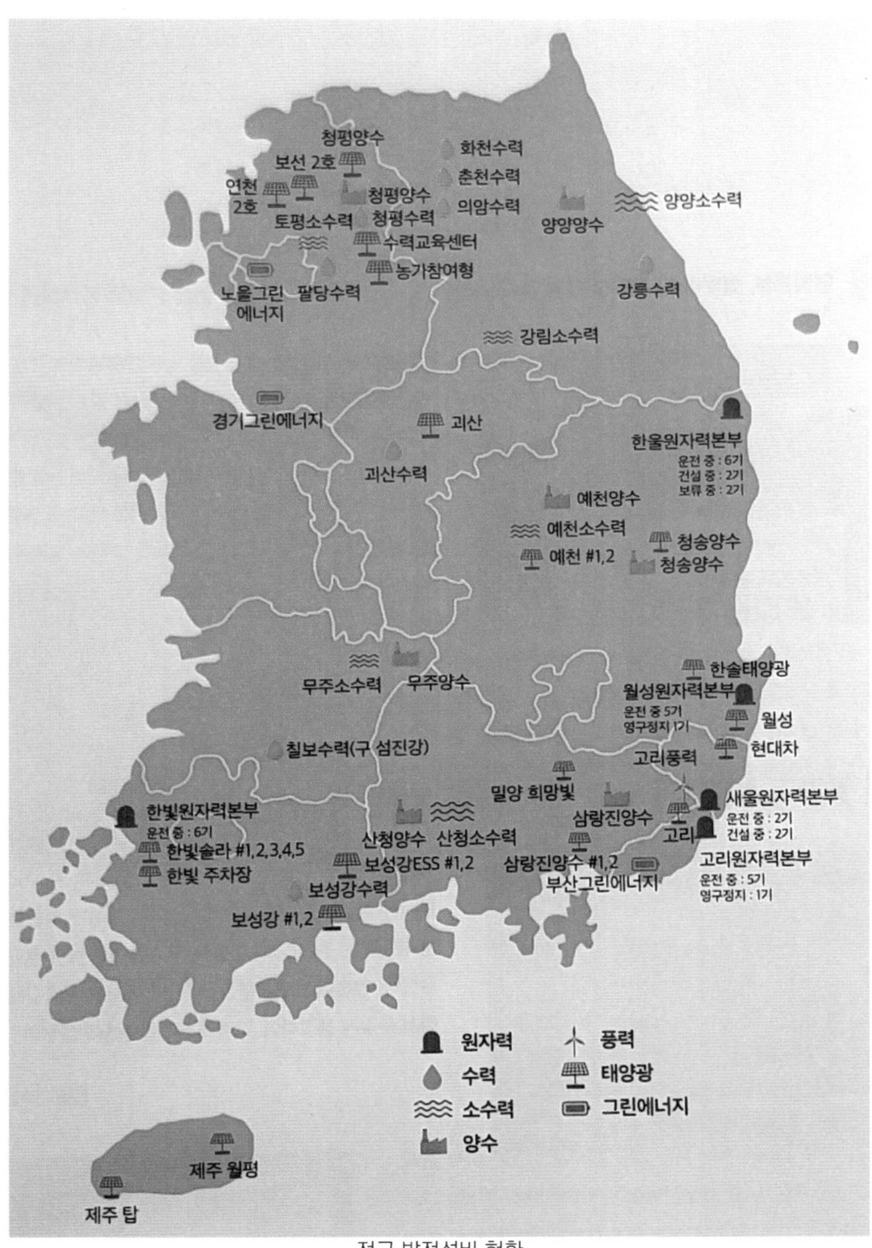
청평양수
보선 2호
화천수력
연천 2호
춘천수력
청평양수
의암수력
양양소수력
토평소수력
청평수력
양양양수
수력교육센터
농가참여형
노을그린 에너지
팔당수력
강릉수력
강림소수력
경기그린에너지
괴산
한울원자력본부
운전 중 : 6기
건설 중 : 2기
보류 중 : 2기
괴산수력
예천양수
예천소수력
청송양수
예천 #1,2
청송양수
한솔태양광
무주소수력
무주양수
월성원자력본부
운전 중 5기
영구정지 1기
월성
칠보수력(구 섬진강)
현대차
고리풍력
밀양 희망빛
새울원자력본부
운전 중 : 2기
건설 중 : 2기
한빛원자력본부
운전 중 : 6기
삼랑진양수
고리
산청양수
산청소수력
한빛솔라 #1,2,3,4,5
보성강ESS #1,2
삼랑진양수 #1,2
고리원자력본부
운전 중 : 5기
영구정지 : 1기
한빛 주차장
부산그린에너지
보성강수력
보성강 #1,2
원자력
풍력
수력
태양광
소수력
그린에너지
양수
제주 월평
제주 탑

전국 발전설비 현황

한국수력원자력(주)의 원자력발전소 운영현황 2021년 7월

발전소	설비용량 (MW)	발전량 (MWh)	이용율 (%)	로형 爐型	주계약자	착공 준공	비 고
고 리 2	650	505,458	99.8	PWR/ WH	WH	1978 1983	
고 리 3	950	272,650	35.1	PWR/ WH	WH	1979 1985	
고 리 4	950	479,060	61.6	PWR/ WH	WH	1979 1986	
신고리 1	1,000	780,320	100.3	PWR/ OPR	DooSan	2005 2011	
신고리 2	1,000	776,036	99.5	PWR/ OPR	DooSan	2005 2012	
신고리 3	1,400	1,102,818	99.6	PWR/ APR	DooSan	2007 2016	
신고리 4	1,400	360,622	32.4	PWR/ APR	DooSan	2007 2019	
월 성 2	700	444,038	98.6	PHWR/ CANDU	AECL	1991 1997	
월 성 3	700	130,895	27.9	PHWR/ CANDU	AECL	1993 1998	
월 성 4	700	450,025	101.3	PHWR/ CANDU	AECL	1993 1999	
신월성 1	1,000	299,703	38.4	PWR/ OPR	DooSan	2005 2012	
신월성 2	1,000	778,329	99.4	PWR/ OPR	DooSan	2005 2015	
한 빛 1	950	752,912	98.6	PWR/ WH	WH	1980 1986	
한 빛 2	950	745,622	97.7	PWR/ WH	WH	1980 1987	
한 빛 3	1,000	765,264	99	PWR/ OPR	HanJung	1989 1995	

발전소	설비용량 (MW)	발전량 (MWh)	이용율 (%)	로형 爐型	주계약자	착공 준공	비 고
한빛 4	1,000	0	0	PWR/ OPR	HanJung	1989 1996	
한빛 5	1,000	0	0	PWR/ OPR	DooSan	1996 2002	
한빛 6	1,000	780,780	99.7	PWR/ OPR	DooSan	1996 2002	
한울 1	950	753,217	100.2	PWR/ F CP-1	Framatome	1981 1988	
한울 2	950	649,869	86.5	PWR/ F CP-1	Framatome	1981 1989	
한울 3	1,000	0	0	PWR/ OPR	HanJung	1992 1998	
한울 4	1,000	0	0	PWR/ OPR	HanJung	1992 1999	
한울 5	1,000	697,461	89.5	PWR/ OPR	DooSan	1999 2004	
한울 6	1,000	778,332	99.7	PWR/ OPR	DooSan	1999 2005	
합계	23,250	12,303,367	68.3				

※ 건설중인 발전소: 신한울 1, 2호기 PWR/APR1,400 2021 - 2022 준공예정
신고리 5, 6호기 PWR/APR1,400 2023 - 2024 준공예정
※ 폐지중인 발전소: 고리 1호기, 월성 1호기

제 11 장

원자력과 세계 주요 국가의 현황

1. 핵분열과 에너지 발생의 원리

(1) Einstein과 Fermi

이 책은 본래 원자력발전소의 위험과 안전에 관해서 상식적인 수준의 설명을 제공하는 것으로 시작했지만, 독자 중에 좀 더 깊은 내용이 궁금하신 분을 위하여 원자력발전소의 기본 원리인 핵분열에 관한 이론과 역사를 요약해서 소개드린다.

원자력의 역사는 근대물리학의 아버지 Einstein의 네 편의 논문에서 출발한다. 그는 1905년에 (1) 광전효과 (2) 브라운 운동 (3) 특수 상대성 이론 (4) 질량-에너지 등가원리 등을 독일물리학년보(Annalen der Physik)에 발표했다. 물리학계에서는 이들 논문들이 나온 1905년을 마치 Isaac Newton이 만유인력의 법칙을 발견한 1666년과 마찬가지로 '기적의 해'(Annus mirabilis)라고 칭송한다. Einstein은 네 번째의 논문 말미에 그 유명한 공식

$E=mc^2$을 소개하면서 “라듐염과 같이 에너지가 크게 변하는 물질에 이 공식을 적용하면 줄어든 질량과 에너지의 관계를 검토하여 그의 이론을 증명할 수 있을 것이라”고 적어 두었지만, 그는 이 공식이 후일 전 우주를 통괄하는 대 원칙이 될 것임은 미처 인지하지 못했다고 한다.

이 이론의 중요성을 간파한 사람이 August Kopff였다. 그는 1921년에 그 이론을 소개하는 책 “아인슈타인의 상대성 이론의 원리(*Grundzüge der Eisteinschen Relativitätstheorie*)를 간행했다. 그후 이 책을 이태리의 젊은 과학자 Enrico Fermi가 읽고 감탄하면서 이태리어 번역본을 출간했다. 그러면서 번역본 말미에 ”이 이론대로 하면 원자핵의 엄청난 에너지를 끌어낼 수 있을 것이다“라고 적어 넣었다. 그는 후일 미국으로 와서 최초로 원자핵의 연쇄반응을 실현했다. 시카고 대학 운동장 한 모통이에 원자로 모형을 만들고 흑연을 감속재로하는 실험을 한 결과 성공을 거둔 것이다. 이 실험로를 CP-1라 하고 CP-5까지 발전시켰다.

(2) 무기로 시작된 원자력

1930년대 독일의 정세는 Adolf Hitler가 정권을 잡고 철권통치를 하는 바람에 많은 과학자들이 미국으로 망명했다. 2차대전이 발발하고 독일이 원자탄을 준비한다는 정보가 미국에 있는 망명 과학자들에게 전해졌다. Einstein 등은 미국 대통령 Roosevelt에게 편지로 미국이 독일보다 먼저 원자탄을 개발해야 된다고 촉구했다. 드디어 Manhattan Project라 이름 붙여진 작업이 시작돼서 원자탄이 완성되고 1945년 8월 6일 일본 히로시마에 우라늄탄이 투하되고 뒤이어 8월 9일에는 나가사키에 플루토늄탄이 투하되었다.

이로써 일본이 항복할 수 밖에 없었고 2차대전이 끝났다. 우리 한국은 독립을 얻었고, 일본은 전쟁에 패해서 한동안 미군 MacArthur 사령관의 통치를 받는 치욕을 당했다. 히로시마 원폭으로 인한 피해는 실로 가공할 만한 것이었다. 직경 1.6km 이내 모든 것이 완전히 파괴됐고 히로시마 시내에 거주하고 있던 25만여 명 중 7만 명이 초기 폭발로 사망하고 비슷한 숫자의 인원이 방사능 피폭으로 사망했다. 그뿐만 아니라 방사능 오염으로 인한 질병이 생겨서 많은 사람이 죽거나 병으로 오랜 고생을 했다.

(3) 원자력의 평화적 이용을 위한 노력

원폭으로 인한 막심한 피해로 당장 이 무기를 개발했던 과학자들이 놀랐고, 세계 모든 나라들에 (일본이 괘씸하기는 하지만) 피해 참상이 너무도 참혹하다는 동정심이 돌았다. 한편으로 과학 선진국들은 원자력 에너지에서 전기를 꺼내쓰는 연구에 앞다투어 나섰다. 1953년 12월 8일 제8차 유엔총회에서 미국의 아이젠하워 대통령이 『원자력의 평화적 이용』 (Atoms for Peace)이라는 주제로 역사적인 제의를 했다. 다음 해부터 많은 회의가 거듭된 끝에 1957년 ‘국제원자력기구’(IAEA)가 창설됐다.

다음은 선직국들의 원자력의 평화적 이용을 각 나라별로 살펴본다.

2. 미국

(1) 전기사업의 시작

원자력발전소는 전기산업의 산물이며 미국이 먼저 시작했다. 그래서 미국은 전기사업의 대본산이다. '전기'라는 원리가 발명된 것은 유럽 여러 나라 물리학의 공적이지만 이것을 산업적으로 개발해서 실용화한 것은 미국, 특히 그 유명한 Thomas Edison의 덕분이다. 그리고 그와 쌍벽을 이루는 기술자 Tesla가 큰 몫을 했다. 이 두 사람의 직류(直流) 교류(交流) 논쟁은 전기가 실용화되는 과정에서 있었던 생산적인 논쟁으로 유명하다. 이들을 주축으로 만들어진 전기회사가 GE, General Electric과 WH, Westinghouse이다.

(2) 미국이 선도한 원자력발전소

2차 대전이 끝난 후 세계의 과학 선진국들은 핵 에너지를 서서히 도출해서 可用 에너지로 만들 수 있을까 하고 연구를 거듭하던 참이었다. 미국의 해군에서는 릭오버(Rickover) 제독을 중심으로 잠수함과 항공모함의 동력용 원자로를 설계·제작하며 거액의 군사비를 쏟아부었다. 결국 노틸러스호라는 핵추진 잠수함이 세계를 누비며 소련의 머리맡에 있는 북극 빙하 밑을 항해했다 해서 유명해졌다. 핵추진 항공모함 엔터프라이스호가 무한 항해를 한다고 미국이 자랑했다. 전기사업용 발전소로는 미국의 ERDA, Energy Research Development Administration가 Westinghouse에

10만kW 발전소를 발주해서 Shippingport 발전소를 지었다. 이것이 최초의 산업용 PWR형 원자로였다. 그 이듬해 GE가 BWR형 21만kW 원자로를 Dresden 발전소에 건설했다. 이후 미국은 총 100기 가까운 원자력 발전소를 건설해서 운영했다.

(3) TMI 사고와 후유증

1979년 4월 미국 Pennsylvania 주의 GPU Nuclear Inc. 회사 소유 Three Mile Irland 발전소에서 사고가 났다. 〈사고내용은 제5장 원전 3대사고 참조〉 이 발전소에 원자로를 공급했던 업체(Babcock & Wilcox)는 문을 닫았다. 원자력발전소가 생기고 처음 있는 사고였기 때문에 세계적으로 파장이 컸다. 미국의 원자력 안전규제기관인 NRC는 안전규제 수준을 대폭 올렸다. 원자력 산업체들은 기본 설계들을 다시 해야되고, 실제 발전소 건설에는 당연히 비용이 추가됐다. 그러지 않아도 원전은 석탄이나 다른 발전소에 비해서 건설비용이 훨씬 많기 때문에 단기 성적을 올리려는 미국의 CEO들에게는 경원 대상이었는데, 건설 비용이 더욱 올라가게 됨으로써 미국에서 원전의 신규 건설은 거의 끊겼다. 한국에서만 신규 건설이 있었는데 그마저 한울 1, 2호기를 프랑스가 가져가고 그후 한빛 3, 4호기는 CE가 따냈으나 이후 한국은 원자력을 자립하고 스스로 지었다. 미국의 공장은 거미줄을 쳤다.

(4) Westinghouse 의 몰락

이 와중에 WH는 AP-1000이라는 아주 성능 좋은 원자로를 개발했다. (근래에 NRC의 인증을 받은 자유진영의 원자로는 이 AP-1000과 한국의 APR-1400 뿐이다.) 2000년대 초 중국으로부터 원전(Sanmen #1, 三門) 건설을 수주했으나 능력이 없어 거의 대부분의 기자재를 우리 두산중공업에 하청해서 준공을 했다. WH는 오랜동안 일거리가 없다가 요행이 두어 군데서 일거리를 따내고 공사를 진행시켰다. 그들은 조지아주와 사우스캐로라이나 주에 있는 원자력발전소 건설사업이었다. 그러나 중간에 소소한 부품들이 들어오지를 않아서 공사를 진행시킬 수가 없었다. 공사 진척은 없고 날짜는 가고 비용은 늘어나고, 결국 WH는 큰 적자를 보고 손을 들었다. WH는 일단 영국의 BNFL(British Nuclear Fuels Ltd.) 로 넘어갔다가 원자력 부문은 일본의 도시바(東芝)에, 전력부문은 독일의 Siemens에 팔렸다. (WH가 한국의 두산중공업이 인수하려 한다는 소문을 내니까) 도시바가 서둘러서 50억$에 매입했다.(2006년)

그러나 진행중이던 공사들이 거덜나면서 도시바도 별 수 없이 큰 타격을 입고 도시바 본사가 돈되는 것들을 팔아야 했다. 그 덕에 우리 SK가 도시바의 전산부분을 인수할 수 있었다. 결국 WH는 2017년 3월 뉴욕 남부지방법원의 파산법원에 법정 관리를 위한 파산 보호를 신청했다. 지금은 영국계통의 어느 사모펀드에서 아주 싼 값으로 인수협의를 한다는 소문이 있다.

(5) 한-미 원자력 동맹

오래 살다 보니 참으로 희한한 일도 다 보게 된다. 이 원고를 작성하는 2021년 5월, 문재인 대통령이 바이든 대통령과 정상회담 후 발표한 공동성명에 '**한-미가 공동으로 원전건설 사업으로 세계에 진출한다.**'는 꼭지가 있었다.

공동성명 전문을 자세히 보면 한-미 원자력 동맹은 두어 줄 뿐이다. 그래도 그날의 발표문 중 다른 것들은 하나마나 한 소리들이었고, 그래도 의미있는 논제는 이것 뿐이었다.

이것은 한국의 원전 역사를 아는 사람들로서는 실로 감개무량한 소식이다. 사실은 트럼프 때도 미국측에서 이런 제의가 있었다는 풍문이 돌았는데 지금 생각하면 아마도 문재인 측에서 묵살했던 모양이다. 박정희가 불을 지핀 중화학공업이 자라서 50년 만에 산업 종주국인 미국과 어깨를 나란히 하게 됐다는 점과, 문재인 정권의 부당한 탈원전 정책이 시험대에 서게 됐다는 점 등에 의미가 있다.

이런 것이 없어도 한국의 두산중공업은 이미 미국의 한 설계회사에 지분 투자를 하고 공동사업을 진행중이다. 미국의 NuScale Power사가 콤팩트한 소형원전 SMR를 개발하고 미국 NRC의 인증까지 받아놨는데, 이것을 제작 시공할 기술이 없어 동반자를 찾던 중 두산중공업이 나서서 일을 성사시키고 있는 것이다. 미국의 도움 없이도 여러 곳에서 한국에 손짓을 하고 있다.

(6) 미국의 딜레마

2021년 5월 문재인 대통령이 방미했을 때, 한미 두 정상의 공동 성명에 "한국과 미국이 서로 힘을 합해서 세계에 진출한다"는 내용이 들어 있었다. 이것은 탈원전을 고집하는 문재인 측에서 제안했을 리는 없고, 필시 미국 측 제안을 문 측이 불가피하게 받아들인 것으로 보여진다. 미국의 에너지 산업은 근자에 와서 탄소중립 운동과 겹쳐 큰 혼란에 빠져 있다. 셰일 가스가 개발되어 원자력 건설 없이도 한 때 기세를 올리며 잘 살았으나, 탄소중립 운동으로 원자력이 절실하게 요구되는 형편이 되니까 원자력에 문을 두드렸으나 미국의 원자력 산업은 이미 숨을 거둔지 오래다.

미국 원자력 산업은 한때 힘센 독수리였다. General Electric을 비롯해서 Westinghouse 등이 세계 시장을 휩쓸었었다. 그러나 1979년 TMI 사고 직후 미국 규제기관인 NRC는 가혹하리 만큼의 강한 안전조건을 내걸었더니 신규 원전 발주가 없어, 원전 기자재 생산업체들은 하나 둘 고사(枯死)해 갔다. 미국의 원자력발전소 관련 산업체는 PWR 제작업체로는 WH, CE, 그리고 B&W 3사와 BWR 제작업체 GE가 있었으나 B&W는 TMI 원자로 공급업체로 유명세를 타고 그 즉시 문을 닫았고, CE는 우리에게 기술 원본을 팔아 먹고 여기저기 팔려 다니고 있다. 그런데 유일하게 남아 있던 WH도 형편이 말이 아니다. GE는 일본의 BWR 운영회사인 도쿄전력의 후쿠시마 사고로 인해서 신규 발주가 거의 없는 형편이어서 비슷한 신세이다.

(7) 원자력발전소 부품업체

원전 기자재는 가지 수도 많고 생산자의 조건도 한 없이 까다롭다. 이들에게는 사전에 아주 정밀한 자격심사를 거쳐서 N-Stamp라는 자격증을 발급해 주고 이들만이 납품을 할 수 있도록 한다. 이들 업체들의 자세한 정보들을 모아서 정리해둔 책을 Vendor List라 한다. 이 문서에는 각기 업체별로 일반사항(생산설비 규모, 인적 사항 등), 생산 가능한 품목 등의 정보가 자세히 올라 있고, 수시로 업데이트를 해서 편리하게 이용할 수 있도록 되어 있다. 이것도 하나의 자산이다. 과거에 한전은 Bechtel의 것을 빌려보곤 했으나 지금은 모두 국산화돼서 그럴 필요가 없게 됐다.

그런데 이들 원전 기자재들은 범용성(汎用性)이 별로 없다. 몇 해에 한 두 개 생산해서 원전에만 납품하다가 이마저도 없으면 회사는 문을 닫고 기술자는 전직해 버린다. 사소한 물건이라도 다시는 구할 데가 없게 되는 것이다. 한때는 WH의 독수리 날개가 되어 공생하다가 이들이 문을 닫게 되니 독수리들이 몸통만 남아서 날지 못하게 된 것이다.

(8) 2021년 2월 텍사스 대정전

2021년 2월 겨울이 끝나갈 무렵 미국 텍사스에서 대 정전사태가 발생했다. 텍사스는 겨울에도 기온이 영하로 내려가는 일이 거의 없는 지역인데 영하 20도의 한파가 몰려오자 많은 발전소들이 얼어붙어 발전을 못 하게 되고 대정전이 발생했다. 텍사스의 전력망 운영에는 여러가지 특이한 점이 있었다.

첫째, 미국 전국전력망에서 독립된 계통망을 운영했다. 이것은 여러가지 이해관계가 얽혀 있어서 반드시 나쁘다고 할 수는 없지만, 독립된 계통망이라 할지라도 비상시에 외부와 연결할 수 있는 비상망(Grid)을 만들어 두어야 하는데, 텍사스는 에너지에 관한 한 너무나 자신이 있어서 이런 것을 준비하지 않았다. 그래서 외부로부터 아무런 도움도 받을 수가 없었다.

텍사스 정전 때 수리 복구 작업

둘째, 예비율을 빡빡하게 운영했다. 예비율이 10%였는데 다른 전력계통이었다면 무난한 일이지만 텍사스는 신용불량 전원인 신재생 에너지(풍력 24%, 태양광 2%)가 26%나 되는데도 예비율을 그렇게 운영했다는 것이 문제였다.

셋째, LNG 발전소가 원래 44%를 담당하는데 그중의 몇 개가 동해를 입어서 발전정지가 됐다. 풍력발전소는 터빈이 얼어 붙어서 발전이 안 되는 곳이 많았다. 태양광은 흐린 날씨에 전기가 전혀 나오지 않는 것이 당연하고, 그래서 전력계통이 무너지니까 텍사스 전체가 정전이 됐다. 마치 큰 건물에 중요한 기둥 몇 개가 넘어지니까 건물 전체가 쓰러진 것과 같다.

미국의 남쪽 지방 집들은 난방시설을 따로 두지 않는 경우가 많다. 텍사스의 기후는 2월의 평균 기온이 영상 5℃라고 한다. 그래서 각 가정의 65%가 전기 난방을 한다. LA의 호텔들도 겨울에 날씨가 약간 쌀쌀하면 전열기를 잠시 방에 넣어 주면 그만이다. 설상가상으로 가스 공급이 끊겼다. 가스는 석유 정제 과정에서 생산되는데 정제공장이 한파로 얼어 붙어서 이것도 저것도 안 되는 것이다. 영하 20℃의 한파에 텍사스 주민들이 앞뒤로 추위에 많은 고생을 했다. 며칠 후 원자력발전소(발전설비 11% 담당)들이 아무 일 없이 살아 있는 덕에 전력계통이 복구돼서 겨우 회생을 했다. 우리가 크게 참고할 사례다.

3. 프랑스

(1) 과학의 본산

프랑스는 본래 근대 과학의 본산이었다. 유명한 큐리부인이 폴란드 사람이지만 파리에 와서 공부하고 연구했다. 2차대전 후 피해를 정리하고 반 박자 늦게 시작했지만 소규모 1세대 원전을 곳곳 잘 지어서 에너지 생산의 새 장을 열었다. 1979년 미국의 TMI 사고 후 미국의 원전산업이 침체된 상태에서 Westinghouse로부터 원천기술을 5억$에 사서 2세대 원전을 열심히 개발해 전체 발전량의 70% 가까이를 원전으로 살았다. 총 70기의 원전을 건설했다가 1세대 원전 14기는 폐쇄하고 지금 56기를 돌리고 있고, 한 곳(Framanville #3)의 원전 건설을 2007년에 시작했으나 아직 준공을 못 보고 있다. 원전에서 나오는 풍부한 전력으로 인해서 지금은 EU에서 전기 장사로 재미를 보고 있다.

(2) 한국에 원전 수출- 한울 1, 2호기

한 때 박정희 대통령의 원자탄 프로젝트에 동조해서 여러가지 기술제휴가 있었으나 미국의 방해로 모두 허사로 되고 대신에 1980년대에 우리나라에 한울 1, 2호기 원전을 수출했다.

그런데 이 한울 발전소 건설 수주에 얽힌 이야기가 길다. 이창건 박사의 메모를 참고로 이야기를 재구성해 본다.

한국의 원자력 발전소 건설은 계속 진행되는데 우리가 필요한 기술의 전수가 잘 되지 않고 있었다. 1980년 초 새로운 방법을 쓰기로 했다. 그것은 한전과 원연이 합동으로 5명의 팀을 구성해서 세계 몇 나라를 순방하며 『원천 기술』을 건네주는 업체에 발주하겠다고 선언했다. 처음으로 방문한 나라가 프랑스였다. 며칠간 프랑스의 산업체를 탐방한 후 파리에 돌아오니 프랑스 원자력 장관이 일행을 만찬에 초대했다. 화기애애하게 포도주를 들고 얼큰하게 됐을 때 프랑스 원자력 장관이 Table Speech를 위해서 일어섰다.

돌고 있습니다.
이번에 또다시 그런 꼴을 당하기 전에 우리도 특단의 조치를 취하려 합니다. 그 조치엔 양국 간의 과학기술 교류를 끊고, 무역 거래를 중단하고… 중략 …(한참 있다가) 그리고 당신네 나라와는 외교 관계를 끊고 프랑스어를 사용하는 세계 모든 나라와 함께 조선민주주의인민공화국과 수교하는 정치외교적 묘책도 포함되어 있습니다. 이것은 우리 원자력부만의 의견이 아니라 관련부처 모두가 합의한 결정사항임을 알리는 바이니 명심하기 바랍니다.

이창건 박사의 메모

"프랑스는 그동안 여러 차례 한국 원전 입찰에 참가했고 그때마다 미국과 캐나다 업체의 들러리로 이용당하며 패배했습니다. — 시장경제의 원리에 반하는 일이 있다는 명백한 증거가 있습니다. — 여러분은 프랑스 원자력 산업계의 능력이 세계 최고임

을 확인했을 것입니다. 그러나 앞으로 프랑스가 한국의 원전 입찰에 참여한다 해도 이용만 당할 것이라는 소문이 벌써 나돌고 있습니다. — 이번에도 그런 꼴을 당하기 전에 우리도 특단의 조치를 취하려 합니다.

첫째, 양국간의 과학기술 교류를 끊고, 무역 거래를 중단하고 – 당신네 나라와는 외교관계를 끊고, 더 나아가 프랑스어를 사용하는 세계 여러나라와 함게 조선민주주의 인민공화국과 수교하는 정치외교적 묘책도 강구하겠습니다. 이것은 우리 원자력부만의 문제가 아니라 정부부처 모두가 합의한 결정사항임을 알리는 바이니 명심하시기 바랍니다. … (후략)"

이 이야기를 들은 다음엔 더 이상 음식이 입에 들어가지를 않고 모두들 얼어붙어서 굳은 표정이었다. 5명의 대표단은 숙의를 한 끝에 다음날 주 프랑스 우리 대사관을 찾아가서 이런 사실을 보고하고 본국 정부에 알려줄 것을 부탁했다. 결국 우리 대표단은 다음 일정을 모두 취소하고 비행기표를 바꾸어 바로 귀국했다. 얼마 후 우리 국무총리가 프랑스를 방문해 다음 원전 입찰에서는 프랑스 업체가 억울한 일을 당하지 않도록 하겠다는 언질을 주었다. 이 일을 전후해서 프랑스 대통령이 우리 국보인 『의궤』를 들고 와서 호의를 호소했다.

다음 원전 건설은 울진(지금의 한울) 1, 2호기였는데 프랑스의 Framatome이 최저가로 판정되었다. 계약 협상이 어려웠던 것은 그 무렵 프랑스의 경제상황이 안 좋아서 인플레가 심했다. 계약금액을 프랑스 프랑으로 정해 놓으면 (오일 쇼크로 1972년 이래 국제거래에서는 물가 상승분 추가 비용을 구매자가 부담한다는 관례가 새로 생겼다) 앞으로 얼마나 가격이 올라갈지 가늠할 수가 없었다. 그래서 절충안으로 『발전소 기자재 대금』을 프랑스 프랑이 아니라 비교적 경제가 안정된 『스위스 프랑』으로 하는 편법을 썼다. 나는 이런 저런 일로 프랑스를 자주 왕래하게 됐다.

그밖에 박정희 대통령이 원자탄 프로그램을 추진할 때 프랑스가 협조하기로 상당한 진척이 있었다가 없던 일로 되었다는 이야기는 제14장을 참고하기 바란다.

4. 영국의 원자력발전소와 풍력 단지

(1) 5대 강국 원전 강국

영국의 원자력 기술은 5대 강국의 하나로 선두주자였다. 일찍이 1953년에 가스 냉각로를 만들고 후일 한국에 팔려고 했었다. 실제로 고리 1, 2, 3, 4호기의 터빈은 모두 영국 GEC(General Electric Co.)의 제품이다. 그 회사 소재지가 (럭비 축구의 고장인) Rugby이다. 한 때 일본에도 진출하고 왕성하게 활동했었으나 북해에서 유전(油田)이 개발되고 더 이상 원자력발전소 건설이 없어서, 일감 고갈로 주저앉았다. 지금도 영국은 원전 선호국가인데 새 일감이 있을 때는 한국, 프랑스 등을 초청해서 일을 맡긴다. 영국은 총 45기의 원전을 건설했었으나 1세대 낡은 원전 30기를 운전 중단하고 지금 15기를 돌리고 있다. 지금 건설중인 Hinkley

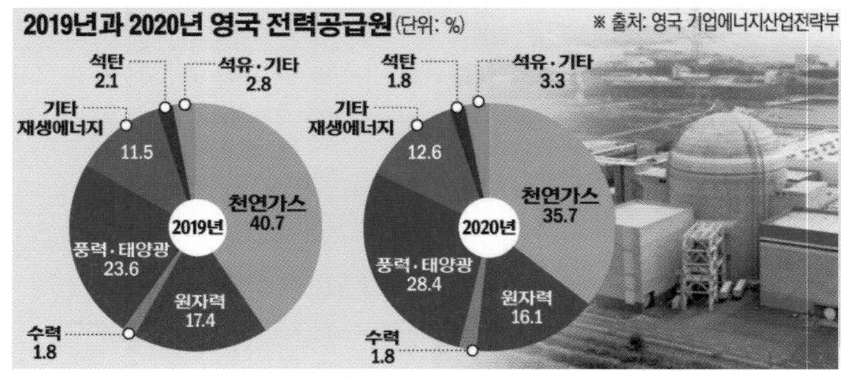

〈영국의 전력운영 상태〉

Point C단지 1, 2호기의 공사를 EDF가 중국업체를 거느리고 건설하고 있다.

최근(2021년 10월) 중국과 무슨 경제거래 문제로 시비가 붙었는데 중국측이 "그렇게 나오면 원자력발전소 안 지어주겠다"고 협박하는 일이 있어서 영국이 창피 당했다고 펄쩍 뛰고 있다. 최근 존슨 총리가 원전을 더 지을 수 밖에 없다고 호소하고 있다.

(2) 풍력발전 강국

풍력발전의 선구자 영국은 강한 바람(초속 11m)이 부는 북해에서 거대한 풍력단지(Wind Farm)를 운영하고 있다. 영국은 이들을 Hornsea Project라 명명하고 4개 단지를 계획했는데 제1단지(Hornsea #1)는 설비용량이 1,200MW (7MW x 174개)이고 2020년에 상업운전을 개시했다. 제2단지는 공사가 거의 끝나서 2022년에 상업운전을 하게 된다. 제3단지와 제4단지도 이미 진행중이다. 이 공사는 덴마크의 오스테드(Orsted)사가 맡았다. 영국은 그러면서도 지금 짓고 있는 것(Hinkley Point C-1, 2) 말고도 앞으로 원전을 더 지을 계획이다.

(3) 보리스 존슨 총리의 친원전

보리스 존슨 영국 총리는 2021년 9월 BBC방송과의 인터뷰에서 "우리가 지금 필요로 하는 장기 투자를 한다면 에너지 비용을 크게 줄일 수 있을 것"이라며 "이전 정부는 원전에 대한 어려운 결정을 내리는 것을 오랫동안 주저했지만, 영국은 더 많은 원전을 세워야 한다"고 강조했다. 영국은 원전을 이번 세기 중반까지 탄소중립을 달성할 수 있는 핵심 수단으로 인식하고 있다고 알려졌다.

5. 원자력 강국 일본

(1) 기술 강국

일본은 1800년대 개화 이후 서구문명을 도입하면서 학문에 힘써서 많은 인재를 배출하였다. 우리의 숙적 이또 히로부미가 영국의 공과대학 출신이라 하지 않는가. 유가와 히데끼(湯川秀樹) 같은 사람은 물리학자로서 양자이론의 중요한 부분인 중성자 발견의 단초를 열었다 해서 1949년 노벨 물리학 상을 받았다. 내가 1951년 고등학교에 입학할 때 입학시험에 '상식' 과목이 있었는데 "최근 노벨상을 받은 일본인 학자 이름을 쓰라"는 문제가 있었다. 그 정도로 한국에서 충격이 컸었다. 그 후 오늘날까지 노벨상을 받은 일본인이 25-6명이고 그 대부분이 물리, 화학, 의학이었다는 점이 더 충격적이다.

이 원고를 준비하는 즈음에 (2021년 9월) 또 한 사람의 노벨 물리학상 수상자가 나왔다. 한국의 산업이 대부분 일본에 배워서 일본을 능가하는 이상한 패턴으로 발전해 왔는데, 원자력산업에서 만큼은 일본과 교류는 했어도 직접 배운 바는 없다. 그것은 우리 기술자들이 대부분 미국통이어서 일본을 거칠 필요가 없었다는 점이 이유일 것이다.

(2) 일본의 원자력 연구

일본은 1950년대 말에 원전을 시작했으며 미국(GE, WH)과 영국(GEC)으로부터 기술을 도입해서 일본의 강력한 중공업제작업체(東芝, 日立, 三菱)들이 이 기술을 기반으로 일찍이 자립하고 총 60기의 원자력발전소를 건설했다가 절반 정도를 폐지했다. 일본의 특징은 PWR과 BWR 두 가지 로형을 함께 운영하고 있는데 제작업체들은 PWR을 三菱가, BWR을 東芝와 日立가 맡아서 제작한다. 일본 열도의 서부에 있는 關西電力, 四國電力, 九洲電力 등은 PWR을 선호해서 한전과 기술교류를 했었고 후쿠시마 사고 이후에도 별다른 피해가 없이 정상 운영을 하고 있는데 반해서, 동부에 있는 東京電力을 비롯해서 中部, 東北 등의 회사들은 주로 BWR을 운영하다가 2011년 사고 이후 많이 폐쇄했다.

일본은 기술의 하부구조가 탄탄한 나라다. 90년 전에 이미 영국을 따라 잡았고, 80년 전에는 미국을 상대로 (비록 패하기는 했어도) 전쟁을 벌일 만큼의 기술력이 있었다. 그럼에도 불구하고 이들은 매우 신중하고 겸손하다. 이것은 다른 이야기인데, 1980년대 아웅산 사건때 순직한 외무부장관(이범석)의 친동생(이중석)이 한동안 한전에 와 있었다. 그는 서울공대 전기과를 졸업하고 미국에 가서 MIT를 거쳐 GE에서 근무했다. GE가 일본과 기술협정을 맺고 기술 전수를 할 때 일본에 파견 돼서 일을 했다고 한다. 그런데 기술을 받아들이는 일본 기술자들의 태도가 아주 진지하고 열심이어서 놀랐다고 술회했다.

(3) 일본원자력개발 10년

1970년대 중반 일본이 자기네 원자력분야 연구의 역사를 총정리한 자료를 만들었다. '**일본원자력개발 10년**'이다. 정보기관이 이것을 입수해서 가져온 것을 내가 복사본을 만들었다. '해외자료'라는 제목을 붙여서 한정판으로 사내 주요 연구팀과 원자력연구소에 배부한 일이 있다. (우리 박사님들은 이미 파악하고 있는 내용이라 했다.) 이 자료에 의하면 일본은 놀라울 정도로 광범위하게, 또 집요하게 많은 Project를 운영하고 있었다. 그들은 핵연료 재처리도 스스로 하고 있고, 여러가지 신종 원자로도 실험중이다. '록가쇼무라'라고 하는 비밀 기지(원자력 연구단지)에서 무엇을 하는지 모른다. 지금은 후쿠시마 문제로 코가 꿰어 있지만 조만간 이것

海外資料
(日本原子力開発十年)

〈海外資料는 필자의 題字이다〉

들을 해결하고 재기할 것으로 생각된다. 한국은 일본의 저력을 인정하고 항상 주시하고 있어야 한다.

(4) 일본의 하야부사 시리즈

일본은 우주산업 선두 주자의 하나이다. 2010년에 인류 최초로 달 이외의 천체(소행성)에 **하야부사**라는 우주선을 착륙시킨 후 시료를 채취해 온 바가 있다. 2014년에는 또 다른 **하야부사2**를 발사해서 지구로부터 3억km 떨어진 소행성에 갔다가 시료를 채취해서 6년 만인 2020년 12월에 돌아왔다. 더욱 놀라운 것은 이 시료를 내려놓고 (연료의 재충전 없이) 다시 다른 소행성을 탐사하러 10년간의 긴 여행을 떠났다는 것이다. 놀라웁다.

6. 독일

(1) 독일의 탈원전 연구

독일의 탈원전 정책은 역사가 길다. 오래전부터 환경을 강조하는 녹색당이 탈원전을 주장해 왔는데 사민당과의 연립정부에 참여하게 돼서 더욱 강한 발언권을 행사하고 탈원전 작업이 진행됐다. 정치권에서도 많은 토론이 있었고 법규(원자력법) 개정을 통해서 탈원전 정책이 본격적으로 시행되고 있다. 2005년 메르켈 정부가 한 때 탈원전을 중단했었으나 2011년 일본의 후쿠시마 사고가 터지자 다시 탈원전으로 돌아섰다. 2021년 9월의 총선에서도 녹색당이 제3당으로 약진해서 더 큰 소리를 낼 것이라 하니 독일의 탈원전은 앞으로 더욱 강력하게 진행될 듯하다.

독일은 1986년 체르노빌 원전 사고를 계기로 1990년대부터 탈원전과 탈석탄을 동시에 추진해 왔다. 태양광·풍력으로 원전과 석탄을 대신한다는 '에너지 전환'(Energiewende)이라는 용어를 처음 만든 나라가 독일이다. 국제적으로 '기후변화 대응을 선도하는 모범국'이라는 찬사를 받았으나 지난 30년간 독일의 도전은 하나의 모험이었다. 전기요금은 유럽을 넘어 세계에서 가장 비싸졌고, 발전량이 들쭉날쭉한 재생에너지 비율이 늘어나면서 전력 공급 부족이나 과부하 위험을 가까스로 견디고 있다.

(2) 독일 원자력의 역사

독일은 세계에서 가장 먼저 원자탄 제조를 시작한 과학 선진국의 하나였다. 우라늄의 연쇄반응에 사용할 중수(重水) 제조 공장을 미국의 공작원이 폭파한다는 영화 『나바론』을 기억할 것이다. 그리고 미국의 아인슈타인이 원자탄 개발을 루즈벨트 대통령에게 탄원하면서 '독일은 이미 원자탄 개발을 시작했다'는 정보를 언급하고 있다. 발전소 건설과 운영 기술에 있어서도 Siemens사는 선진 기술을 자랑했었다. 일제가 1942년 압록강에 수풍댐을 만들고 발전소를 지을 때 제7호 발전기는 Siemens 제품이었다.

그러나 2차대전이 끝나고 독일을 점령한 소련군은 공장 기계들을 뜯어가고 주요 과학자 기술자들도 끌어갔다. 나머지는 미국으로 빠져나갔다. 그런 상황에서 1960년대에 소련의 원자력 건설업체 AEE(Atomenergoexport)가 동독 지역에서 Rheinsberg 원자력발전소(8만kW)를 지어서 돌리기 시작했고, NORD(GREIFSWALD) 1, 2, 3, 4, 5호기(모두 44만kW)를 1980년대에 건설해서 돌렸다. 성능이 시원치 않다는 평가를 받았다. 1986년 체르노빌 원전 사고가 발생하자 독일 국민들은 경악해서 탈원전으로 돌아섰고, 1990년 통일이 되자 옛날 AEE가 건설했던 동독 지역의 원전들을 모조리 폐쇄했다. 특히 NORD 5호기는 준공된지 1년 만인데 문을 닫았다. 지금은 모두 해체 공사중이다. 독일인들이 원자력발전소에 좋지 않은 인상을 가지게 된 결과이다.

미국의 GE와 Westinghouse도 독일에 진출했었다. Siemens와 KWU 같은 업체가 뒤늦게 어렵사리 원자력 발전소를 짓기 시작했다. 독일은 그동안 모두 41기의 원전을 지었는데, 35기가 낡아서 폐쇄됐고 지금은 Siemens 와 KWU가 1980년대에 지은 2세대 원전 6기만이 잘 돌아가고 있다. 이들은 연료로 MOx를 사용한다. MOx는 우라늄 연료를 한 번 사용한 후 재처리해서 얻은 유용한 재료에 약간의 새 재료(우라늄-235)를 보태서 만든 연료이기 때문에 연료비에 경제성이 있다. 그런데 이들도 2022년에 모두 운영을 중지하게 된다. 독일 정부는 원전 폐쇄로 인해서 손해를 입은 4개 전기사업자들에게 막대한 손해배상을 해 주었다.

(3) 탈원전 대책

독일의 산업구조가 우리보다 많이 앞서 있는 것은 주지의 사실이다. 독일의 전국 발전설비 용량은 약 2억 1천만kW로서 우리보다 약간 많다. 〈우리가 최빈 국가에서, 1억 3천만kW 정도의 발전설비를 보유하는 산업국가로 성장해서, 독일과 어깨를 재어보는 형편이 됐다는 사실, 이것이 자랑스럽다.〉 그러나 '에너지 믹스'라는 명분으로 원전과 석탄화력을 조금씩 줄이다 보니 부득이 외국에서 전력을 많이 끌어와야 되는 형편이 되었다. 유럽은 한 나라처럼 상호 전력을 주고받으며 살아간다. 2020년 독일은 전력 수출 1만 7천GWh, 수입 3만 3천GWh였다고 한다. 많은 입초가 되는데, 주로 사오는 나라가 프랑스라고 하니 아이러니 하게도 원자력으로 만든 전기를 사온 셈이다.

독일이 원자력을 접고 신재생에너지로 간다고 선언하고서도 2021년까지는 원전도 돌리고 석탄화력도 약간 돌리는데 가장 활용되는 것은 갈탄 발전소(38기)다. 독일에는 갈탄 매장량이 무진장이라 한다. 독일 하늘이 새까만 연기로 뒤덮일 수 밖에 없다. 구라파 환경 지도를 보면 독일 하늘이 갈색이다. 이것은 원자력 국가 프랑스가 푸른 색깔인 것과 대조된다.

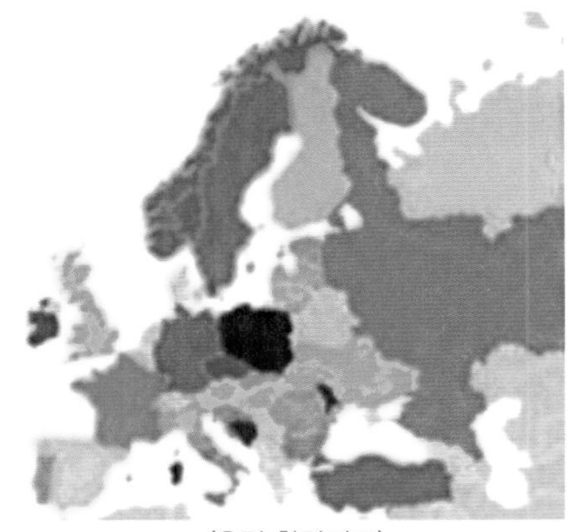
〈유럽 환경지도〉

(4) 독일 신재생 운영의 문제점

외국의 전력 수입을 늘리기 위해 또는 신재생 에너지를 받아

폐지를 기다리는 독일의 원전

들이기 위해 새로운 송전선 건설이 필요하다. 그 목표는 무려 7,700km이지만 2020년에는 년간 목표의 불과 20%를 건설했는데 이유는 많은 민원 때문이다. 앞으로도 제대로 공사가 진행될지 의문이라 한다. 독일의 풍력발전은 주로 강한 바람이 부는 북해에 건설하는데 이 전기를 내륙으로 들여와야 되고 또 산업단지가 몰려있는 서남지역(Alps 산자락) 까지 송전하는 문제가 남아 있어 송전선 건설 문제는 독일의 큰 숙제이다.

이것은 한국에서도 문제이다. 태양광 발전전력을 한전의 전력계통에 흡수하는 과정에서 송전선이 필요하고 또 해양에 풍력발전소를 건설하는 경우에는 전혀 새로운 기술이 적용되는 송전설비가 필요하다. 더우기 '송전탑은 악마'라고 웨치는 정당도 있다. (2021년 현재) 경기도 평택에 삼성이 대규모 반도체 공장을 짓고 있어 한전이 전기 공급을 위해 특고압 송전선을 건설하는데 여러 해 걸렸다. 현지 민원 문제로 세월을 보내다가, 결국 산속에 터널을 파고 지하로 송전하기로 했다는 말을 들었는데 그 후 어찌 되었는지 모른다. 서울 도심도 아니고 수풀만 무성한 산속 지하에 특고압 송전선을 건설하는 나라가 또 있을까?

독일은 에너지 문제에서 러시아의 LNG를 수입하는 문제가 또 있다. 기존에 수입하던 양보다 더 많이 수입하기 위해서 기존의 노르드 스트림-1 이외에 새로이 노르드 스트림-2가 최근 준공됐다. 그런데 LNG 수입문제는 간단치가 않다.

몇해 전 러시아가 우크라이나 크리미아 반도를 침공했을 때 구라파의 자유진영 국가들이 모두 강하게 항의했다. 그런데 러시아가 "가스 공급에 지장이 된다."고 한 마디 하니까 모두 입을 닫았다. 에너지 주권이 국가의 주권을 제약한다는 엄연한 사실을 목도했다. 독일은 군사 강국, 기술 강국, 수출 강국이었었다. 그런 독일이 **에너지를 빌어먹는 나라**로 되어 간다. 이것이 부러운가? 지금의 탈원전은 90년 전 독일국민들이 NAZI를 받아들이는 결정 이후 가장 나쁜 결정이었음이 수년 내에 판명될 것이다.

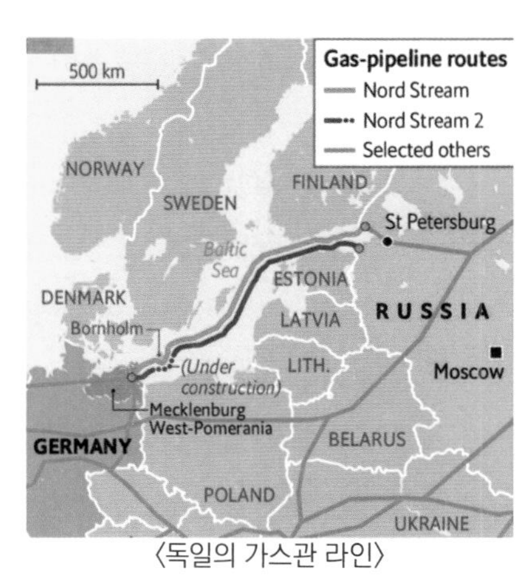

〈독일의 가스관 라인〉

(5) 독일 감사원의 경고

독일 감사원이 드디어 에너지 위기를 지적하고 대책을 강구하라고 요구하고 나섰다. 2021년 3월 48페이지 짜리 '**에너지 전환 특별 보고서**'를 국회와 정부에 보냈다. 이 보고서에는 탈원전과 탈석탄을 이대로 추진하면 적어도 4,500MW 정도의 전력 공급 부족이 예측되고, 지금도 유롭의 다른 나라들 보다 전력요금이 43% 높은데 앞으로 더 인상될 우려가 있다. 이것은 독일 경제의 경쟁력에 큰 위협이 될 것이므로 대책을 세우라는 내용이다. 이 권위있는 기관의 지적을 받고 독일 관민들이 어떻게 처리할른지 우리가 관심 있게 지켜볼 일이다. 지금 탄소중립 문제가 결부되어 있어서 단언컨대 5년 이내에 독일 국민들은 탈원전을 철회할 것이다.

7. 중국을 조심하라

(1) 2천년을 같이 산 나라

중국은 우리와 수 천 년을 어울려 살면서 애증을 느끼는 나라다. 더욱이 근자에 이들이 힘이 강해지는데 비례해서 근육질 행동을 하는 모습에서 우리는 이들을 경계할 필요가 있다.

중국은 세계에서 가장 인구가 많고 땅 넓은 큰 나라지만 1840년 아편전쟁 이후 서구 열강에 짓눌려 살다가 1894년 청일전쟁에서 패배한 후에는 다시 일본의 침략에 시달려야 했다. 1945년 2차 대전의 종전으로 겨우 회생한 후 1949년 공산정권이 전 국토를 통일하고 중화인민공화국을 세웠지만 '공산주의'의 속성대로 국민들의 살림살이는 피폐한 상태였다. 1970년대 10년간 문화혁명의 처참한 지옥문을 거쳐 1980년대에 등소평의 등장으로 비로소 나라 살림살이가 본궤도에 오르기 시작했다. 이들이 정신을 차리고 주위를 돌아보니 대한민국이 저만치 달려가고 있었다.

(2) 한국을 부러워했던 나라

1980년대에 이들은 한국의 중화학공업을 매우 부러워하고 배우려 했다. 1992년 수교 이전에 이미 양국간의 무역거래액은 날로 치솟았다. 무엇보다도 가장 신기하게 생각한 것은 한국이 외국(미국, 캐나다)으로부터 원자력발전소를 도입해서 잘 운영할 뿐만아니라 스스로 표준원전 APR-1400을 만들어 자립한 것이다. 전력이 만성적으로 부족했던 중국은 핵무기 관련 국가기관인 CNNC (China National Nuclear Corp. 中國核工業集團公司)가 자체적으로 설계한 작은 원자력발전소를 하나 (Qinshan 1-1 秦山 33만KW) 건설해서 운영하고 있지만 대형 원전이 필요했다.

(3) 프랑스 원전 도입과 한국

중국은 군사 대국이고 무기산업 부문에 있어서는 높은 수준에 올라 있었지만 원자력산업에서는 개도국 상태에 있었다. 1986년경 Hong kong의 전력 부족문제를 해결하기 위해서 이 지역 기업가들이 투자회사를 만들고 광둥성(廣東省)과 합작으로 회사를 세웠다. GNIC/HKNIC(Guangdong Nuclear Investment Co.,Ltd./Hong Kong Nuclear Investment Co., Ltd. 廣東核電投資有限公司/香港核電投資有限公司)는 광동성 대아만에 대용량의 원전을 짓기로 하고 먼저 미국의 어느 업체에 부탁했는데 잘 안 돼서 프랑스의 EDF 원전을 들여오게 되었다.

이 회사는 CGNPC(China Guangdong Nuclear Power Corporation, 中國廣東核電公司)으로 활동하고 후에 CGN(China General Nuclear Power Corporation, 中國廣核集團有限公司)으로 개편돼서 독자적인 활동을 하게 된다

(4) 프랑스 원전 도입과 한국의 도움

한국의 이종훈 사장(당시는 KOPEC 사장)이 이들에게 광동 대아만의 원전이 한국의 울진 1, 2호기와 같은 EDF의 것이라는 것과 필요하면 도와주겠노라고 했더니 광동 원전건설을 감독할 (중국측) 기술자들을 훈련시켰으면 좋겠다고 해서 이것을 받아들여 중국 직원 7명이 내한, 2주 동안 교육훈련을 받고 돌아갔다(1991년). 그후 그 원전이 완성될 무렵에는 다시 기술지원 용역계약(200만$)을 체결하고, 한전 직원을 현지에 파견하기도 했으며 중국 직원이 내한해서 울진에서 현장 교육훈련을 받았다(1993년).

(5) 중국의 중수로 도입과 한국

중국의 원자력발전소 관련 전담 기관인 CNNC는 캐나다의 중수로를 도입하기로 했다. 아마도 세계의 기술을 이것저것 들여와 발전소를 건설하는 과정에 기술을 Copy해서 습득하기 위한 것이 아닌가 추측된다.

– Qinsan Ⅲ단지 #1, #2 (728MW x 2)

이들은 한국이 AECL의 중수로를 도입한 경험이 있다는 사실을 알고 자기네가 캐나다의 AECL과 계약을 체결하는데(1996년) 그 계약서 초안 내용을 자문해 달라고 요청했다〈사업공정, 사업관리 체제, 공급범위, 책임구분, 주요기기 인도일정, 품질보증 및 검사. 운전요원 훈련계획, 경제성 분석, 재원 조달 등의 항목〉. 그래서 그 발전소 건설의 주체인 진산핵전공사와 용역계약을 체결하고 업무를 수행했다(11만$). 여기서 시운전과 시운전 요원의 교육훈련 업무는 AECL과의 계약에서 처음부터 떼어내고 따로 한전과 업무협약(200만$)을 체결해서 우리 월성단지에서 이들 수 십 명의 인원을 훈련시켰고, 우리 기술진이 현지에 가서 시운전에 참여했다.

(6) 산동성 해양현 원전건설 – 수주할 뻔

중국의 다음 원전 건설부지는 산동성 해양현이라 했다. 1994년 CNNC와 기술협력 협정을 맺고(1995년 2월) 원전 건설시의 따져봐야 할 사항, 기술성, 경제성 등을 교육해 주었다. 1996년 3월에는 중국 전력공업부 차관 일행이 내한해서 산동성 해양현 원전건설에 따른 타당성 공동 조사를 하기로 협력각서에 서명했다. 내용은 부지조사와 환경 안전성 평가, 기술성 및 경제성 조사를 하는 것인데 1997년 5월 1차 조사결과를 제출(제출처 CNNC, 전력공업부 산동성, 광동성, 절강성 등)했고, 1997년 8월 보충 공동조사 협력협정을 체결하고 경제성 재평가를 실시했다. 여태까지 한국을 드나든 중국의 원자력발전소 관계 인사들은 수 십명에 이른다.

(7) 강택민 주석의 언질- 아쉽다

강택민 주석과 한전 이종훈 사장

1996년 강택민 주석이 방한했을 때 한국의 원전에 많은 관심을 나타냈다. 그리고 한전 사장(이종훈)과 장시간 대화하는 기회가 있었다. 그는 자신이 중국의 원자력기관의 대표를 지냈다고 하면서 상당한 기술 지식을 가지고 있더라 한다. 한국의 원전에 관해서 잘 알고 있고 심지어 한전 원전들이 '증기발생기'를 몇 개씩 쓰는지도 알고 있더라 한다. 중국의 다음 원전 건설에는 한국이 참여하도록 하겠다는 언급도 했다. 1997년 8월 수교 5주년 행사로 중국을 방문한 한국대표단(한전사장 이종훈 포함)에게 강택민 주석은 산동성의 해양 원전에 한국을 초청할 것이라고 확인했다.

1998년 2월 정권이 바뀌어 김대중 대통령이 청와대에 들어갔다. 우리나라 공기업의 특수성에 따라 한전 사장(이종훈)이 교체되었다. 중국의 중앙위원 후진타오(胡錦濤)가 내한했는데, 그 다음날 비공식 계통을 통해서 한전 사장(이종훈) 면담을 요청했다. 그러나 1998년 4월 28일은 퇴임식이 있는 날이었다. 사장직에서 이임하는 사람이 외국의 고위 인사를 만나는 것이 적절치 못하다는 생각에서 부사장을 보냈더니 그냥 인사말만 하고 헤어졌다 한다. 후진타오는 후일 주석이 되는 사람이다. (이종훈 사장이 퇴임하지 않고) 그와의 만남이 이루어졌다면 인사말만 나누었겠는가? 아마도 강택민이 내밀하게 『한국에 가거든 한전 사장(이종훈)을 만나서 산동성 해양 원전에 관한 무슨 협의를 해 보라고』 하지 않았나 싶다.

왜냐하면 이 프로젝트는 10년 후에야 (2009년) WH에 발주했는데 WH가 자체 능력이 없으니까 우리 두산중공업에 하청해서 주요 기기를 공급하고 2018년에 준공 운영된 것이기 때문이다. 어차피 외주(外注)로 지을 형편이었으면, 이미 선행 사업을 수행했던 한국전력에 기회가 있지 않았나 생각된다. 그리고 그 소유주가 CNNC(정부기구)가 아닌 CPI (China Power Investment Corporation. Ltd. 中國電力投資集團公司) 라는 자금제공 회사이다. 그 무렵에는 아직 중국의 산업이 굴기하기 이전이라 자금부족 문제가 있었지 않나 생각된다. 후진타오가 어쩌면 한국전력과 자금 동원 문제를 타진하려 했던게 아닌가 생각된다. 이게 성사됐으면 UAE에 앞서 중국에 한국의 APR-1400이 수출되는 역사가 일어나는 것인데, 아쉽다.

(8) 중국의 표준 원전들

중국은 러시아의 VVER-1000 원자로를 4기나 들여오기도 했다. 많은 외국의 원자로를 들여오는 과정에서 무언가 배운 게 있어서 자기네 표준 원전을 개발했는데 CPR-1000이라는 모델이 프랑스 측과 원천기술 사용료 문제가 생겨서 알력이 있었던 모양이다. 그런데 프랑스 원전 2기를 더 구입하는 것으로 해서 이 문제를 해결했다고 한다. 중국사람 다운 해결방법이다. 지금은 Hualong

One(HPR-1000 華龍 1)이라는 모델이 각광을 받고 자국내에 같은 모델의 건설을 반복하고 있다. 놀라운 것은 건설과 운영이 어려운 고속증식로(高速增殖爐)를 여러 기(基) 건설하고 있다는 점이다. 핵무기 제조용은 아닐테고 아마도 핵연료(플루토늄)를 많이 확보하기 위한 것이 아닌가 생각된다.

(9) 중국의 원전 굴기

중국은 세계에 Hualong One 30기를 수출하는 것을 목표로 삼고 있다. 영국의 Bradwell B 원전은 중국의 CGN사가 EDF와 손잡고 수주하게 될 모양이다. 그렇게 되면 원자로는 Hualong One이 될 것이다. 지금 상당한 진척이 된 상태다. 한국의 진출이 거론되던 영국의 Moorside 원전은 취소될 모양이다. 그런데 이 원고를 작성하는 2021년 10월 초 형편이 달라졌다. 영국과 중국이 무슨 경제거래 문제로 알력이 있었는데, 중국이 "영국이 그렇게 나오면 원전을 안 지어 줄래" 했다고 한다. 영국의 자존심을 긁었다. 영국은 펄쩍펄쩍 뛰면서 다른 공급자를 찾고 있는데 냉큼 한국에 손을 내밀지 않는 것은 이미 한국이 원자력 폐지 국가로 소문이 난 때문일 것이다.

(10) 우리 서해안은 원전 벨트

중국 원전의 다른 문제는 이들이 대부분 그들의 동해안, 한국의 서해안에 위치해 있다는 점이다. 대형 발전소가 필요로 하는 복수기의 냉각수 문제 때문이지만 우리가 늘 염두에 두어야 할 문제이

〈중국 원자력 발전소〉

발전원별	GW	%
석탄화력	1,100	71
수 력	340	18
원자력	58	4.2
신재생	52.1	6.4
(풍력)	-17.3	
(태양광)	-34.8	
합 계	1,810	

〈중국의 전력설비, 비율〉

다. 중국이 만성 전력부족상태에서 석탄화력을 줄이는 방법을 고민하고 있으나 쉽지는 않을 것으로 본다. 중국의 지금 총 발전설비는 18억kW 약간 넘는다. 그중 석탄이 대종을 이루고 있어 환경문제가 있다. 원전이 미미한데 머지 않아 석탄은 줄고 원전이 10%대에 올라갈 것이다.

8. UAE에 원자력발전소 수출

(1) UAE 왕실의 장기 에너지 전망

UAE는 산유국이다. 그런 나라가 석유시대 이후의 에너지 문제를 걱정하다가 세계적인 추세에 따라 원자력을 들여오기로 결정하고 우선 미국의 기술자들을 고용해서 타당성 연구를 시켰다. 우연하게도 이 연구팀 멤버로는 7-8 년 전 한전에 기술을 팔러 왔던 CE 퇴직자들이 상당수 있더라 한다. 이들이 정근모 박사더러 "우리가 일하러 가는데 참고될 말 좀 달라"고 해서 정 박사는 당연히 Korea Experience를 활용해 보라고 권고했다.

이들 기술자들은 UAE 당국에 원자력발전소의 건설과 운영에 관한 Master Plan을 만들어 보여 주고, 기술이 없는 나라도 선진국을 시켜서 건설한 후 운전만 잘하면 된다는 긍정적인 전략을 수립해 주었다. 그러면서 한국의 성공사례를 소개했던지 얼마 후 정근모 박사가 초빙돼서 오래도록 UAE 의 고문으로 일을 했다. 그러자 UAE는 원전 건설과 운영에 자신을 갖게 되고 마침내 4기의 원전을 짓기로 했다.

(2) 신규 원전공사에 한전이 낙찰

UAE 신규 원전 공사 입찰에 세계의 굴지 업체들이 모여 들었고, 프랑스의 Areva는 당연히 자기네가 낙찰될 것으로 자부하고 있었다. 그러나 입찰서를 개봉해 보니 한국이 써낸 가격이 경쟁자들의 60%대인데다가 건설 후 운영면에 있어서도 아주 유리한 조건을 제시해서 누구도 반론을 낼 수 없는 완벽한 승리를 거두었다.

UAE는 공사를 감리하는 팀도 고용했다. 주로 과거 종주국이었던 영국 출신 기술자들인데 이들은 한전의 공사 진행이 계획 대비 100%에 가깝게 착착 진행되는 것을 보고 놀랐다. 그 당시 세계적으로, 원전 건설이 몇 군데서 진행되고 있었는데 대개는 공사가 지연되고 공사비 추가 문제로 골치를 앓고 있을 때였다. Economist사 기자가 원전건설공사 현장들을 취재하다가 UAE 공사 현장의 감리팀장을 인터뷰했을 때 그는 한전의 공사 진행 상황을 소개하

한전이 UAE(바라카)에 건설한 원자력발전소 전경

면서 "Excellent!"를 연발했다. "지금 세계에서 원전건설 공사가 약정된 가격으로, 제 날짜에 준공시킬 나라는 한국밖에 없다."고 장담했다. 보통 감리팀과 공사팀은 사사건건 반목하는 것이 상식인데, 거꾸로 이들은 침이 마르도록 칭찬을 한 것이다. 이들의 진솔한 증언으로 한국의 원자력 기술이 세계 최강자로 인식되기에 이르렀다.

(3) UAE의 원전운영 자립을 위한 노력

바라카 원전 운영회사인 Nawah Energy 회사의 사장 Ali Al Hammadi가 2021년 5월 한국원자력 산업 연차대회에서 기조강연을 했다. 이 회사는 바라카 원전을 운용하기 위해서 한전과 UAE가 합작으로 설립한 것이다.

그 내용은 다음과 같다.

① 바라카 원전 공사를 계약한 2009년에 인력 양성을 위해 Energy Pioneers Scholarship Program을 만들고 이공계 학생들을 선발해서 500명을 양성했다. 놀라운 것은 여성의 비율이 20%라 한다. 그 밖에 지난 10년간 2,000명의 기술 인력들이 원전의 건설 및 운영에 참여해서 원전 운영 능력을 배웠다.

② UAE 자체의 규제기관(FANR)과 자체의 규제법규 체제를 갖추고 있으며 이에 필요한 인력 72명(UAE 국적은 30명)을 양성했다. 그들 중 3명은 여성이다

③ 원전 운영을 위해서 Team Korea(한전과 자회사들 그리고

두산중공업 등)와 계약을 맺고 주제어실을 비롯해서 발전소 운영에 필요한 숙련된 인력을 제공받고 있다. 그밖에 60개가 넘는 한국의 기업들과 430건 이상의 계약을 체결하여 각종 기자재와 서비스를 제공받고 있다.

위 내용을 살펴보면, UAE가 산유국이고 당장 살기에 넉넉함에도 불구하고 먼 앞날을 내다보고 고급 전략을 수립하는 나라다. 들은 바에 의하면 UAE 국왕이 "우리 조상은 낙타를 타고 다녔다. 우리는 지금 자동차를 타고 다니지만 장차 더 발전된 세계가 몰려올 것이다. 우리가 지금 준비를 못하면 우리 후손이 다시 낙타를 타게 될지도 모른다"고 하면서 세계로 눈을 돌린다고 한다. 우선 미래를 위한 첫번째 준비로 에너지(원자력발전소) 소스를 건설한 것이다. 그런데 우리는 있는 것도 없앤다고 하니 걱정이 된다.

(4) 걱정

근자에 들리는 바에 의하면 발전소 운영을 위한 용역계약을 프랑스의 EDF와 체결했다 한다. 우리 Team Korea와 철석같이 계약을 해놓고 다시 제3자와 계약을 체결하는 것은 아마도 이들이 '한국의 원전산업이 곧 무너진다'는 국제적인 소문을 듣고 나름 준비를 하는 모양이다. 이들만을 탓할 수도 없다.

9. 대만의 원전

(1) 앞서간 대만의 원전

1949년에 중국 본토에서 쫓겨난 국민당 정부는 대만으로 옮겨와 열심히 노력해서 나라를 괜찮게 만들었다. 일본과 미국에 자질구레한 상품을 수출해서 짭짤한 재미를 보았다. 1961년 한국의 혁명정부는 많은 부분에서 대만정부의 하는 일을 어깨너머로 배웠다. 원전 건설에서도 처음부터 턴키로 하지 않고 주체건설 방식을 채택해서 우리가 배우러 갔었다. GE로부터 4기의 BWR을 들여왔고 Westinghouse에서 2기의 PWR을 들여왔다. 천연가스(40.8%), 석탄화력(36.4%), 원자력(12.7%) 등으로 전력을 안정적으로 공급해서 경공업이 잘 돌아갔다. 이것을 본토의 공산정권이 부러운 눈으로 바라보았다.

(2) 중소기업 수준에 머문 산업

다만, 한국이 1980년대 중화학 공업체제를 확립하고, 외국의 기술을 도입해서 자체로 표준원전을 개발하고 기술자립을 달성한 데 반해서, 대만은 경공업 수준에서 벗어나지 못해 기술 수준이 제자리 걸음을 하다보니 그 영향이 원전 운영에도 미쳤다. 더우기 GE로부터 들여온 BWR 발전소들(金山 1,2호기)이 자주 고장을 이르켜 국민들로부터 불신을 샀다. 〈1980년 8월 내가 대만전력을 방문했을 때 臺北 근처에 있는 이 발전소에 갔었는데 정비중이었다.〉

(3) 탈원전 정책

1999년 GE로부터 BWR 2기(龍門 #1, 2)를 들여와 건설에 착수했는데 2000년 새로 들어선 民主進步黨 정권이 탈원전을 내걸어 한 때 위기를 맞았으나 의회가 與小野大인 덕에 그냥 넘어갔다가 2016년 다시 민주진보당의 차이잉원 총통이 취임하고 2017년 전기사업법을 개정해서 탈원전을 합법화했다. 그러나 그 해 8월 대규모 정전 사고가 일어나 11월에 국민투표가 이루어지고 전기사업법의 탈원전 조항을 삭제했으나, 대만 정부는 탈원전 기조를 유지했고 2020년 대선에서 다시 민주진보당의 차이잉원 총통이 당선됨으로서 탈원전 정책이 계속될 전망이다. 건설 중이던 BWR 2기(용문 #1,2)는 대만 정부의 행정명령으로 공사가 중지되고 있다. 대만도 한국 모양으로 에너지의 98%를 수입에 의존한다. 앞으로 탄소중립 때문에 화석연료(석탄, 천연가스)를 때지 못하게 되면 무엇으로 전기를 만들려는지 남의 일 같지가 않다. 결국은 다시 원전을 찾을 것으로 본다.

10. 체코 두코바니 원전 수주활동

(1) 강한 금속공업국

체코는 본래 금속공업의 강국이다. 1900년대 우리 독립군이 만주에서 싸울 때 체코 제품의 소총으로 일본군을 무찔렀다는 이야기는 유명하다. 1953년 한국 전쟁이 끝나고 휴전협정에 의해서 북한측의 중립국 감시단을 파견했던 일이 있고, 휴전 후 북한에 와서 전쟁으로 파괴된 수풍댐 수력발전소를 수리하는 일을 도와 주었다.

(2) 한국을 원전건설에 초대

2차대전 후 소련의 영향 밑에 들어가서 사회주의 국가의 일원으로 소련의 원자력발전소를 많이 들여왔다. 1985년에 시작해서 두코바니 1, 2, 3, 4호기(각 51만KW 용량)를 건설했고, 2000년대에 Temelin 1, 2호기(각 102만KW 용량)를 건설해서 잘 운영하고 있다. 전력수요가 늘어나자 Dukovany 또는 Temelin에 새로 원전을 건설할 계획을 수립하고 발주를 준비하고 있었다. 독일과 국경을 마주대고 있는데도 독일의 탈원전을 따라 하지 않고 친원전을 고수하고 있다. 세계 모든 나라들은 아마도 러시아의 Rosatom과 중국의 CGN이 유력하다고 전망했었다.

그런데 2021년 6월 21일 ①미국의 Westinghouse, ②프랑스의 EDF 그리고 한국의 ③한국수력원자력에 '신규사업을 위한 안보평가서를 제출하라는 안내서한'을 발송했다. 원자력사업계에 전례없는 일이다. '안보평가서'라는 것은 "너희 나라에서 원자력발전소를 도입해도 우리나라의 안보에 지장이 없겠냐?" 하는 의미인데, 이것은 체코가 러시아와 중국의 원전을 도입할 수 없다는 근거로 내세운 논거가 '안보에 지장이 있다'이기 때문에, 다른 세 나라에도 이와 유사한 검토를 하는 시늉을 하는 것이다. 아마도 한수원은 머지않아 "우리나라에서 체코에 원전을 건설할 경우 귀국의 안보에

〈체코 두코바니 원전〉

지장이 되는 여하한 일도 하지 않을 것입니다" 라는 편지 한 장 써내면 끝날 모양이다.

(3) 러시아의 공작행위

그런 이상한 일이 생긴 원인은 체코가 전통적인 우방인 러시아와 마찰이 생긴 때문이다. 2014년에 체코의 탄약고 두 곳이 폭파되는 사건이 일어났는데 그것이 러시아 정보당국의 공작이었음이 드러났다. 그 무렵 러시아와 우크라이나 전쟁이 일어났을 때 (우크라이나가 크리미아 지방의 친러 반란군을 진압하는 과정에서 러시아군이 개입해서 크리미아 반도를 점령한 사건) 체코는 우크라이나에 탄약을 지원할 목적으로 중간상을 통해서 계약을 했는데 얼마 후 이 탄약고 두 곳이 폭파되면서 약 5천만불 정도의 손해를 보았다. 조사해 보니 러시아의 정보기관 부책임자가 직접 체코를 드나들면서 공작했다는 증거가 나왔다. 그래서 체코는 러시아 외교관 18명을 추방하고 반 러시아 정책을 추진중이다. 대통령이 친러 인사라 하는데 전국민의 여론은 극단적인 반 러시아가 됐다.

(4) 체코의 정치 상황

이 나라의 정치 상황을 살펴볼 필요가 있다. 국가체제는 대통령제에 내각책임제를 겸하고, 국회는 상하 양원제이다. 하원은 여당(긍정당)이 소수당이라 연정을 하고 있으며 상원은 야당이 다수이다. 그래서 상원의장의 발언권이 강하다.

2020년 11월 체코 보안정보국(BIS)은 연례보고서를 통해 러시아가 체코에서 정보활동을 계속하고 사회를 불안정하게 만들고 분열시키는 활동을 펼치고 있다고 보고했고, 주 체코 러시아 대사관의 스파이 사건이 터지면서 러시아는 '적국'이 됐다. 반중 감정도

2021. 5월 체코 프라하에서 마스크를 쓴 시민이 밀로시 제만 대통령의 친 러시아적 성향을 비난하며 대형 EU 깃발을 들고 시위하고 있다

크다. 2020년 체코 정부는 상원의장을 단장으로 하는 정부대표단을 대만에 파견했다. 이를 두고 중국 정부가 "국가주권에 대한 심각한 침해다. 대가를 치를 것"이라며 협박을 했다. 여기에 체코 정부는 엄청난 불쾌감을 가지게 됐다. 이런저런 일로 국회에서 양국은 '적국'이며 이 나라 업체에 발주하지 말라는 결의까지 했다.

(5) 향후 전망

체코 정부는 2021년 11월 말까지 세 나라 업체로부터 '안보평가 답변서'를 접수해 년말까지 평가를 완료하고 본 입찰 참여 공급사를 결정할 계획이다. 이번 평가에는 사이버보안, 안보 품목 공급요건 등 안보 관련 항목뿐 아니라 입찰 참여 조직 구조, 주요 하도급사 정보, 품질 관리 등 포괄적인 질문이 담겼다.

이후, 팀 코리아는 '안보평가'를 통과하고 2022년 3월 17일 '입찰안내서'를 받았다. 2022년 11월 30일까지 입찰서를 제출할 예정이다. 앞으로 일정은 2024년까지 우선협상자가 결정되고, 최종 낙찰자가 정해지면 2029년에 건설이 시작돼서 2036년에 상업운전을 개시하는 것을 목표로 하고 있다. 우리 팀코리아(한국수력원자력, 한국전력기술, 한국전력핵연료, 두산중공업, 대우건설 등)가 우월한 지위에 있는 것은 사실이지만 낙관만 할 수가 없다.

첫째, 체코는 전통적인 러시아의 우방이다. 지금 우발적인 사건으로 일시 러시아와 갈등이 생겨서 그렇지 오랜 역사와 전통은 무시할 수가 없다. 러시아가 어떤 방법으로 사과하고 허리를 굽히면 친러 성향의 대통령이 수완을 발휘해서 지금의 반러 정서가 극복되고 다시 Rosatom 쪽으로 넘어갈 가능성을 배제할 수 없다. 지금 운영하는 6기의 원전이 모두 Rosatom의 것이다.

둘째, 미국이 지난번 한국과 맺은 원전동맹을 내세워 함께 가자고 하면 수많은 변수가 생긴다.

셋째, 우리 대표단이 체코의 노조위원장을 만나 대화를 나누었는데 그가 하는 말이 "한국은 장차 원자력사업을 접게 된다고 하는데 꽤 물건을 만들고 또 오랜기간 After Service를 할 수 있겠냐?"고 하더란다. 그렇다. 세계가 우리 형편을 다 안다. 전통적으로 노조가 강한 나라의 노조위원장의 견해가 두렵다.

(6) 일감이 늘어난다

2021년 10월 1일 노빈키(Novinky) 등 체코 매체에 따르면 카렐 하블리첵 산업부 장관은 "저희(프라하 긍정당·ANO)가 차기 정부로 뽑히면 테멜린 원전 사업 준비도 시작할 것"이라며 "두코바니 원전 사업자가 테멜린도 공급하는 것이 좋다고 생각한다"고 밝혔다. 지금의 체코 정부형태는 연립정부이다. 그래서 다음 선거에서 정권을 잡는 것을 전제로, 지금 추진하고 있는 두코바니(동부지역) 원전 건설만 할 것이 아니라 전력이 부족한 테멜린(남부지역) 단지에도 원전을 증설하겠다는 계획을 조심스럽게 밝힌 것이다.

체코 정부는 두코바니와 테멜린 지역에 각각 1000MW급 원전 1~2기 신규 건설을 추진 중이다. 체코전력공사(CEZ)는 두코바니 원전 입찰에 테멜린 사업을 옵션으로 포함할 것으로 알려졌지만 유동적이다. 하블리첵 장관은 "공급업체에 동기를 부여해 가격 인하를 강력하게 밀어붙일 수 있다"며 "한 블록을 짓는 것과 2~3블록은 다르므로 (원전 업체에서도) 매우 긍정적으로 보고 있다"고 설명했다.

두코바니 원전은 사업비가 약 8조원에 달한다. 탄소중립 문제로 인해서 천만kW에 달하는 석탄화력을 폐지해야 되는 형편이라 추가로 원전을 늘릴 필요가 있는 것이다. 이번 입찰이 완료되면 공사는 2029년 착공해 2036년 가동한다는 목표다.

11. 이태리

〈이태리 전력문제를 다룬 21-10-5 조선일보 파리특파원 리포트를 그대로 옮긴다.〉

(1) 태양광 발전의 강국

이탤리는 유럽에서 태양광 1등 국가다. O Sole Mio 노래가 말하듯이 전력을 생산하는 에너지원 중 태양광 비율이 유럽에서 제일 높다. 문제는 그게 작년 기준으로 9.7%밖에 안 된다는 것이다. 유럽이 신재생에너지를 강조하지만 아직 태양광으로 전력을 10분의 1 이상 만들어 내는 나라가 없다.

어떤 문제가 생길 때 근본 원인이 변화의 속도인 경우가 있다. 이탈리아는 탈원전을 전광석화처럼 끝냈다. 1986년 체르노빌 사고가 생기자 1987년 국민투표로 탈원전을 결의했다. 그리고 1990년 모든 원자로 가동을 멈췄다. 이탈리아는 2차 대전 직후 정부가 원전 연구기관을 설립하고 1960년대 초반부터 원전에서 전기를 생산한 나라다. 이런 역사를 3년 만에 깡그리 지웠다. 이탈리아보다 7년 먼저 국민투표로 탈원전을 결의한 스웨덴이 아직도 원전에 30% 이상 의지하고 있는 것과 대조적이다. G7에서 원전을 전혀 가동하지 않는 나라는 이탈리아 뿐이다.

(2) 천연가스 수입에 목매단다

탈원전 이후 이탈리아에서 벌어지는 일은 역설의 연속이다. 일단 에너지 주권을 상실했다. 신재생에너지가 본궤도에 오르지 못한 탓에 천연가스에 전력 생산의 45.6%를 의지한다. 하지만 이탈리아에서 소비하는 천연가스 중 국내 생산분은 8% 뿐이다. 러시아-알제리-카타르에서 들여 와야만 한다. 수입에 차질이 생기면 에너지 대란으로 직결된다. 요즘이 그렇다. 러시아가 천연가스 수출을 제멋대로 줄이는 바람에 가격이 천정부지로 치솟아 타격이 이만저만 아니다.

탈원전을 했지만 이탈리아가 원전에서 만든 전기를 안쓰는 것도 아니다. 전력수급에 애를 먹는 이탈리아는 유럽에서 가장 전기를 많이 수입하는 나라의 하나다. 전체 전력 공급량의 16%를 수입에 의존하고 있고, 수입한 전기의 5분의 2는 프랑스-스위스의 원전에서 보내주고 있다. 결국 이탈리아는 환경부 장관이 최근 원전을 다시 돌리자는 주장을 내놓기에 이르렀다.

12. 스웨덴

(1) 저탄소 국가

EU는 2030년까지 탄소 배출량을 1990년 대비 55% 줄이기로 결의했다. 2050년에는 완전한 탄소 중립을 달성한다는 목표를 갖고 있다. EU 27회원국이 모두 저탄소 국가를 지향하는 가운데 1등은 스웨덴이다. EU 통계기구인 유로스타트에 따르면 스웨덴의 연간 1인당 탄소 배출량은 5.2t으로 EU 최저치다. EU 평균(8.4t)보다 38% 적고, 네덜란드(11.1t), 벨기에(10.6t), 독일(10.1t)의 절반 수준이다.

스웨덴이 시대의 과제인 탄소 배출 줄이기에서 앞서가는 이유로는 재활용이 몸에 밴 국민들의 선진적인 생활 습관 때문이다. 온실가스 배출량을 측정해 기업에 부과하는 탄소세가 세계에서 가장 무겁다. 또 한가지는 탈원전을 하지 않기 때문이다.

(2) 탈원전 보류로 탄소중립 실현

1979년 미국 스리마일 원전 사고를 계기로 스웨덴은 1980년 국민투표를 실시해 세계 최초로 탈원전을 결의했다. 원전을 추가로 건설하지 않고 기존 원전을 2010년까지 모두 없애기로 했다. 하지만 스웨덴은 당초 약속을 지키지 않고 2010년대에도 원전을 운영했고 2020년에 30.2%를 유지했다. 전세계 원전 비중이 10%대임을 감안하면 스웨덴은 원전 강국이다. 전체 전력의 44.5%를 산간지형을 활용한 수력으로 생산했다.

스웨덴의 Ringhals 원자력발전소

(3) 지혜로운 에너지 믹스

스웨덴이 국민투표까지 거친 탈원전 계획을 뒤엎은 이유는 효율적이고 친환경적인 '에너지 믹스'를 위해서다. 원전을 급격하게 줄이면 생산 효율이 낮은 신재생에너지로는 구멍을 메울 수 없고 화석연료 사용을 늘리는 수밖에 없게 된다. 그러면 대기 오염은 불 보듯 뻔하다. 공해 없는 '수력+원전'이라는 에너지 믹스 덕분에 스웨덴의 화석연료 비율은 세계 최저 수준인 2.2%에 그쳤다. 요즘 스웨덴에서는 원전을 추가로 지어야 한다는 의견이 점점 힘을 얻고 있다. 지금 원전 설비용량 약 700만kW다. 모두 1970년대에 건설한 것들이다.

스웨덴의 청정 전력 생산은 원전을 가동하는 덕분인데, 덴마

크는 원전을 모두 없애고 풍력에 의존하는데(56.3%), 화석연료 (21.7%)를 버릴 수가 없다. 극단적인 탈원전을 시행하는 독일은 화석연료 비중이 43.7%에 이른다. 태양광이 잘 되는 이탈리아는 원전을 몽땅 없앴는데 태양광 비중이 10%에 못 미치고(9.6%) 화석연료 비율이 56.8%에 이른다. 무엇을 위한 탈원전인지 재검토할 시점에 이르렀다.

13. 큐바

(1) 반미 공산독재국의 태풍피해

마지막으로 큐바를 소개한다. 큐바에 원전이 있는 것은 아니지만, 너무나도 극적인 일이 있었기 때문에 한 꼭지 소개하기로 했다. 큐바는 중남미에서 가장 강경한 반미국가이고 공산독재국가이다. 카스트로가 쿠테타를 이르켜서 독재정권을 유지해 온 지 벌써 60년이 넘었다. 모든 산업시설이 낡아서 제대로 돌아가는 곳이 없다고 한다. 그런데 2007년 대서양에 미증유의 허리케인이 불어서 큐바의 낡은 발전시설들을 강타했다. 큐바는 급히 발전소 구입을 위한 국제입찰을 공고했다. 그때 현대중공업은 재고로 가지고 있던 이동식 발전기 3대(600만$ 상당)를 조건 없이 기증했다.

큐바는 우리의 적성국이고 큐바로서도 한국이 낯선 나라인데 이런 선물을 받아서 써 본 다음, 그 성능에 놀라서 모든 국제입찰

절차를 취소하고 현대더러 수의계약으로 거래할테니 단시일내에 자기네 필요한 만큼의 발전기를 보내줄 수 있겠냐고 요청했다. 조건은 As fast as possible. 현대는 여기에 응락하고 속도의 현대 답게 단시일내에 발전기 344기를 만들어 보내서 큐바의 전력난을 해소해 주었다. 가격은 현대가 제시한대로 7억$. 큐바는 예상보다 빨리 일이 끝난데 놀랐다.

(2) 운전원 훈련에 얽힌 이야기

발전소를 지으면 운전원을 훈련시켜야 한다. 보통의 경우 소수의 대표적인 인원을 선발해서 훈련시키고, 이들이 다시 후속인원을 전달교육하는 것이 상례인데, 워낙 시일이 바빴고, 또 국교가 없는 관계에서 현대가 A/S를 제대로 시행하기가 어려웠던 만큼 발전소의 운영 유지에 운전원들의 기능이 중요했기 때문에 운전원 전원을 한국에 불러다 훈련을 시켰다. 기계 전공 한 사람, 전기 전공 한 사람, 이렇게 매 Site 마다 2명씩이 10여개 그룹으로 나누어서 순차로 울산에 와서 훈련을 했다.

현대측은 이들의 기초 소양을 파악하기 위해서 이력서를 적어내라고 했다. 그런데 놀랍게도 거의 전원이 하바나 공대 등 대학 졸업의 경력자들이고 또 상당 수는 석사학위 소지자였다. 우리가 1960년대 파독광부 모집에 대졸자들이 몰렸던 일이 떠올랐다. 그래서 훈련 자체는 무난하게 진행됐다.

현대측은 짧은 기간이지만 이들에게 PR과 세일즈를 목적으로 Tour 프로그램을 시행했다. 자기네 조선소, 자동차공장 등을 시작으로 국내 각종 산업단지를 돌렸다. 각종 산업체에서는 제 발로 찾아 온 선전매체를 그냥 보낼리 없지. 값나가는 (전자제품 등) 선물들을 안겨 줬다. 짧은 기간 훈련을 마치고 귀국하는 이들의 짐 보따리는 무거웠다. 또 한 가지. 훈련생들에게 약간의 용돈(Perdiem)을 주었는데 이것들을 아껴서 귀국할 때 달러로 바꾸어 가지고 갔다. (우리도 과거에 그랬다. 발전소 건설 등으로 해외에 나갔던 연수생들이 Perdiem으로 받은 돈을 아껴서 녹음기나 카메라 등을 사왔다.)

중요한 것은 이들의 '입'이다. 과거 한국에 관한 약간의 정보가 모두 북한을 통한 것이었기 때문에 '미군이 판을 치는 거지의 나라'라는 인식이 통념이었는데, 미국 버금가는 산업국가임을 보고 겪은 것이다. 이들이 전국에 걸쳐 나팔을 불어대니 대번 '대한민국의 홍보 요원'이 된 것이다.

(3)한국을 배우자

별로 알려지지 않은 작은 나라에서 이토록 단시일 내에 납품을 완료한 것이 놀랍고, 또 필시 큐바의 급한 사정에 맞추느라고 생산을 강행했을 텐데, 품질에 조금도 이상이 없는 발전기를 만들어 보내준 데 대해서 감동한 것이다. 이때 독재자 Fidel Castro가 아직 생존할 때인데 현대(한국)에 대해서 좋은 말을 많이 하고 자국민들에게 '현대(한국)를 배우라'고 소리쳤다. 그리고 이때 일에 너무나 감동한 나머지 큐바의 10페소 화폐에 이 발전기 그림과 함께 "전력혁명"이라는 문구를 넣어서 큐바 국민들로 하여금 정신혁명을 유발하도록 촉구했다고 한다. 큐바로서는 허리케인으로 인해서 발전소들이 많이 파괴된 것이 하나의 사건이었지만 단시일 내에 발전시설을 복구한 것 또한 하나의 획기적인 사건으로서 (현대의) 신속 복구작업을 통해서 국가 운영의 새로운 매뉴얼을 배우게 된 감동을 기억하고자 하는 것이다.

(4) 한국과 거래 시작

당연한 일이지만 큐바는 한국과 거래를 트고자 했다. 그러나 북한이 가만이 있지 않고 필사적인 저항을 해서 차일 피일 미루다가 Fidel도 죽고 열도 식어서 7-8년 지난 2005년에 무역협정이 체결되고 무역관이 들어가서 사실상 외교업무를 대행한다. 무역거래가 왕성하고 이곳을 여행하는 한국의 여행객들도 많이 늘었다고 한다.

한편 현대중공업이 중형엔진을 개발하게 된 것은, 오랫동안 선박에 장착하는 디젤엔진을 모두 외국 업체의 모델로 만들어 사용하다가 자체 고유모델을 만들기로 해서 개발이 완료된 것이 그 두어 해 전이라고 한다. 이것을 40피트 컨테이너에 발전기와 함께 넣으면 이동식 발전기가 되겠다 싶어 그렇게 몇 대를 생산했었다. 이것을 큐바에 선물했던 것이라 한다. 이 엔진 이름이 HIMSEN Engine이라 한다. 과연 현대의 이동식 발전기가 힘세게 한 건 했다.

14. 세계 여러나라 원전 건설 현황

현재 전세계에서 건설 중인 원전의 67%, 계획 중인 원전의 81%가 非OECD 국가에서 추진되고 있으며, 중국·러시아·인도 3개국이 전세계 건설 중 원전의 43%, 계획 중 원전의 77%를 차지한다.

〈非OECD 국가의 건설중, 건설계획 원전 현황〉

구 분	非OECD				소계 (비중)	전 세계
	중국	러시아	인도	기타		
건설중	13	3	6	12	**34 (67%)**	51
계획중	30	20	2	2	**54 (81%)**	67

* 자료 : IAEA PRIS '21.6월 기준

제 12 장

지금은 원자력 시대

1. 에너지의 역사

원시시대의 인류는 수렵하며 살았다고 하는데, 불과 도구를 발견해서 인류문명이 시작되고 바람(범선)과 물(물레방아)의 힘 그리고 축력을 이용하는 지혜로 생활이 점점 나아졌다.

18세기 영국에서 증기 기관의 발명으로 산업혁명이 일어나고 과학의 발달로 인류역사는 급속도로 발전이 시작됐다. 이후 전기라는 응용에너지가 발명돼서 관리가 용이한 구동력(驅動力)을 얻었고 내연기관의 발명으로 기동력(機動力)을 얻어서 축력의존(畜力依存)에서 벗어나 인류는 무한대로 활동 무대를 확장했다.

불을 얻는데 나무-석탄-석유가 이용됐고, 20세기에는 핵(核)에너지를 얻는데 성공한 후 이것을 무기만이 아니라 평화적 에너지로 쓰기 시작했다. 이 원자력 에너지는 어려움이 있었지만 2세대를 거치는 동안 많이 개량이 되어서, 지금 3세대 원자로는 안전을 확보하고 있다. 다행히도 대한민국이 여기에 합류해서 어쩌다 보니 세계적으로 선두주자의 자리에 서있게 됐다.

태양광, 풍력 같은 신재생 에너지는 지구상에 무상으로 공급되는 에너지임에는 틀림이 없지만 산업적으로 활용하기에는 아직은 불완전한 존재이다. **전선(戰線)은 책임 있는 병력이 지켜야 되는 것이**다. 능력이 불확실한 병력을 배치하는 경우, 그 뒤에 **백업(back up) 부대**를 따로 준비해 두어야 하는 것과 마찬가지로 이들 신재생 에너지는 인력으로 생산을 조절할 수 없으므로, **불확실한 보충 에너지**로 밖에 볼 수 없다. 이들은 특수 조건하에서, 예컨대 산간 오지 또는 멀리 떨어진 소규모 도서 같은 지역에서, 다른 방법이 없을 때 유용하게 이용될 수가 있지만, 대용량 Energy Pool에 **책임 있는 멤버로 참여하기**에는 **부족**하다.

한편 **수력**은 우리나라(남한)에서 한계에 다다랐다. 개발 가능한 자원을 모두 개발했지만 182만kW에 불과하다. 그중에 강능수력(82,000kW)은 준공된지 오래됐지만 환경에 문제가 있다 해서 준공과 동시에 발전이 묶여 있다. 양수발전소는 심야에 쉬는 전력으로 물을 퍼올렸다가 필요할 때 발전을 하는 것인데, 그 설비가 470만kW나 된다.

태양광 발전도 많이 하고 풍력발전소도 상당히 세웠으나 이들 신재생 만으로 우리나라 전력수요를 책임진다고 가정할 때, 하루에 **단 4분 밖에 견디지 못한다**. 앞으로 이들을 이용하는 방법이 많이 개발된다 하더라도 당분간 주력 에너지로 믿고 맡길 수는 없다.

2. 제주도의 그린에너지

10여 년 전에 제주도는 신재생 에너지만으로 자급자족하겠노라고 『그린 에너지 시대』를 선언했었다. 그러나 도내 생산 전력이 모자라서 해저케이블을 두 군데나 설치해서 육지의 전기를 지원받는다. 그동안 제주도내에 신재생 에너지가 늘어나서 이들을 전력계통망에 연결했더니, 계통망이 불안정해지는 다른문제가 자주 생겼다. **전력계통**※의 정상 운영을 위해서는 수요 대비 약 110%의 전력을 변동없이 공급해야 전압과 주파수가 안정되는 것이다. 이것을 조절하기 위해서 전력 공급의 사령탑은 각 발전소에 지령을 내리고, 출력의 증가와 감소(Load Follow)를 수시로 명령한다. 그러나 신재생 발전은 들쑥날쑥 인위적으로 조절할 수가 없어서 문제가 생긴다, 예컨대, 갑자기 풍력발전이 많이 늘어서 공급이 과잉되면 전압이 올라가고 주파수가 불안정하게 된다. 반대의 경우도 마찬가지다. 제주도에서 자주 일어나는 일이다.

3. 지금은 원자력시대-시대는 거스를 수가 없다

기술적으로 가능하다는 것과 **산업적**으로 **활용**할 수 있다는 것은 별개의 문제이다. 1800년대 말 독일에서 Mercedes-Benz 등의 내연기관이 개발돼서, 증기기관시대를 졸업하고 내연기관 시대가 열렸다. 이것이 미국에 도입되려는 시기에 미국의 **에디슨**은 고집을 부렸다. 복잡한 4행정식 엔진 대신에 모터 하나만으로 간단하게 운영이 되는 전기 자동차를 채택해야 된다고 주장했다. 그는 설계도를 그려서 많은 사람들에게 자랑을 하고 전기자동차의 우수성을 장담했다. 그러나 스스로 전기 자동차를 만들어 시운전을 해보니 불과 24분 만에 서버렸다. 바테리 용량이 부족했던 것이다. 그렇게 해서 미국에도 가솔린 자동차 시대가 열리게 됐다. 지금은 바테리 기술의 발전으로 전기자동차가 가능하게 되니 거꾸로 가솔린 시대가 가고, 『**전기자동차 시대**』가 열리고 있다. 이렇게 되는데 130년이라는 시간이 걸렸다. **에너지와 기술도 주도하는 시대가 따로 있다. 이 대세는 거스를 수가 없다.**

원자력발전소의 경우 이미 3세대 원자로가 개발돼서 목하 인류 에너지의 주력이 되고 있다. 온 세계가 원전건설에 눈을 돌리고 있다. 다행히도 대한민국이 이 3세대 원전의 선두주자의 하나이다. 완전 국산화가 이루어진 원자력 발전소에서 생산되는 전력은 순 국산에너지이다. 국내 전체 에너지의 20%를 전력이 담당하는데 지금 원자력이 그 30%가량을 담당하고 있다. 앞으로 이들을 더 증가시켜야 한다.

개발도상국은 물론이고, **산유국들도 원자력발전소를 건설하는 추세**이다. 지금은 에너지 선택에 있어서 '**탄소중립**' 문제를 함께 고려해야 된다. (이 부분 다른 장에서 별도로 살펴본다)

4. 소형 원자력발전소 SMR

(1) 소형 원자로의 필요성

근자에 원자력계에서는 소형 원자로 이야기가 풍성하다. 소형 원자로가 필요한 경우가 많다. 전기는 생산과 동시에 소비되어야 하고, 생산량 소비량이 어느 정도 균형을 맞춰야 된다. 만약 수요가 없는 상태에서 발전기를 돌리면 발전기의 회전자가 헛돌게 되니, 잘못하면 큰 사고로 이어질 수가 있다. 그래서 수요가 작은 폐쇄된 지역에는 소형 발전기가 필요하다. 러시아 같은 광활한 국토에 띠엄 띠엄 전력 수요가 산재해 있어서 완전한 송전망을 도저히 깔 수 없는 경우, 그 지역의 전력 수요를 담당할 소용량의 발전설비가 절실히 필요하다. 그리고 선박용으로 필요하다. 잠수함, 대형 전함등 해군의 선박(군함)들에 설치하면 엄청난 국방비를 절감할 것이다. 앞으로는 대양해군(大洋海軍)을 지향하게 되는데 먼 바다에 나가는 군함의 동력을 원자력으로 대체하면 강력한 기동력이 발휘될 것이다.

(2) 한국원자력연구원의 SMART 개발

우리 원자력연구원은 오래전부터 소용량 원전을 개발하고 그 이름을 SMART(Systematic Modular Advanced Reactor)라고 붙였다. 30만kW 규모의 기본 설계를 완료했는데 사우디아라비아가 여기에 관심을 보이고 참여하기를 희망해서 공동으로 상세설계를 했다. SMART의 개념도는 아래 그림과 같다. 기술적인 개념은 대형 원자로의 몇 가지 기기들을 한 곳에 집합시켜서 중간 장치들(pipe)을 생략하게 되므로 위험 개소를 줄이고 능률적이라는 것이다. 크게 보면 제2장 원자력발전소 구조에서 설명한, 증기 발생설비 『NSSS』를 한 데 모은 것이다. 대형 원전에 비해서 더 안전하다고들 주장하는데 무슨 의미인지 모르겠다. 이것도 새로 나오는 설비인 만큼 몇 단계 시행착오를 거친 후 안전한 것으로 발전하게 될 것이다.

(3) 두산중공업이 시제품 제작중

SMR은 SMART의 다른 이름이다. 이것을 상업용으로 미처 생산하지 못하고 있는 동안 세계적으로 SMR 바람이 불어서 흔들리고 있다. 미국의 설계업체 NewScale Power가 우수한 SMR을 설계하고 2019년 NRC의 인증을 받았다. 그리고 한국의 두산중공업과 시제품 제작을 위한 계약을 체결해서(2019년) 두산중공업이

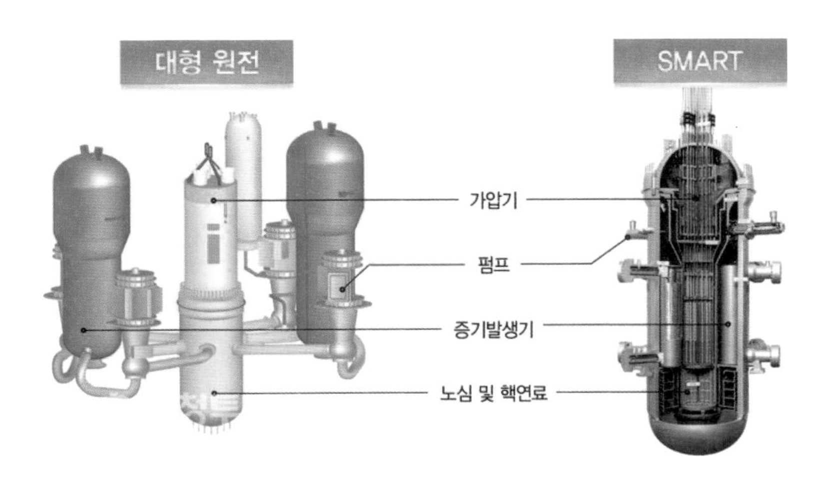

제작을 하고 있다. 예상되는 첫 고객으로는 UAMPS 회사인데 아이다호주가 후원하고 미국 정부가 15억불을 지원하게 된다. 국내의 대기업들도 삼성, LG 등 여러 곳에서 여기에 투자를 했다. 조만간 소형 원전의 시대가 열리게 될 전망이다.

(4) SMR 실용화 하는 러시아와 중국

러시아는 두어 해 전에 SMR을 완성하고 동토지역 변방에 전기와 열을 공급하기 위한 작업에 나섰다. 〈사진 참조〉 원자로를 배에 싣고 다닌다. 사실은 한국도 이런 것을 구상했었다. 1980년대 초 정근모 박사가 KOPEC 사장으로 왔을 때 Floating Plant를 만들어야 한다고 주장했다. 먼저 원전 기술을 자립하고 다음으로 소형 원자로를 만들어 부유물이나 배에 실으면 세계 어느 나라든지 수요가 많을 것이고 특히 섬이 많은 나라에서는 많이 찾을 것이라고 했었다. 중국도 SMR을 구상하고 있다. 중국은 중국 대륙에서 연

장된 대륙붕을 개발해서 자원을 채취하려고 작업을 하고 있다. 그 지역이 너무나도 광대해서 중국 앞 바다는 물론 필리핀 앞 바다까지 내려왔다. 이 지역에 많은 암초들이 있는데 여기에 모래와 흙을 채워서 인공섬을 만들고 필요한 에너지를 SMR로 해결하겠다는 계획을 발표했다.

5. 우주시대의 동력

(1) Voyager와 하나부사

미국은 1977년에 우주개발을 위해서 두 개의 우주탐사선 Voyager 1, 2호를 한 달 간격으로 발사했다. 이들은 태양계 여러 행성들을 탐험하고 지금은 지구로부터 220억km 떨어진 공간을 멀리 날아가고 있다. 지금까지 많은 자료와 사진들을 지구로 보내왔다. 이들은 앞으로도 비행을 계속해서 태양계의 경계선을 지나 그 밖으로 외출할 계획이다. 앞으로 수 십년이 걸릴 것이라 한다. 문제는 이들 우주선이 무한대로 비행을 계속할 수 있는 원동력(Energy)이 무엇이냐 하는 것이다. 우선 원자력 Battery라고 알려지고 있다.

일본은 우주산업 선두 주자의 하나이다. 2010년에 태양계 안에 있는 소행성에 **하야부사**라는 우주선이 날아가서 시료를 채취해 온 바가 있다. 달 이외의 소행성에 탐사선을 보내는 것은 최초였다고 한다. 2014년에는 또 다른 **하야부사2**를 발사해서 지구로부터

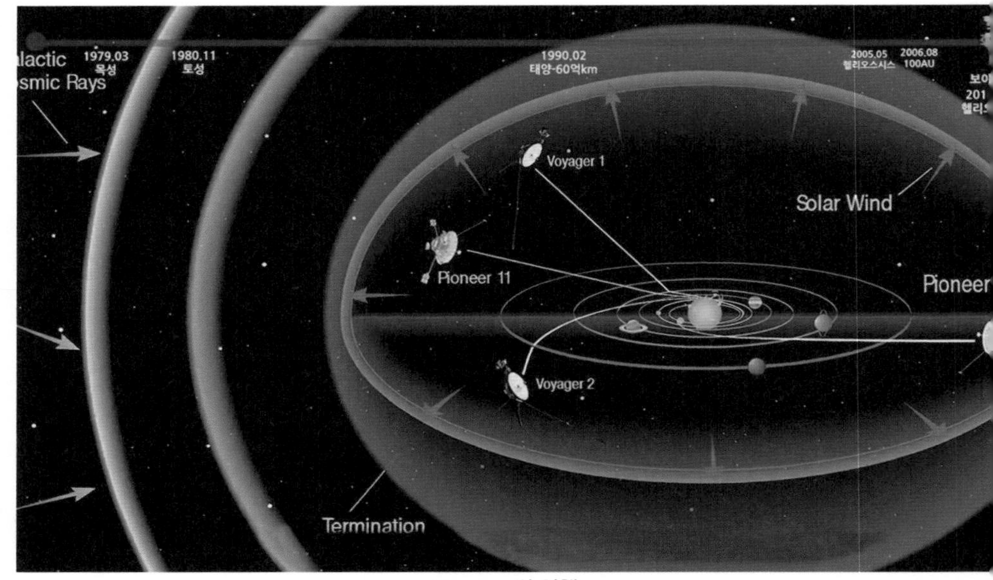

Voyager의 여행

Voyager

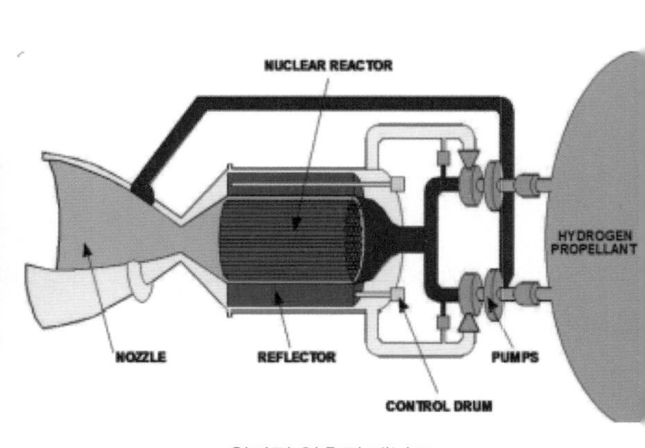

원자력 열추진 개념도

3억Km 떨어진 다른 소행성에 갔다가 시료를 채취해서 6년 만에 2020년 12월에 돌아왔다. 더욱 놀라운 것은 이 시료를 내려놓고(연료 재충전 없이) 다시 다른 소행성을 탐사하러 10년간의 긴 여행을 떠났다는 것이다. 놀라웁다. 미국과 중국이 화성탐사에서 경쟁하는 이야기는 생략한다.

(2) 신 동력 연구

문제의 핵심은 이렇게 우주선이 수 십 년간 활동하는데 이용되는 동력이 무엇인가 하는 점이다. 과학자들은 원자력 에너지를 응용한 **베타 바테리**라 한다. 플루토늄이 붕괴하면서 내뿜는 열 에너지를 전기로 전환해서 동력을 얻는다고 한다. 지금 세계는 이런 원자력 에너지의 응용을 연구하는데 몰두하고 있다. 이것들은 우선 산업에 응용되고 급기야는 무기로 발전해서, 영화에서나 보던, 우주전쟁이 실제로 현실화 될 날이 머지 않았다.

2021년 5월경 우리 국방장관이 미국의 우주사령관을 면담했다는 보도가 있었다. 미국은 육-해-공군에 더해서 이미 우주군을 창설한 모양이다. 인류는 대해를 정복한 다음 바다에서 세계대전을 감행했다, 우주 정복이 머지 않았는데, 장차 큰 전쟁이 우주에서 있게 될 모양이다. 여기에 대비하지 못하는 국가는 자연히 Under Dog으로 전락되는 것이다. 한국은 어떤 선택을 할것인가? 1800년대의 실패를 다시 할것인가?

6. 나는 UFO를 보았다

(1) 1942년 2차대전 초기 상황

UFO에 관한 이야기는 늘 흥미롭다. 최근 미국 정부가 이 문제를 공식적으로 인정하는 모양이다. 그런데 나는 1945년 해방되던 해 이것을 보았다. 지금의 젊은 세대들이 내 글을 읽는데 이해를 돕기 위해서 옛날로 돌아가 시대상황을 설명한다. 1941년 12월 일본이 하와이 진주만을 기습 공격하자 일본과 미국의 전쟁이 시작되었고, 나는 몇 달후 1942년 4월 초등학교에 입학했다. 전쟁 발발 1년은 그런대로 일본이 잘 나가는 듯 했다. 일본군이 동남아시아를 점령하고 많은 자원을 차지했다고 자랑하면서 그 증거로 고무 공을 하나씩 나누어 주었다.

(2) 전세 불리하게 된 일본

그런데 한 이 년 지나고 3학년에 올라갈 즈음에 상황이 많이 달라졌다. 무슨 섬에서 일본군이 전원 옥쇄(자결)했다는 소식이 신문에 발표되니 민심이 뒤숭숭해졌다. 담임 교사가 학부모들을 모아 놓고 시국 강연을 했다. 일본 여선생의 말을 우리 어머니가 통역을 했는데 이야기 줄거리는 '일본이 이긴다. 쥬고(銃後, 후방)에서 국민들이 전쟁을 위해 힘써야 된다'는 내용이고, 그 중에 "그리스도교 같은 미신을 믿지 말아야 한다. 그러다 간첩이 될까 조심하라"는 부분이 있었다. (미국)선교사들과 기독교인들이 내통하면 간첩 행위가 된다는 취지인가 본데, 기독교인이신 어머니가 이걸 어떻게 통역하나 긴장을 하고 들었더니 우리 어머니는 그냥 “미신을 믿지 말고 간첩을 조심하랍니다”했다. 청중에서 가벼운 웃음소리가 들렸다. 어머니들 중에 일본어를 아는 분들이 ‘건너뛰는 부분’이 재미 있어서 그랬던 것 같다.

(3) 근로작업에 동원된 초등 4학년

4학년에 올라가서는 거의 수업을 하지 못했다. 가방에 책은 넣고 가는데 매일같이 무슨 작업에 동원이 되었다. 전주의 덕진 지역에 이왕실(李王室) 소유의 솔밭이 있었는데 이 솔들을 다 베어내고 개간을 해서 식량작물을 심는다고 했다. 일본인 교장은 “이것이 생산보국(生産報國)이라” 독려했다. 베어진 나무들과 밑둥 부분은 어른들이 다 치웠고 잔뿌리 제거가 우리 어린 학생들 몫이었다. 한 보름 이 작업을 했다. 황토흙 바닥이니까 집에 오면 옷이며 신발이며 말이 아니었다. 지금 전북대학교 부지가 이 근방이 아닐까 생각된다. 5월에는 모내기에 동원됐다. 전주시 북쪽 15km 쯤 거리 조촌면이라는 동네 넓은 평야에 논들이 많았다. 논 주인들은 간식으로 삶은 감자를 내왔다.

(4) 공습경보

그 무렵 미군 폭격기가 일본 본토를 맹렬히 폭격한다는 신문보도가 있더니 드디어 한반도 상공에도 나타나기 시작했다. 미군 비행기가 오는 징후가 있으면 ‘경계경보’가 울리고 우리는 책가방 메고 집으로 가고, 비행기가 상공에 뜨면 ‘공습경보’가 울린다고 했다. 한 번은 집에가 있는데 공습경보가 울렸다. 진짜 미군의 폭격이 있는가 걱정을 했는데 어른들이 높은 하늘을 쳐다보며 미군 비행기가 지나간다고 손가락으로 가르쳤다. 미군 B-29가 고공을 비행하며 내뿜는 비행운이 길다랗게 꼬리를 남기며 서쪽으로 날아가고 있었다.

(5) 하늘에 떠있는 시커먼 물체

그런 일이 두어 차례 있고 나서 규칙이 바뀌었다. 그것이 오후이면 그냥 집에 서 쉬고, 오전에 사태가 해제되면 다시 학교로 와서 운동장에 모였다가 교실로 들어가 공부하기로. 7월 어느 날 오전에 사태가 끝나서 다시 학교로 와 운동장에 모였다. 그런데 (전면에 서 있는) 선생님들끼리 이마에 한 손으로 햇빛을 가리고 다른 한 손으로는 동남쪽을 가리키며 무어라고 수군거리는 것 같았다. 나는 급장(반장)이어서 맨 앞에 서 있었는데 선생님들이 무얼 보고 있나 궁금해서 뒤를 돌아다 보니 대부분의 학생들도 다 고개를 돌려서 동남쪽을 바라보고 있는게 아닌가. 나도 시선을 그쪽으로 돌려서 무얼까 찾고 있는데, 아! 기린봉 방향의 상공에 커다란 물체 하나가 떠 있는게 아닌가. 색깔은 거무스름 한데 그냥 길죽한 모습이었다. 날개가 안 보이고 그냥 정지해 있으니까 비행기는 아닌 것 같은데 우리가 B-29 실물을 본 일이 없으니까 혹시 이게 미군의 새 폭격기가 아닐까 하는 공포심이 생겼다. 경계경보 해제됐다더니 이들이 도로 왔나? 금방이라도 이 비행체에서 폭탄이 쏟아질 것만 같았다.

겁에 질려 모두들 심장이 멎었다. 누구라 할 것 없이 슬금슬금 집있는 방향으로 움직이기 시작하더니 겁에 질린 자신을 해방하기 위한 방편으로 와— 하는 고함소리를 터뜨리며 3,000명의 어린이들이 일제히 사방으로 뛰기 시작했다. 원래 운동장 주위에는 고노데가시아(일본말)라는 울타리 나무가 심겨 있었는데 학생들이 나무 사이로 드나든다 해서 철조망을 쳐 놨었다. 그러다 비상사태가 되면서 그 철조망을 모두 걷어치워서 이제는 문제가 생기면 울타리를 뚫고 사방으로 흩어질 수가 있었다. 이렇게 장황하게 설명했지만 시작부터 여기까지 한 20초 정도 걸렸을까 하는 짧은 시간이었다. 나는 급장이니까 선생님의 지시를 받을까 해서 다시 교단쪽으로 눈을 돌렸는데 어느새 사라졌는지 선생님이 보이지 않았다. 하늘이 궁금했지만 감히 올려다 볼 수 없었다.

(6) 미처 배우지 못한 Lexington함 격침

다음 날 학교에 와서도 어제의 그 간 떨리는 순간을 떠올리며 말수들이 적었다. 나는 언제나 다음날 배울 과목을 예습하는 습관이 있어 국어(일본어) 교과서에 '렉싱톤함 격침(レキシントン ケキジン)'이라는 과를 예습하고 다음 국어시간을 기다렸는데 근로작업 다니느라 미처 이 과를 배우지 못한 채 1학기가 끝나고 여름방학이 됐다. 방학중에 8. 15 해방을 맞게 되니, 근로작업도 없어지고 일본말 교과서도 떠나가고 하늘에 떠있던 검은 물체도 잊어버렸다.

(7) Reader's Digest 잡지

1950년 6.25 전쟁이 터지고 다음 해 고등학교에 진학했는데 Reader's Digest라는 잡지가 새로 나왔다. 미국에서 발행되는 이 잡지의 한국어판이 고등학생들 간에 인기가 있었다. 그 속에는 합성수지, 나이론 같은 것들이 새로 발명되었다는 이야기도 있었다. 앞으로 몇 년 후에는 자동차 부품으로 플라스틱이라는 합성수지가 사용될 것이라고 했다. 지금 그것이 현실화 되어서 자동차 내장재는 물론이고 자동차의 힘 안 받는 부분을 합성수지가 담당하고 있다.

우리의 눈을 끄는 것이 있었는데 UFO(Unidentified Flying Object)라는 신기한 이야기였다. 여러가지 종류의 UFO에 관한 설명이 있고, 특이 여송연(呂宋煙) 모습의 것도 있다고 하는 설명을 읽는 순간 강한 광선 같은 것이 내 머리를 때렸다. "그래 바로 이거다." 그때는 그저 미군의 비행기 종류인가 했는데 이제 보니 (6년 전에) 내가 본 것이 바로 UFO다. "내일 학교 가면 같은 초등학교 다녔던 친구들 만나서 이 이야기를 확인해야지" 흥분돼서 잠이 잘 오지 않았다.

(8) 아무도 기억하지 못하는 시커먼 물체

다음 날 학교에 가서 우선 초등학교 같이 다닌 친구를 찾았다. "야, 너 생각나냐? 해방되던 해, 우리가 한번 비행기 온다고 집에 갔다가 도로 왔었지? 그리고 운동장에 모였는데, 기린봉 쪽 하늘에 무엇이 떠 있어서 기겁을 하고 집으로 도망갔었잖아? 생각나냐?" 그렇게 신나게 이야기했는데 이 친구는 "기린봉 하늘에? 그게 뭔데?" 생각이 나지 않는다고 했다. 그래서 다음 쉬는 시간에 교회 같이 다니는 한 학년 위 선배한테 찾아가서 확인해 보기로 했다. "무슨 일인데?" 선배가 물었다. "저어— 해방되던 해 비행기가 온다고 집에가고 그랬지? 그런데 한번은 학교로 도로 왔는데 기린봉 쪽 하늘에 시커먼게 하나 떠 있어서 사람들이 모두 놀라서 집으로 도망갔었지? 생각 안나?" 그러나 그 선배도 "시커먼거?" 생각이 안 난다고 했다.

내 생각에는 누구든 붙잡고 물어보면 "그래, 그때 뭔가 시커먼거 하나 있었지. 그런데 그게 어떻다는 거야?" 이렇게 나올 줄 알았다. 그러나 다 모른다고 했다. 그래서 이런 일은 우리 학교에서만 볼 수 있었던 것이 아니니까 다른 학교 다닌 사람, 또는 전주 시내에 살았던 내 또래 사람들에게 기회만 있으면 물어보곤 했으나, 하나 같이 다 모른다고 해서 실망했다. 누구든지 기억이 난다고 하면 "그게 바로 UFO라는 거래. 우리는 미군 무슨 비행기인줄 알았었지?" 그러면서 잡지에서 읽은 내용을 설명하며 즐거움을 공유할까 했는데 도대체 기억하는 사람이 없으니 맥이 풀렸다. 세월이 흐르면서 "혹시 내가 뭔가 잘못 봤던게 아닌가?" 하고 스스로를 점검해 보았으나 내 기억은 너무나 뚜렷했다.

(9) 미국 정부가 인정한 Physical Object

근자에 UFO에 관한 이야기가 신문에 심심치 않게 소개되더니 '월간조선 2021년 8월호'에 본격적으로 소개하는 글이 실렸다. 이제까지 미국 정부가 이 일에 대해 언급을 회피하는 것으로 일관했던 태도를 바꾸어, 2021년 6월 25일 정보국장이 "이것은 실재하는 물체(Physical Object)다" 라는 내용으로 의회에 보고서를 제출했고 TF를 두게 됐다는 것이다. 프랑스는 1977년부터 그렇게 하고 있다고 한다. 지금 세계 많은 나라들은 실제 있었던 가지가지 사례를 소개하고 있다. 한 사례는 어느 여객기가 비행을 하고 있는데, UFO가 앞을 가로막고 같이 날더니 순식간에 뒤로 가서 따라오다가 순식간에 사라지더라 한다. 수 백가지 사례를 종합해 보면, 공중에 멈춰 있기도 하고(Hovering) 순식간에 사라지기도 해서, 이제까지 지구상에서 인간이 알고 있는 중력이나 (뉴톤의)운동법칙으로는 전혀 설명이 되지 않는 현상이다. 때로는 강한 전자기파를 내보내는지 미 공군 비행기의 기기들이 멈추더라 한다. UFO가 잔디밭에 내려앉았다 날아갔는데 잔디들이 눌려 있고 매우 뜨겁더라 한다. 기타 가지가지 요상한 사례들이 많아서 일일이 지면에 옮길 수가 없다.

(10) 두 번째 Copernican Revolution

1950년대 한 때, 미국의 민간에서는 소련의 비밀 무기들인가 하는 소문이 있었다. 지금 선진국들은 이들의 정체가 『외계인』들이라는데 이견을 달지 않는다. 외계인이라— 그러면 이들의 본거지, 사는 곳이 어디인가? 태양계 안에는 없는 듯하고, 그러면 멀리멀리 다른 은하계인가? 인간의 우주관은 지구의 존재만을 인정하고 다른 천체들은 그저 지구의 장식품 정도로 인식하는 사상(천동설)을 견지하다가 목숨을 걸고 지동설을 주장하는 선구자들 덕분에, 지구는 오히려 아주 작은 천체에 불과하다는 지금의 우주관에 이르렀다.

이것을 코페르니쿠스적 대변환(Copernican Revolution, CR)이라 한다. 이제 지구에만 생명체가 존재한다는 사상을 견지하다가 다른 곳에도 생명체가 존재할 뿐 아니라 우리보다 더욱 앞서 있다는 사실을 확인하게 되어서 우리의 우주관은 다시 한 번 CR을 맞이하게 됐다.

(11) 우주여행 동력은 한국이 개발하기를

그러면 UFO는 우주 시대의 교통수단일까? 일본의 '하야부사' 시리즈가 에너지 재충전 없이 수 십년간 우주를 여행한다는 이야기를 앞에서 소개했다. '원자력 열추진 로켓트'도 소개한 바 있다. 이것들이 UFO의 차원에 도달하기 위해서 무엇을 더 보태야 가능할까? 17세기에도 달 여행을 구상하는 과학자들이 있었다. 그 사람들이 그린 그림에 『돛단배』가 등장하고 있다. 그때의 과학 수준으로는 대양을 항해하는 돛단배가 자랑스러웠다. 그래서 '풍력'을 잘 이용하면 달에 도달할 수 있을 것으로 상상해 보았을 것이다.

그러나 50여 년전 달 탐사를 실현할 때는 풍력이 아니라 '화학연료'가 사용됐다. 그리고 화학연료 로켓이 '원자력 열추진 로켓'으로 진화해서 태양계내 천체를 왕래하는 하야부사가 되고 있다.

동력은 점점 진화하고 있다. UFO의 행동양식은 기존 지구상의 물리학적 운동 법칙과 전혀 다르다. 그러면 지금의 원자력 열추진 로켓트가 어느 정도 진화하면 UFO 수준의 동력이 될까? 아마도 지구상의 물리학 법칙을 초월하는 더 높은 우주 차원의 상대성원리($E=mc^2$)가 개발되어야 하지 않을까? 한국은 이제까지 선진국들이 개발해 놓은 기술을 따라하는 『추격자 형』 기술로 먹고 살았다. 그러나 이제부터는 우리가 앞서 개발하고 남들을 리드하는 『선도자 형』 기술국가로 나가야 되지 않을까? 우주동력부터 그렇게 했으면 한다.

7. 다음은 핵융합시대

다음 에너지 단계는 핵융합시대(인공태양)가 열리게 된다. 중수소가 삼중수소와 결합하는 과정에서 나오는 에너지를 이용하는 원리인데, 그 설비에는 초고온의 열과 압력이 필요하다. 국제적으로 미국과 프랑스, 우리나라 등 7개국이 협의체(ITER)를 구성하고 프랑스에 실험로를 건설하고 있다. 우리나라의 원자력산업체들이 이 실험로에 들어가는 부품들을 주문받아서 잘들 납품하고 있다.

우리 핵융합연구소는 ITER에서 요청받은 연구과제와 별도로 자체 연구로(KSTAR)를 만들어 잘 운영하고 있다. 최근(2021년 11월) 초고온(1억도) 상태를 30초 유지했다 해서 화제이다.

조만간 프랑스 실험로가 가동을 시작할 전망이다. 한 20년 후에는 전혀 딴 세상이 될 것이다. 문제는 핵융합기술에는 **원자력 기술**

이 중심 역할을 한다. 다음 세대를 위해서도 원자력 기술을 유지 발전시킬 필요가 있다. 핵융합에 관해서는 장을 따로 해서 설명을 두었다. 〈핵융합에 관해서 제13장 핵융합 참조〉

제 13 장

핵 융합시대

1. 핵융합의 이론적 바탕

(1) 핵반응의 다른 형태 "융합"

원자는 우라늄의 핵반응으로 '핵분열'도 하지만, 중수소+삼중수소의 핵반응으로 『핵융합』도 한다. 핵융합 역시 Einstein의 질량-에너지 등가원리의 공부에서 시작된다. 많은 사람들의 연구가 있고(Francis William Aston, Arthur Stanley Eddington, Robert d'Escourt Atkinson, Friedrich Georg Houtermans 등), Hans Albrecht Bethe와 Carl Friedrich von Weizäcker 등이 핵융합 과정을 밝혀냈다.

C-N-O 주기라고 불리는 일련의 과정을 통해서 수소가 헬륨으로 변화하는 과정을 설명했다. 헬륨 원자 하나의 질량은 수소 원자 네 개의 질량보다 약간 작은데, 거꾸로 수소 원자 네 개가 결합해서 헬륨 원자 하나를 만든다면, 줄어드는 질량(Δm)이 생기는데,

이런 현상을 $E=mc^2$ 식에 대입해 보면 ΔE 만큼의 에너지를 얻게 된다는 것이다. 이들은 태양 같은 항성(恒星)의 에너지원(源)이 핵융합이라는 것을 밝혀냈다.

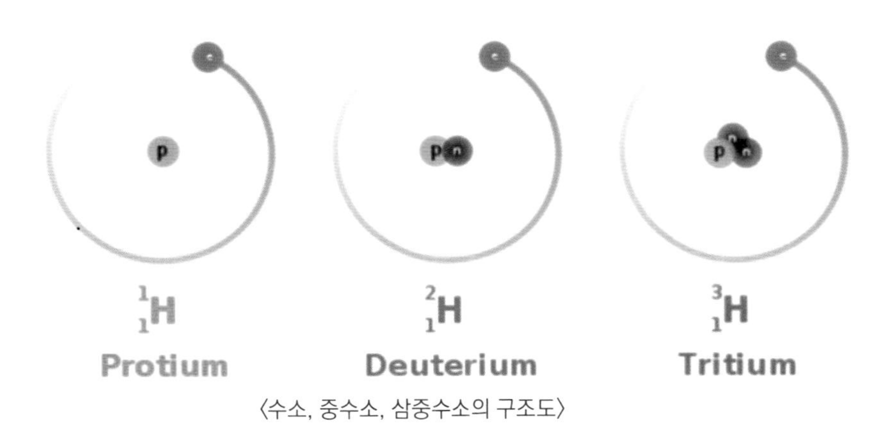

〈수소, 중수소, 삼중수소의 구조도〉

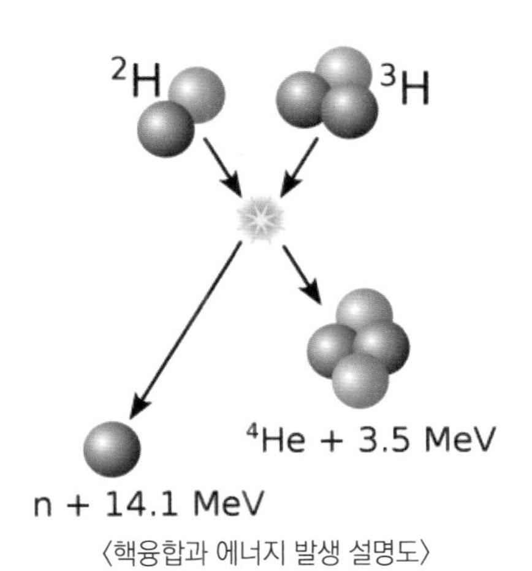

〈핵융합과 에너지 발생 설명도〉

(2) 핵융합의 실증- 수소폭탄

핵융합의 원리를 응용한 무기가 수소탄이다. 북한이 세 번째 핵 실험을 하고서 "원자탄보다 더한 것을 만들었다"고 호언했다. 아마도 수소탄을 실험했던 것으로 보인다. 폭탄 실험에는 큰 기술이 필요 없다. 극미한 시간에 작동하는 실험은 실험관 실험과 마찬가지로 어려운 것이 아니다. 폭발물질들을 잘 다듬어서 저장하고 필요한 시간에 필요한 장소에서 폭발하도록 엔지니어링을 해야 완전한 무기로 된다. 그 과정이 어렵다. 북한이 이런 것 까지 다 했는지는 모른다.

아마도 구 소련 무기창 기술자 몇 명이 와 있는 것 같다. 어쨌든 핵융합 에너지를 서서히 꺼내쓰는 장치를 마련하기 위한 연구가 지금 한창이다.

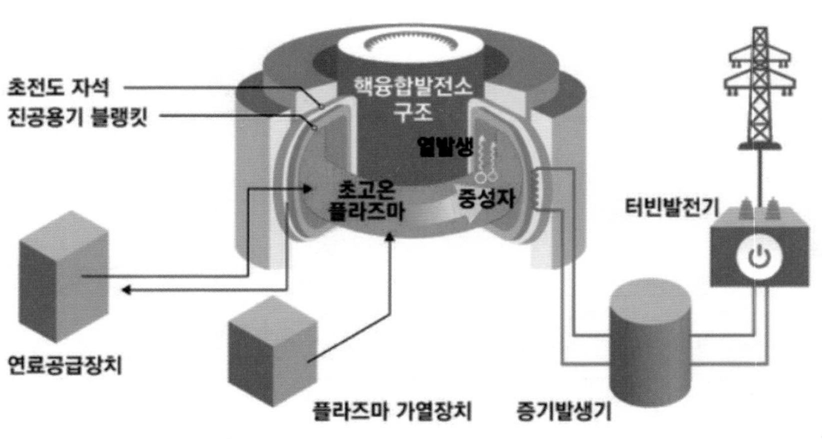

〈핵융합 에너지의 발전 원리〉 자료제공=한국핵융합에너지연구원

(3) 플라즈마

지구상에서 중수소와 삼중수소가 반응하기 위해서는 아주 특수한 환경이 필요하다. 1억도의 초고온도와 진공상태를 유지하고 주변에 강한 자장(磁場)을 걸어주면 물질이 아주 색다른 형태(플라즈마)로 된다. 플라즈마는 원자가 높은 에너지를 받아 원자핵과 전자가 분리되는 상태를 말한다. 물질은 보통 ①고체 ②액체 ③기체 등의 형태를 가지는데 '플라즈마'는 제④의 상태이다.

(4) TOKAMAK

플라즈마의 상태를 가두어 두기 위해서는 초고온과 진공 그리고 강한 자장 등의 조건을 마련하는 그릇(容器)이 필요하다. 이 장치를 TOKAMAK이라 한다. 이것은 러시아어인데 "자기장과 코일로 만든 고온 물질의 가둠 장치"라는 긴 문장의 Acronym(頭文略字) 이다. 이러한 조건을 갖춘 설비를 어떻게 마련해서 핵융합을 실현시키는가 하는 것이 연구과제이다.

중수소는 바닷물에 많이 존재한다. 바닷물 1리터에 약 0.03g의 중수소가 있다. 이 양만으로도 (핵융합이 되면) 자동차로 서울과 부산을 3회 왕복할 수 있는 에너지가 나온다. 반면에 삼중수소는 귀하다. 원자력발전소에서 간간히 부산물로 만들어진다. (어떤 때는 골치아픈 역할도 한다) 그런데 중성자가 리튬과 반응하면 삼중수소가 만들어진다. 그래서 핵융합로 한 가운데에 리튬을 늘어놓고 반응을 계속하면 삼중수소 문제는 저절로 해결된다.

계산상 300g의 중수소와 200g의 삼중수소가 반응하는 경우

원전 한 기(基)가 생산하는 량인 1,000,000kW의 전력이 나온다.

2. 핵융합연구원, ITER

(1) 한국핵융합에너지연구원

한국은 1995년 국가 핵융합 연구개발 기본계획에 의해서 연구소를 차리고 자체 개발을 하는 것과 동시에 2003년에는 국제기구인 ITER에 가입해서 해외 기술을 흡수하는 Two Track 방침을 세웠다. 2007년에 자체 기술로 실험로 KSTAR 건설을 마치고 본격적인 연구에 돌입했다. 2018년에 1억도 상태를 1.5초 유지하는데 성공했고, 2020년에 이런 상태를 20초 유지하는데 성공했다.

〈핵융합연의 KSTAR〉

이것은 세계적인 실적이다. 한국기초과학지원연구원 산하에 있던 한국핵융합연구소가 2020년 11월에 한국핵융합에너지연구원(핵융합연)으로 승격했다.

(2) ITER

소련은 1950년대에 TOKAMAK 장치 개발 이후 원전 개발과 동시에 핵융합 연구를 시작했다. 그리고 1988년 미국, EU, 일본과 함께 공동연구를 시작했다. 2007년 한국과 중국 그리고 인도가 추가로 합류해서 지금은 7개국이 공동연구를 하는 프로젝트가 되었다. 이 기구 이름을 ITER(International Thermonuclear Experimental Reactor)라고 한다. 프랑스 남부지역에 있는 카다라쉬에 실험로를 건설중이며 2025년 준공을 목표로 진행중이다.

프랑스 남부 카다라쉬 지방에 있는 ITER 건설부지 전경

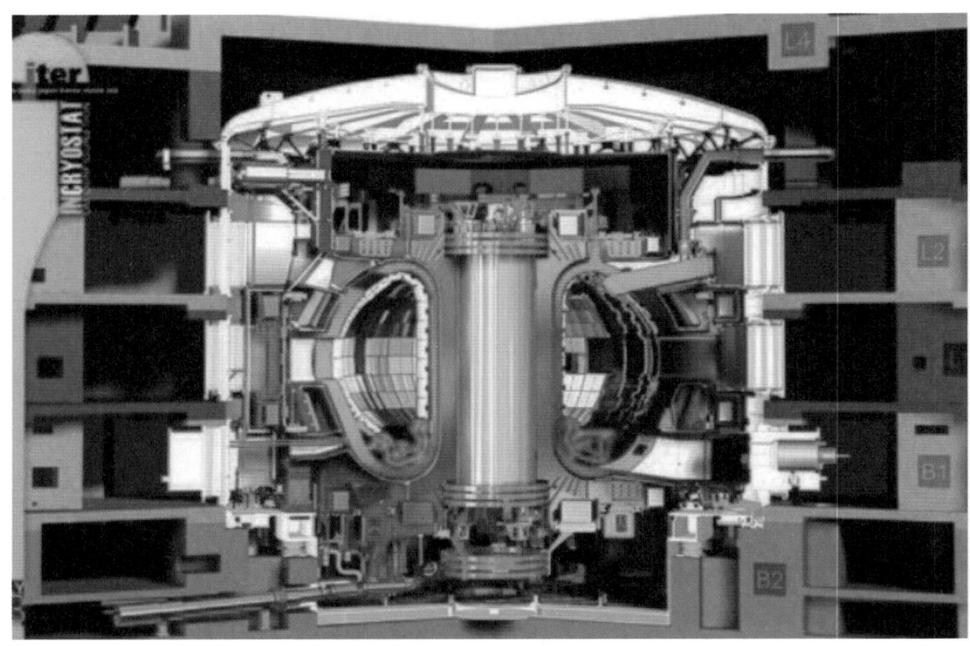

〈실험로 단면도〉 – 붉은색 부분이 도넛츠형인 로심의 단면이다

한국의 한 업체가 로심의 한 조각(붉은 부분)에 해당하는 부품을 제작한 후 점검하고 있다.

ITER의 연구 작업은 핵융합 발전 가능성을 공학적으로 검증하기 위해서 열출력 500MW, 에너지 증폭률 Q>10 상태를 400초 이상 지속하는 것을 목표로 하고 있다. 이 목표를 달성하기 위해서 7개국의 첨단 기술과 연구인력이 총동원되고 있다. 한국에서도 많은 인력이 파견돼서 연구에 참여하고 있다. 대표적인 인물이 ITER의 가열장치 설계팀장 김해진 박사다(2021년 10월 현재). 실험로 조립에 들어가는 기자재도 각국에 나누어 발주한다. 한국은 주로 열출력 분야에 강점이 있다고 인정되어 로심을 구성하는 Sector 등을 수주해서 납품하고 있다〈사진 참조〉.

한국은 ITER 장치의 진공용기 9개 섹터 중 4개를 제작하는데 현재까지 2개 섹터가 완성됐다. 섹터 하나의 규모는 높이 11.3m, 폭 6.6m, 무게 약 400t에 달한다. 두 번째 섹터는 지난 8월 말 카다라슈에 도착했다.

3. 핵융합의 장래

핵융합은 원자력과 더불어 2050 탄소중립 사업에서 적절한 에너지원으로 역할을 할 것이다. 아직 핵융합로의 노심 플라즈마 기술, 통합 설계 및 인허가 기술, 핵융합로 재료 기술, 내벽 부품 기술, 초전도 자석 기술, 동력계통 및 기타의 기반 기술 등 8대 핵심기술에 난제가 남아 있기는 하지만 앞으로 몇 년만 기다리면 전혀 새 세상이 올 것이다. 이미 영국과 중국은 발전소 건설을 준비하고 있다.

핵융합을 기다리는 것은 아주 고밀도의 에너지를 얻는다는 것 말고도 많은 장점을 가지고 있기 때문이다. 첫째, 방사능에 의한 위험이 아주 적다. 원전이 운영하는 과정에서 이런저런 사고로 위험을 경험했기 때문에 절실한 요소이다.

다음으로 에너지의 집적도이다. 앞으로 문화가 발전할수록 많은 에너지를 필요로 하는데 핵융합이 그 정답으로 기대되는 것이다.

2016년 영국의 물리학자 스티븐 호킹은 BBC 방송의 기자가 "미래를 바꿀 하나의 기술이 있다면 무엇이겠는가?" 물었을 때, "그것은 수소를 헬륨으로 바꾸며 에너지를 발생시키는 핵융합이다"고 대답했다. 과연 그렇다. 인류는 앞으로 점점 농축된 에너지가 필요하게 된다. 꿈 같은 이야기지만, 장차 우주로 진출할 때 재래식 에너지로는 감당이 되지 않는다. 그리고 세계가 UFO의 실체를 인정한 마당에 이들과 제대로 대응하려면 더욱 농축된 에너지가 필요하게 되는데 우선 핵융합 에너지가 떠오른다.

제 14 장

박정희 대통령의 원자탄 계획

1970년대부터 민간에 많은 이야기가 나돌았다. 그중에는 맞는 말과 헛소문이 혼재되어 있다. 필자가 원자력 분야로 가서 일하면서 자연스럽게 원자력계 인사들과 교류했다. 알만한 사람들에게 이 문제를 슬며시 물어보곤 했지만 하나 같이 "모른다"로 일관했다.

1. 허구 소설 - 무궁화꽃이 피었습니다.

90년대 한 때 '무궁화꽃이 피었습니다'라는 소설이 인기가 있었다. 내용은 박정희 대통령이 이휘소라는 과학자를 미국에 보내서 미국의 원자탄 비밀을 캐내다가 원자탄을 만들려고 했는데 미국의 CIA가 이것을 막으려고 교통사고를 가장해 그를 죽게 했다는 것이다. 이것은 완전히 픽션이다. 그 당시의 국민감정은 이것이 진실이었으면 하는 염원이 있었던 것 같다. 그러나 이휘소의 연구 분야가 핵 물리학이었던 것은 맞지만 원자탄 제조와는 거리가 멀었다.

예컨대 국문학으로 비유하자면 이 박사는 한글학자이지 소설가가 아니었다. 미국의 국립 Fermi 가속기연구소 이론물리학부 부장이라는 자리는 물질의 최소 단위 '쿼크'를 연구하고 '통일장'을 논하는 깊숙한 학문의 차원이지 '우라늄을 농축해서 원자탄을 만든다'는 산업적인 기술과는 완전히 다른 분야다. 그리고 이미 원자탄의 기본 원리는 널리 알려진 공개된 기술이다. 다만 실제로 물건을 만들기 위해서는 수 십가지의 중복된 기술을 동원해야 되니까 그 자세한 전 과정이 비밀인 것이다.

〈이휘소 박사 연구소내 토론〉

사실은 이휘소 박사는 핵무기 개발에 반대했었다고 한다. 그래서 이 박사의 유가족과 제자들이 '소설'의 작가를 상대로 사자 명예훼손(死者 名譽毁損)으로 소송을 걸었다는 이야기가 있다. 그리고 이 박사는 박정희 대통령의 독재성향에 반대해서 고국에서 특별초청을 했을 때 거부했다고 한다.

2. 그럴듯한 추측 - 중수로 도입

인도가 캐나다의 중수로(重水爐)※ 원자력발전소를 들여다가 몇 해 돌린 후 사용후 핵연료에서 플루토늄을 추출해서 원자탄을 만들려고 한다는 소식을 듣고, 박정희 대통령이 우리도 중수로를 들여오자고 해서 캐나다 AECL의 중수로가 들어오게 됐다는 이야기는 앞에서(제7장) 언급했다. 중수로의 사용 후 핵연료에서는 플루토늄을 많이 뺄 수 있어서 재처리를 하면 원자탄을 쉽게 만들 수 있다고 한다. 후일 이것은 사실로 확인되었다. 국무총리를 했던 김종필씨가 자서전에서 이것을 구체적으로 증언했다. 오원철씨를 캐나다에 보내서 교섭했었다고〈김종필 씨의 회고록 423면〉.

3. 작업팀이 해체된 그림자

또 한 가지 짐작되는 징후가 있었다. 1980년 신군부의 **중화학설비 일원화**라는 소용돌이 과정에서 창원의 한국중공업(지금의 두산중공업)을 한전이 인수했던 적이 있다. 그때 필자가 실무팀장을 했는데, 창원공장의 경영실태 파악중 이상한 점을 발견했다. 뚜렷한 직책이 없는 임원이 너무나 많은 것이었다. 실무자들을 불러서 물어도 "모른다"고 했다. 결국 알게 된 것은, 과거 정부가 불러들인 재외 과학자들인데 미국의 압력으로 '원자탄'이나 '로켓트' 프로그램이 좌절되면서 본래의 조직들이 해체되자 상당수 인원은 외국으로 돌아갔고, 미처 돌아가지 못한 인원들을 산은(産銀) 관리업체였던 이곳에 이름을 얹어놓고 당분간 보수를 주고 있었던 것이다.

4. 김종필씨의 확실한 증언

확실한 증언이 있다. 박 정권에서 국무총리를 역임한 김종필 씨의 회고록(424면)에 다음과 같은 증언이 있다.

《1970년대 닉슨이 주한 미군의 철수를 거론하기 시작했다. 박 대통령은 이거 무언가 대책을 세워야 겠어 하면서 무기 국산화에 정성을 들였고, 또 원자탄 같은 거 있어야 되지 않겠어? 하셨다. 미국은 물론 만류하는 자세였기 때문에 손을 쓸 필요가 없었고, 프랑스와 손이 닿아서 내가 자주 방문하고 대통령(사르코지)과 총리(지스카르 데스텡)을 만났다. 데스텡 총리는 나와 나이가 같고 생각하는 방법이 같아서 의기투합했다. 1972년 5월에 과학기술처장관(최형섭)을 몰래 프랑스에 보내서 원자력 기술 협력과 재처리 시설 도입을 추진했다.

1975년 4월 한국의 원자력연구소와 프랑스의 재처리 국영회사(SGN, Saint Gobin Techniques Nouvelles) 사이에 "재처리 시설 건설 및 기술용역 공급계약서"가 맺어졌다. 이 계약이 실행되었다면 재처리를 통해서 핵폭탄 원료인 플루토늄을 얻을 수

있으므로 년 2-4개의 핵무기를 만들 수 있었을 것이다. 그러나 때마침 1974년 5월 인도의 핵실험이 성공하는 것을 계기로 미국은 핵무기를 개발하고 있는 나라들을 조사하기 시작했다. 한국은 금새 표적이 됐다. -이하 생략-》

미국의 방해로 프랑스의 재처리 시설 도입은 무산됐는데, 그 거래의 부산물로 프랑스의 원자력발전소 2기를 사주기로 밀약이 있었던 모양이다. 10.26으로 박 대통령이 서거하고 얼마 후 프랑스 대통령이 찾아와서 자기네 원자력발전소를 사주어야 한다고 주장했다. 그뿐만 아니라 무슨 일로 파리를 찾은 한국의 대표단에게 프랑스가 매번 웨스팅하우스의 들러리만 섰는데 이번에도 그런 일이 있으면 외교적으로 한국에 치명적인 불이익을 주겠다고 엄포를 놓았다. 한울 1, 2호기 건설에 프랑스의 EDF가 낙찰이 돼서 계약을 하고 건설을 잘 했다. 이 일의 사무적 뒤처리를 위하여 필자도 파리 출장을 많이 다녔다.

5. 국내 기술자들의 재처리 시도

십 여 년 전에 미국의 원자력 기술자들이 갑자기 한국에 들이닥쳐서 옛날 원자력연구소 실험동(棟)이 어디냐고 따졌다. 원자력연구소가 옛날 노원구 공릉동에 있다가 대덕단지로 옮겨가고 지금은 그 시설을 한국전력이 인수해서 사원연수 기관으로 이용하고 있다. 미국 기술자들은 오래 문 닫았던 실험실에 들어가 고성능 측정기기들을 들이대니 담박 여러가지 핵종이 잡혔다. 원자력연구소 고위직들이 손이야 발이야 사죄를 했다. "젊은 기술자들이 호기심으로 실험해본 것 뿐이지 더 이상 진척시킨 일은 절대 없다고-"

6. 한국의 핵무기 제조능력

핵무기 제조는 그 이론이 이미 보편화되어서 핵물리학을 전공하는 대학원생 정도면 다 알고 있는 사실이다. 그러나 실제로 실행에 옮기려면 많은 과정이 필요하다. 구체적으로 엔지니어링을 해서 여러 단계의 많은 설비를 만들어야 한다. 한국은 초창기에 시도하다가 다 포기했다. 한국에서 사용 후 핵연료를 재처리 한다면 월성에 있는 것 만 가지고서도 수 만발의 원자탄을 만들 수 있을 것이다. 그러나 이것을 어디다 쓸 것인가? 1970년대 월남이 패망하고 카터 등 미국 대통령들이 주한 미군을 철수시킨다고 했을 때 박정희 대통령으로서는 최후의 수단으로 생각할 수 있는 방편이었겠지만 지금으로서는 비록 북한이 핵무기를 완성하고 협박한다손 치더라도, 국제적으로 금지하는 것은 별개로, 이런 것을 만들어도 쓸모가 없다.

7. 북한의 원자탄 개발

(1) 김정은의 『비핵화』라는 말

북한이 실제로 원자탄을 만들어서 여러 차례 실험을 했고 또 이것을 소형화해서 미사일 탄두에 붙여서 미국까지 목표로 한다는 상황이 됐다. 무기는 반드시 가상 적국을 전제로 만드는 것인데 북한의 가상 적국은 오로지 남쪽의 대한민국 뿐이다. 북한의 논리는 참 해석하기 어렵다. 『비핵화』라는 말을 북한이 자주 쓰는데 그 의미는 단순한 한국어의 '비핵화'가 아니다. 그들은 "한반도의 비핵화는 김일성 주석 때부터의 유훈이다. 그래서 원자탄을 만들었다." 고 주장한다. 같은 한국말인데 해석이 안된다. 여기서 **'비핵화'**라는 말 뜻은 **'핵을 반드시 만든다'**는 뜻으로 풀이하면 문법에 맞는다.

(2) 북한의 핵무기 개발 시작

북한은 1950년대 6.25 직후부터 기술자들을 소련에 파견해서 기초훈련을 시켰고 1960년대 중반에는 본격적으로 원자탄 개발을 위한 작업을 한 듯하다. 정근모※박사의 귀띔에 의하면, 그가 1965년경 뉴욕대학 교수로 있을 때, 같이 근무하는 교수 중에는 1940년대 미국의 원자탄을 개발하는 Manhattan Project에 참여해서 최초 원자탄의 '격발 장치'를 개발했던 사람이 있었다. 그가 하루는 한 보따리 문서들을 가져와서 정 박사에게 주면서 "닥터 정, 당신은 한국 사람이니까 이거 흥미가 있을 거요 당신이 읽어보고 없애든지 알아서 하시요" 했다. 끌러보니까 북한에서 보낸선전 문서와 책자들 그리고 초청한다는 여러 차례의 편지 등이었다. 그 당시는 북한이 미국내에 연결 줄이 전혀 없었는데 어떻게 '격발장치' 개발 기술자를 찾아내고 우편물을 보내며 집적거렸을까? 그때 이미 원자탄 개발을 시작했다는 증좌이다.

(3) 북한의 잘못된 선택 핵무기

안타까운 것은, 김일성이 핵무기에 집착하지 말고 그 노력과 재원을 원자력발전소 건설에 돌렸더라면, 구 소련에서도 도움이 있었을 것이다. 과거 소련은 그의 위성국에 Rosatom이 진출해서 VVER-1000 PWR을 건설해 주었다. 또는 북한이 스스로 양성한 기술인력을 동원하고 소련의 지원을 받았다면, 남쪽만은 못해도,

DigitalGlobe imagery showing emissions from the stack at the Yongbyon experimental light water reactor (ELWR) on 25 February 2018, suggesting trial operations are under way.

© 2018 DigitalGlobe, Inc. / © 2018 IHS Markit: 1713727

적어도 몇 기의 원자력발전소를 건설 운영하게 됐을 것이다. 그렇다면 지금처럼 (전기)기차가 고갯길 운행중 불시에 정전을 만나 뒤로 밀려 내리다가 대형 참사가 나는 처지는 면했을 것이다. 지금 그들이 만들어 운영하는 실험용 원자로 50MW 짜리는 발전용이 아니고 플루토늄 생산용이다. 우리 대덕단지에 있는 원자력연구원의 실험용보다 성능이 떨어지고 단순히 열출력만 내는 것이므로 우리 APR1400에 비하면 장난감이다. 지금이라도 이들이 남쪽에 기술 원조를 요청하고 발전소 건설에 노력한다면 적어도 전력 문제는 해결이 될 것인데 말이다. 남북한은 이런 분위기를 만들어야 된다.

한울 원전 단지 - 이런 것을 북한에 지어 주었으면…

8. KEDO 사업의 전망

(1) 북한과의 비핵화 당근 선물

한동안 온 나라를 흔들어 놓았던 북한에 원자로를 지어주려고 했던 일을 국민들은 기억할 것이다. 여기서 그 전망을 요약해서 기록해 둔다.

북한이 오래전부터 핵무기를 개발해 오다가 1990년대에 들어서 상당한 수준에 이르렀다는 정보가 알려졌다. 미국을 위시한 자유 진영은 당근과 채찍을 번갈아 쓰다가 〈긴 이야기 생략하고〉 미국 클린턴 대통령 시대에 와서 당근을 주는 방안이 마련되었다.

그 구체적인 방안을 요약하면;

(가) 북한이 핵개발을 중단하고 기존의 연구시설들을 모두 폐기한다. 그러면

(나) 미국이 앞장 서서 다음의 당근을 준다.

① 100만kW 경수로 2기를 지어 주고,

② 발전소가 준공되기 까지 중유를 공급한다 등이다.

(1995년 6월 미국과 북한은 원자력발전소는 한국표준형 원전임을 확인했다)

(2) KEDO
(Korean Peninsula Energy Development Organization)

미국과 한국 그리고 일본이 합의해서 북한에 경수로를 건설하고

재원 도달을 담당할 한반도에너지개발기구 KEDO를 설립했다. 우리 정부는 여기에 대처하기 위해서 『경수로사업지원기획단』을 설립했다. 초대 단장에 최동진 대사가 임명됐다가 나중에 장선섭 대사로 바뀌었다. 그는 나와 대학 동기(同期)이다. 일이 잘 된다 싶으니까 여러 나라가 끼어들었다. 호주, 캐나다, 뉴질랜드, 아르헨티나, 칠레, 인도네시아, 폴란드, EU 등이다. 사무총장에 미국의 외교관을 지낸 Bosworth가 임명되고 집행이사는 주류 3국의 외무부 차관보급으로 이루어졌다. 그리고 국내 지원 기구인 경수로기획단에는 정부 관련부처와 한전 그리고 원자력연구소에서 파견된 인원으로 구성되었다. 이 조직을 도시하면 별표와 같다.

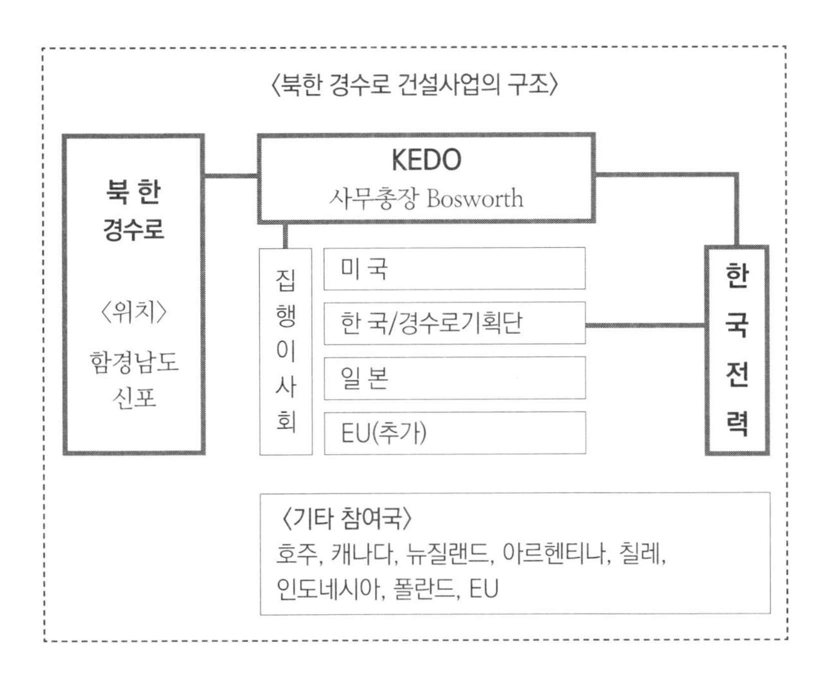

(3) 공사비와 부담액 배분

이 공사에 소요되는 경비는 한국과 미국 그리고 일본이 공동으로 갹출하되 그 비율은 미국이 상징적인 수준(Symbolic)으로, 일본이 상당(Significant)한 수준으로, 한국이 주(Central)로 부담하기로 되어 있었다. 일본의 상당한 액수는 약 10억$이었다. 그리고 원자력발전소의 건설로 수혜를 보는 측은 북한이지만 이것을 추진하는 주체는 KEDO이고 이것을 만드는 업체는 한국전력이므로, KEDO가 한국전력에 발주를 하는 형식이다. 매사 KEDO와 한전이 상호 협의해서 일을 추진하는 체제인데, 일차로 논의가 된 것은 공사비 문제였다.

그 무렵의 국내 공사비는 기당 20여 억불 정도였는데, 북한이라는 위험지역에서 하는 공사인점을 감안해서 25억불로 했다. 그런데 일본이 딴지를 걸고 나왔다. 총 공사비 50억불이 비싸다고. 그리고 자국 업체들의 부품을 받아달라는 것이었다.

이에 대해 한전 측은 지금 한전의 50억불 제안은 기존의 '팀코리아'로 세팅된 업체들의 부품을 사용하는 것을 전제로 한 것이다. 만약 다른 업체의 부품을 사용하려면, 그 물건의 특성을 감안해서 다시 엔지니어링을 해야 되므로 비용이 약 15% 상승된다. 그리고 기당 25억불이 비싸다고 하는데, 일본의 국내 원전 kW당 건설비가 3,000$이다. 일본의 기준으로 하면 60억불이 된다. 이렇게 물리쳤다. EU도 뒤늦게 회원국으로 가입하고 7,500만$를 부담하겠다고 하더니, 일본과 같은 소리를 냈다. 그러나 미국이 EU가 내는 돈은 처음부터 미국이 부담하는 중유대금에 보태기로 되어 있다고 해서 물리쳤다.

그러다 1998년 그 유명한 IMF 체제가 되었다. 한국의 재정형편이 극히 어렵게 되자 한국은 세 나라의 부담률을 한국, 일본, 미국이 70/25/5 %로 바꾸자고 제안했는데, 어차피 몇 년후에는 공사비에 변동이 있을 것이므로 덮어 두기로 하고 넘어 갔었다.

(4) 치외법권 지역

공사가 시행되는 북한의 신포지역은 국제법상의 치외법권을 누리는 곳이었다. 속초에서 북한의 양화항까지 약 5시간이 소요되었다. 남쪽에서 올라간 인원은 한전과 공사를 분담하는 업체들, 즉, 현대건설, 동아건설, 한국중공업 및 대우건설 등이다. 우선 콘테이너를 개조해서 사무실, 숙소, 식당을 차리고 시작했다. 대우계열 아라고사가 운영하는 구내식당이 음식을 맛있게 했다. 식재료는 모두 남쪽에서 조달한 것이고 조리원들도 남쪽에서 온 사람들이었으므로 숙식에 문제는 없었다. 경비원들도 남쪽에서 함께 왔다.

북한의 노무자들은 특별히 허가된 사람들만 출입이 허용되고 이들도 점심을 함께 먹었다. (많은 이야기가 있는데 생략한다.) 전화선 8회선을 설치했다. 한전이 3회선을 쓰고 1회선은 공사업체들의 전용으로, 4회선은 일반 직원들 공용으로 해서 업무가 끝나면 가족들과 대화를 나누었다. 우체국도 들어왔고 외환은행 출장소도 들어왔다. 한전과 공사관련 업체들의 직원들이 많이 편리해졌다.

(5) 1998년 1월 28일 설날의 감격

이종훈 한전 사장은 설날 연휴에 신포에서 고생하는 직원들과 함께 지내려고 했다. 같은 뜻을 가진 임원들도 있었고 경수로기획단장 장선섭 대사도 뜻이 통해서 도합 12명이 동행했다. 김포-북경-평양에 잘 도착했는데 신포로 데려갈 직승기(헬기)에는 무슨 팻말이 붙었다. "1970년 김일성 동지가 돌아보신 직승기"라고 쓰여 있었다. 그러고 보면 상당히 나이가 든 기계였다. 아니나 다를까 제대로 뜨지 않았다. 이렇게 여러대를 바꾼 끝에 직승기 한 대가 비행에 성공해서 늦은 시간에 양화항 공터에 도착했다. 이 동네의 볼만한 구경거리는 김 부자의 사진 밑에 그들을 우러러 보는 인민들이 그려진 입간판이 있었고 희미하게 나마 꽃다발 두어개가 놓여 있는 것이다. 그러고 보니 북경공항에서 같이 평양으로 가는 여객들이 꽃다발을 한 개씩 들고 있어서 이상하다 생각했는데 누가 귀띔하기를 귀국해서 김일성 동상을 찾아가 귀국인사를 할 때 바치려는 것이라고 했었다.

식당에서 떡국으로 설날 아침을 들고 9시부터 설날 행사를 했다. <u>태극기를 걸어 놓고 애국가를 불렀다. 당연한 국민의례 순서인데 무언가 뜨거운 감정이 온 몸을 흔들었다.</u> 이어서 장선섭 단장이 통일원장관의 표창장을 몇 사람에게 대신 시상했다. 장 단장은 퇴임 후 동문들의 모임에 자주 나와서 어울렸는데 한번은 이날의 이야기를 했다. 장 단장은 본래 신의주 이엽(二葉) 초등학교 출신이다. 소

장선섭 단장

시에 내려와서 평생을 남쪽에서 살았는데도 투박한 평안도 억양을 버리지 못해서 미남형 얼굴과 대조가 되었다. 분명 북한 땅인데 『태극기』 걸어 놓고 『애국가』를 부른다는 것, 이것은 참으로 경천동지(驚天動地)할 노릇이다.

모두들 말은 하지 않았지만 형언할 수 없는 감회를 느꼈다. KEDO 사업이 취소되고 오랜 세월이 흘렀지만 이 일은 오래도록 가슴에 남아 있다고 했다.

(6) 공사가 중단될 사건 여러번 발생

1996년 9월 18일 의외의 사건이 발발했다. 북한의 잠수정이 정동진 앞바다에 침투했다가 좌초돼서 국군과 교전하고 피아간 10여 명씩의 전사자를 내는 사건이 발생했다. 남북관계가 급속히 냉각돼서 KEDO 사업이 일시 중단됐었다. 그런데 3개월 후 북한이 평양방송을 통해서 사과를 해서 평온을 되찾게 되었다.

또 한 번은 1997년 7월 『신포원자력건설본부』를 발족시키는 행사가 있었는데 그 며칠 전에 휴전선에서 총격사건이 일어나서 참석을 약속했던 정부 고위층이 가지를 못했다. 이런 저런 사건들이 모두 아슬아슬하게 사태를 피해갔다.

그런데 이번에는 약간 고약한 사건이 일어났다. 컨테이너 하우스가 완공돼서 임시숙소에서 그리로 이사하면서 휴지통에 이것저것 쓰레기를 버리고 갔다. 그런데 그 쓰레기 통에 버린 노동신문에 김정일 사진이 실린 사실을 북한 청소원이 발견해서 문제가 터진 것이다.

북한 당국이 거세게 항의하고 한국 기술진의 통행을 제한하는가 하면 북한 작업인부 전원을 철수시킴으로써 작업이 중단되는 사태까지 이르렀다. 초상을 훼손한 당사자를 색출하여 처벌하라는 것이다. 우리 상식으로는 이해할 수 없는 일인데 '영사보호'를 못하겠다고 협박해 왔다. 이 일은 KEDO가 북한 당국과 해결하도록 하고 현장에서는 침묵을 지켰다. 이 내용을 정부가 알고 북한더러 "사과하라"고 아주 강경한 자세를 취했다. 국내 주요신문들이 1면 머리 기사로 특별보도를 하고 국내 여론이 들끓으니까 북한은 아무 말 없이 다음 날 슬며시 철수했던 인부들을 재투입해서 작업이 재개됐다. 아무 사과도 없이-

(7) 북한의 핵개발 진행과 KEDO 사업 중단

2002년 2월, 우려하던 일이 터졌다. 북한이 몰래 핵개발을 하다가 미국의 정보망에 걸렸다. 핵포기를 전제로 '당근'을 주려던 것인데 그 원인을 짓밟으니 당연한 귀결이다. 미국은 중유 공급도 중단하고 경수로 건설도 중단한다고 선언했다. 경수로 공사는 34.5% 진척되고 있었다. 가장 중요한 기초공사가 끝나고 막 돔 공사가 올라가던 참이었다. 북한이 "다시는 안 그럴게" 이렇게 나올 줄 알았는데 딴소리를 했다. 2006년 1월 KEDO가 사업 종료를 선언했다.

이에 대하여 북한은 오히려 많은 말로 KEDO를 비난하고 '손해배상'을 하라고 떼를 썼다. 장선섭 단장은 당장 북경을 거쳐 현장에 들어가 우리 기술진 전원을 통솔하고 무사히 북한을 빠져 나왔다. 2006년 1월 8일이었다. 4천 5백만$ 상당의 중장비들을 남겨

KEDO 사업 끝무렵의 공사현장 - 공사가 약 35% 진척됐었다.

놓은 채….

장 대사는 평양으로 가면서 여러가지 케이스를 가정하며 고민을 했다고 한다. 그는 몇 해전 숨질 때까지 투박한 평양사투리 억양을 버리지 못 했다. 북한 탈출 전과자인 자기 자신을 포함해서, 혹시라도 '남쪽 기술진을 볼모로 삼고 떼를 쓰면 어떡하나' 마음이 조였다고 깊은 한숨을 쉬었다. 시간따라 태도를 달리하는 그들인지라 양화항을 떠나오는 우리 기술진을 향해서 손을 흔들며 아쉬운 척 하더란다.

제 15 장

뒤안길 이야기들

제 1 화 : 화천수력발전소

(1) 일제가 시작한 공사 북한이 완공

일제는 1930년대 말 북한 강계 수력자원 개발을 시작했다. 일제는 화천, 금화, 춘천, 청평 등을 개발하면 모두 20만kW 정도의 전력을 얻을 것으로 판단했다. 지금의 '팔당' 수력은 미처 생각하지 못했다. 화천에 댐을 건설하고 27,000kW 발전기 4대를 설치하는 것으로 계획해서 공사를 시작했다. 해방될 때 까지 1, 2호기가 완성되고 3호기는 30%정도 공사가 진행중에 해방이 되었다. 이곳이 38도선 이북이라 북한정권이 6·25 전쟁중에도 공사를 진행해서 1950년 8월에 드디어 불완전하게나마 준공을 보았다.

6·25 전쟁은 다시 38선을 중심으로 오르락 내리락 열전을 계속하는 양상이 계속됐다. 모든 땅이 주요하지만 화천 수력발전소의 8만kW가 보물로 여겨지던 당시에는 이것을 뺐고 뺐기는 치열한

전투가 2년간 계속되다가 휴전이 임박해서는 양측이 희생을 무릅쓰고 대 규모의 병력을 투입했다. 이승만 대통령이 미군 사령관 밴프리트 장군에게 화천수력을 꼭 점령해 달라고 부탁했다고 한다.

적군은 중공군이 담당하는 전구(戰區)였던 모양이다. 중공군의 시체가 무수하게 강물에 떠내려갔고 1953년 5월 28일 하루에만 중공군 3만 8,000여 명을 포로로 잡았다. 아군의 피해도 만여 명이나 있었다.

(2) 포탄소리 들으며 복구공사

드디어 아군이 점령했다는 소식이 전해지자, 가까운 거리에서 아직 전투가 진행중임에도 불구하고, 조선전업에서는 이 발전소를 하루라도 빨리 복구해서 발전을 시작하는 방도를 서둘렀다. 몇 해 동안 남의 것이었던 발전소를 복구하기 위해서 수 많은 난관을 뚫어야 했다. 발전소가 많이 파손된 것은 말할 것도 없고, 송전선로가 많이 파괴되어 있었는데 지뢰들이 묻혀 있어서 실로 전투를 방불케 하는 노력 끝에 1951년 10월에 청평-서울의 시험송전에 성공했다. 발전소는 우선 1호기를 복구하기로 하고 공사를 시작했는데 어려움이 많았다.

매일 수 십명의 인원을 투입하는 공사이므로 매달 보수를 지급하는 방법도 문제가 많았다. 서울에서 현찰을 인출해서 가마니 너덧개에 넣어서 어렵사리 운반을 했다. 한 번은 군용 트럭에 싣고 가다가 밤중에 트럭이 전복됐다. 한 사람이 사망하고 두어 사람이 중상을 입었는데, 사상자들의 상처에서 흐른 피가 돈 가마니에 스며들었다. 하는 수 없이 그런 상태의 화폐로 임금을 지불했다.

몇 km 밖에서 전투가 진행되는 가운데 1952년 11월 25일 성대한 준공식이 거행됐다. 이승만 대통령이 몸소 참석해서 치하하는 연설을 하고 많은 군민들(얼마전까지 북한 치하의 주민들)이 찾아와서 축하를 했다. 행사장 아치 양쪽 기둥에 쓰여있는 문구가 희한하다.

"電力이다 戰力이다 全力이다" 다른 한 쪽에는 "피흘려 차즌 職場 電力으로 報答하자" 였다.

이날 이승만 대통령은 기존의 화천호를 '파로호'라고 명명하고 몸소 쓴 휘호를 새겨 넣은 기념비를 제막했다. 破虜라는 것은 오랑캐를 무찔렀다는 의미이다. 지금(2021년)와 있는 중국 대사가 그 이름을 고쳐달라고 했다 해서 말이 많다. 화천수력은 후일 설비를 늘려서 10만kW 용량의 발전소가 돼서 국민들의 총애를 받았었다. 전력 가뭄일 때는 주연 대접을 받았으나 지금은 뒷골목에서 있다가 가끔 명령이 오면 발전을 하는 단역배우 처지가 됐다.

파로호 기념비

제 2 화 : 한전 사장님들 이야기

(1) 고리 1호기 계약 선물

고리 1호기는 원자력발전소를 건설하는 첫 사례여서 그 계획 단계부터 실행에 옮겨지기까지 매우 어려운 과정을 거쳐야 했다. 1970년 9월 드디어 Turn-key로 Westinghouse와 계약을 하기에 이르렀는데, 그 무렵에 한전에서는 정래혁 사장이 국방부장관으로 옮겨가고 후임에 김일환이라는 역시 군 장성 출신 인사가 사장으로 부임했다.

계약서 싸인을 하고나서 Westinghouse 사장이 느닷없이 "원전건설 계약을 하고 나면 무언가 선물을 드리는 관례가 있는데 무엇을 원하는가?" 하고 물었다. 김 사장은 놀라서 통역하던 김종주 이사(당시)에게 "이게 무슨 소리요? 이런 거 받아도 되는거요?" 하고 물었다. 김종주 이사도 처음 일이라 감을 잡을 수가 없어서 Westinghouse 사장에게 그 진의를 묻고 나서 김 사장에게 "받아도 괜찮을 것 같습니다." 했다.

'선물'은 즉석에서 병원 앰뷰런스로 정해졌다. 김 사장이 그 며칠전 한전의 부속병원(한일병원)을 방문했을 때 "애로사항이 무어냐?" 하고 물었더니 병원장이 "우리병원에 앰뷰런스가 없어서 어려움이 많습니다." 했던 소리가 기억났다. 후일 김 사장은 "무언가 더 큰 것을 요구할껄 그랬나?" 하더란다. 〈이 이야기는 먼 훗날 김종주 씨로부터 들었다.〉 한편 미국에서 들여온 앰뷰런스는 좋기는 한데, 규격이 너무 커서, 당시 서소문에 있던 한일병원 뒷골목에 주차하기가 매우 불편했다 한다. 나는 이 앰뷰런스를 두 번 타봤다. 결혼 후 아이를 넷을 낳았는데 모두 한일병원 신세를 졌다. 셋째(1972년), 넷째(1974년) 출산 후 귀가할 때 (자가용이 없던 시절이라) 병원장의 호의로, 산모 신생아와 함께 이 앰뷰런스로 집에 왔다.

(2) 김영준 사장의 미국 출장

한전 사장은 김일환, 민충식 두 분을 거쳐 1975년 초에 김영준 씨로 바뀌었다. 김영준 사장은 수원고등농업학교(서울농대 전신)을 졸업하고 관계에 들어왔다. 서울시 부시장, 농림부 장관 등을 역임하고 부실 업체의 사장을 맡아서 소생시킨 경력의 소유자였다. 한전에 사장으로 부임해서는 국영기업체도 흑자를 내도록 경영해야 된다는 기업가 정신을 강조하고, 매사 원가 개념에 충실하도록 직원들을 독려했다. 그래서 한전이, 1961년 7월 창사 이래 비로소 기업체다운 기업체가 되었다는 선배들의 칭송을 받았다. 특기할 일은 이분이 관료생활을 오래 하신 분 답게 의전(儀典)과 격식을 몹시 따졌다.

1975년 초에는 고리 1호기를 건설하는 도중에 제1차 오일 쇼크의 후유증으로 웨스팅하우스 등 납품업체들이 비용 증가를 주장하던 때여서 웨스팅과 현안 문제가 많았었다. 김 사장이 미국에 가서 웨스팅과 직접 담판하기로 했다. 한전 임원 몇 분의 정중한 환송을 받고 출발해서 두어 사람의 실무자들과 함께 일행이 핏츠버그 공항에 도착했다. 이들을 맞은 것은 고급 리무진 택시 한 대 뿐이었다. 넓고 광대한 공항의 규모와는 달리 썰렁한 분위기에 실망한 듯, 김 사장은 "웨스팅에서 나온 사람 아무도 없노? 이런 법이 어디 있어." 쓴소리 한 마디 한 후 표정이 굳어졌다. 김 사장은 적어도 웨스팅의 임원 누군가가 나와서 영접하고 그가 안내하는 차를 같이 타고 가야 의전이 제대로 되는 게 아니냐 하는 생각이었을 것이다.

〈딴 이야기〉

나는 1971년에 전기사업법의 연구를 위해서 장기 해외여행을 한 일이 있는데, 출발할 때 내 가족은 물론 시골의 처가 식구들도 비행장에 나왔었다. 1970년대는 그랬다. 그러나 선진국 사람들은 공항이라는 장소에 특별한 의미를 부여하지 않고 그저 '여행자가 들르는 한 지점' 그 이상도 이하도 아닌 것으로 여기고 있었다. 지금의 우리가 그렇다.

호텔에 도착하니 웨스팅에서 연락이 왔다. 저녁에 사장과 일행을 환영하는 행사가 있으니 참석하라는 것이다. 그런데 김 사장은 "자네들만 가게 나는 여기 있을라네." 했다. 직원들이 내려가서 "우리 사장님이 약간 몸이 불편하셔서 이 행사에 참석하지 못하신다." 고 했다. 그랬더니 난리가 났다. 어서 의사를 부르라는 둥— . 일이 커지게 생겨서 수행원 한 사람이 실토를 했다. 사실은 병이라는 것이 '피지칼'이 아니라 '사이콜로지컬' 한 것이다. 우리 사장님은 장관을 지내신 분으로 매사 의전을 중요시 한다. 그런데 너희들이 김 사장의 웨스팅 첫 출장에 환영하는 임원 한 사람도 공항에 안 나오니까 이분은 자신을 홀대하는 것으로 기분이 상하신 듯하다. 이 행사는 적당히 하고 끝내자. 이렇게 해서 일단 마무리 됐다. 그 이후로도 김 사장은 업무상의 이익을 위해서 웨스팅을 잡고 흔들어 한전의 이익을 잘 지켰다.

(3) 국가원로회원들의 고리 방문

1981년 전두환 대통령이 집권한 이후 얼마가 지났을 때 귀빈들이 고리 원자력발전소를 방문한다는 연락이 왔다. 전두환 정권이 나라의 어른들을 깍드시 모신다는 표시로 '국가원로회의'라는 것을 만들었는데 여기에는 대통령을 지낸 최규하, 국무총리를 지낸 신현확, 기타 야당 정치인이었던 유진오 씨 등도 보였다.

재미있는 것은 정부의 공문에 특기 사항이라는 것이 있었다. "절대로 브리핑 한답시고 불끄고 장광설하지 말라. 그러면 다 잔다." 그냥 둘러 보고 구경만 하도록 하라는 지시다. 그래서 현장에 그대로 통보를 했다.

행사 당일에 김 사장은 국가 원수를 지내신 분 등 귀빈들이 오시니까 한전의 주요 임원들이 정중하게 영접해야 된다고 선언하고 부사장과 원자력담당 임원 등을 동행하도록 했다. 나는 여기에 들어갈 Ranking이 못되니까 당연히 회사에 남았는데 갑자기 비서실에서 연락이 왔다. 비행기 표 사놨으니 빨리 일행을 따라가라는 것이다. 현장에 도착해서 김 사장은 주변 환경을 한 바퀴 둘러본 후 귀빈들을 모실 장소에 들어와 '브리핑 챠트' 어디 있냐고 물었다. 당연히 없지. 현장 소장이 "본사에서 만들지 말라고 했는데요." 하니까 김 사장의 일갈이 시작됐다. "무슨 일을 이렇게 하노. 아니 그래 국가 원수를 지내신 분이 오시는데 날 더러 그냥 맨 손가락 들고 횡설수설 하란 말이고?"

그리고는 주변을 둘러보다가 맨 끝에 서있는 나를 향하여 "뭐하고 있노— 미리 내려와서 이런 것들 챙겨야할 것 아닌가? 배웠다는 사람들이 이게 할 짓들이야?"

일동은 숨을 죽이고 있었다. 나도 이미 이런 일갈에 면역이 잘 돼 있었다. 그 얼마 전 한전이 '한국중공업'을 인수할 때 실무팀장을 했는데 전혀 엉뚱한 일로 한전과 한중 임원들 앞에서 큰 망신을 당하기도 했다. 맨 처음 당했을 때는 분통이 터져서 성낙정 부사장에게 하소연을 했더니 "가만히 있으면 돼, 대답하지 말고, 한 십 분만 참으면 돼." 했다. 이렇게 김 사장의 악의 없는 일갈에는 모든 간부들이 면역이 돼 있었다. 내가 선뜻 나가서 "지금 준비하겠습니다." 하고 현장의 직원더러 전지 서너 장 가져오라 해서 직접 그리스 펜슬로 닥치는 대로 두어 장 적어 넣었다. 내용은 생각나는 대로 고리 발전소의 역사, 투입 비용, 제작자(Westinghouse와 영국의 GEC), 출력, 그리고 향후의 발전소 건설계획 이런거 대충 적었다.

내 생각에 두 장 이상 쓸 필요가 없지 싶어서 두 장만 쓰고 나머지는 백지인 채로 묶어서 챠트 걸이에 걸었다. 일동은 얼어붙은 채로 내가 움직이는 모션만 바라보다가 김 사장이 막대기를 들고 예행연습을 시작하니 그제서야 몸들이 풀렸다.

이러고 있는데 경비실에서 귀빈들의 버스가 정문을 통과했다는 기별이 왔다. 귀빈들을 맞아들이고 사장의 인사말과 함께 브리핑 챠트를 펼치고 설명하는 동안 최 대통령 말고는 십 여명의 귀빈들이 다 고개를 숙이고 자고 있었다.

(4) 각료들의 고리 방문 영접

10·26 사태를 거쳐 5공 정권이 들어섰다. 정치판이 혼란을 거듭하는 과정에서 개각이 자주 있었다. 개각이 되면 몇몇 각료들은 초도순시 차원에서 고리 원자력발전소를 반드시 방문했다. 여기에 김 사장은 열심히 응접을 했는데, 그 일을 본사에서 실무적으로 지휘하는 나는 약간의 어려움이 있었다. 고리를 방문하는 각료는 국무총리, 경제기획원장관 겸 부총리, 산업부 장관, 과학기술부 장관 등 4명인데 이들의 여행 경로가 각기 달랐다.

크게 보면 Ⓐ 항공편으로 김해에 내려 진해 무슨 기관을 들러서 고리에 왔다가 해운대 또는 경주 보문단지에서 일박하고 울산공업단지와 포항제철을 들러 대구에서 기차로 상경하는 코스와, Ⓑ 기차로 대구에 내려 역순으로 순방하는 코스가 있었다. 과학기술부 장관이 A 코스이고, 주로 경제기획원 장관 겸 부총리와 산업부 장관이 B 코스인데 국무총리는 취향에 따라 혼용했다. 어느 경우에도 해운대에서 일박하는 비용은 한전이 부담했다. 각료를 수행하는 수행원은 두 세명인데, 여기에 따르는 기자들이 상당수 있어서 해운대 호텔 많은 객실을 예약하고 접대했다.

업무로 보면 단순한 일이지만 문제가 생기는 것은 일기 불순으로 비행기가 못 뜨거나 기타 사정으로 코스가 변경되는 경우이다. 그런 경우 귀빈들이 해운대에서 일박하느냐 마느냐 또는 식사시간에 맞춰 도착하는지 등이 접대하는 측으로서는 걱정거리였다. 그 사정의 변경을 미리 알면 간단하지만 불과 몇 시간 전에 알게 되면 그야말로 CPX가 시작되는 것이다. 그때의 통신 사정은 순전히 전화 뿐이었으므로 현장의 책임자들과 본사의 실무자들이 일일이 전화로 주고 받아야 하니 곤혹스러운 일이었다. 5공 7년 동안 세 차례 정도의 개각이 있었던 것 같다. 그 십 여 차례 중 두어 차례 코스 변경으로 난리를 겪었다.

제 3 화 : 미국 ANS-AIF 년차총회

(1) PBNC 유치단

1982년 10월 미국 San Francisco에 출장을 가게 됐다. 미국의 원자력학회(ANS)와 원자력산업협회(AIF)가 공동으로 주관하는 연례 행사(총회)에 한국 대표단의 일원으로 참가하는 것이다. 미국 사람들은 이 행사를 매년 고정적으로 11월 제3주 목요일부터 시작하는 추수감사절 연휴에 개최한다. 특히 원자력을 연구하는 두 조직이 연합으로 행사를 개최함으로써 사실상 양쪽에 모두 관련이 있는 인사들이 비슷한 행사를 두 번 가지는 중복을 피하고 집회를 단순화하는 지혜를 발휘하고 있다. 한국도 이것을 본받아서 비슷한 행사를 매년 공동으로 개최하고 있다. 우리 대표단은 한전 부사장(성낙정)과 나 그리고 이창건 박사(원자력연구소)와 현지에서 한전 LA사무소장(이호림)이 합류했다.

(2) PBNC 제5차회의 유치

이번에는 두가지 미션이 있었다. 하나는 PBNC라는 국제회의를 유치하는 것이다. 태평양연안국원자력회의(Pacific Basin Nuclear Conference)는 태평양 연안에서 원전을 운영하는 나라들끼리 돌아가면서 격년으로 개최하는 모임이다. 모임의 모토는 '협력과 안전' 그럴듯한 문구를 내걸었지만 다분히 미국 원자력 산업체들이 개도국을 공략하려는 의도에서 출발한 듯한 느낌을 받았다. 미 대륙과 아세아 대륙이 교대로 오고 가며 하는 것인데 다음 다음번인 제5차(1985년)는 아세아 차례이고 중국과 한국이 경합상태라고 들었다.

미국으로 출발하기 며칠 전, 필자는 그런 국제회의가 생소한 형편이라 이창건※ 박사를 찾아가 무엇을 준비할까요? 물으니 이 박사는 "걱정 말아, 준비 다 됐어" 하는 것이다. 설명회에서 사용할 Projector 자료와 운영계획서가 잘 된듯 싶었다. 그런데 설명자료에 Spouse Program이라는 것이 있어서 이것이 무엇이냐고 물었다. "국제회의란 참가하는 사람들이 배우자에게 관광 시켜주는 것을 겸해서 오는 것이니까, 남정네들이 기술문제 회의를 할 때 부인네들을 따로 모시고 다니면서 Entertainment Program을 잘 운영해야 성공적인 모임이 된다"고 했다. 그리고 당시는 '한국에 어떻게 가느냐?' 하는 문제도 있어 한국에 여행하는 Guide Book이 필요했는데, 다행히도 바로 그 얼마전에 PATA(아태관광협회) 총회가 한국에서 열리면서 정부가 만들어 둔 호화로운 책자가 있어서 이 박사가 이것들을 수집해다 쌓아두었다. 준비는 끝났다.

그런데 막상 현장에 가보니 의외의 상황이 벌어졌다. PBNC 문제를 다루는 주체는 미국의 ANS-AIF(미국 원자력학회-미국 원자력산업협회) 두 단체 임원들로 구성된 이사회인데, 이 모임에서 Dr. Wang이라는 MIT 교수가 화가 난 목소리로 열변을 토했다. 내용은 작년에 미국측 임원들이 베이징을 방문해서 제5차 PBNC를 중국이 개최해 달라고 요청을 해서, 중국측은 이를 받아들이고 미국 손님들을 융숭하게 대접했고, 대내적으로 국무원의 승인이 떨어져서 준비가 다 됐는데 갑자기 한국과 대회 유치문제를 경쟁하라고 하니 이게 무슨 장난이냐? 하는 것이다.

여기에 대해서 정근모 박사는, Dr. Wang의 이야기는 일리가 있지만 한국이 새로히 대회 유치를 신청하고 나서니 어쩔수 없이 경선을 하게 됐다. 그러니 양측의 Presentation을 들어본 연후에 다시 이야기를 하자. 이렇게 돼서 일단 Presentation이 시작됐는데, 중국측은 전혀 준비가 안됐고, MIT 대학원 다닌다는 중국 청년이 A4용지 한 장에 타이프로 찍은 것을 복사해서 장내에 돌리고, 중국 국방연구소 임원 한 사람이 중국어로 말하고 대학원생이 통역하는 식으로 한 십분 설명을 했다. 설명 내용은 “준비가 다 됐다”는 것 뿐이다.

이제 한국이 설명할 차례, Projector를 켜니까 화면에 Colorful한 그림이 나오고, 이창건 박사의 유창한 영어로 매끄럽게 설명이 진행됐다. 대회 일정 계획 중에 Spouse Program이 소개되자 폭소와 동시에 환성이 터졌다. 끝으로 한국으로 오는 Route를 설명할 때 필자가 PATA 총회 자료를 돌렸더니 탄성이 나왔다. 분위기는 완벽한 판정 승인데, 이사회가 방청인들을 다 퇴장시킨 후 한 시간 가량 격론을 벌인 다음 결과를 발표했다. 일단 제5차 회의는 Seoul에서 갖기로 하되 바로 그다음 해에 제6차 모임을 Beijing에서 하는 절충안이 채택됐다고 발표하고 회의가 끝났다. (3년 후의 제5차 PBNC 서울 행사 내용은 뒤에 설명)

그런데 곰곰이 생각해 보니 우리 쪽이 무리를 한 듯 싶다. 중국에서 하기로 약속이 다 된 것을 우리가 뺏어오는 모양새가 됐는데, 왜 이런 일이 생겼을까? 생각해 보다가 이렇게 결론을 내렸다.

1980년대 5공정권이 시작될 무렵 한국은 외교적으로 아주 고립상태여서 무슨 종류이건 국제회의를 유치하라는 정부 방침이 있었던 것 같다. 미국에서 활동하던 정근모 박사도 이 흐름에 호응해서 이런 일이 생긴게 아닌가 생각됐다. 한편 미국 원자력계에서 정근모 박사의 위상이 대단한 듯 보였다. 이창건 박사에게 이 이야기를 했더니, "그럼, 그 사람 Big Shot이야." 해서 '그게 뭔데요?' 하니까 "거물이라는 뜻이지." 했다. 영어 한 마디 배웠다.

(3) 한전에 필요한 고급인력 영입

또 한 가지 미션은 한전에 필요한 인재를 영입하는 일이었다. 이것은 미리 알지 못했는데 사장실에 출국인사 하러 갔더니 김영준 사장이 "정근모 박사더러 이번 기회에 괜찮은 사람 몇 명 선발해

달라고 부탁해 두었으니 잘 해보라"고 했다. 비행기 안에서 성 부사장에게 이 이야기를 했더니 성 부사장은 "나도 출국 직전에 김 사장에게서 이야기를 들었는데 정 박사가 사람들을 모아 놓았을 테니까 미국 가서 한 번 만나보고 이야기 하자"고 했다. 미국 사람들의 원자력행사 둘째날 오후에 방 두어 개를 빌려서 미국 각지에서 몰려온 영입 지망자들의 면담행사를 했다.

작은 방에서 성 부사장과 정근모 박사가 면담을 하고 나는 큰 방에 지망자들을 앉혀놓고 한 사람씩 안으로 들여보냈다. 정근모 박사가 미리 작성한 영입 희망자 명단을 보니 13명이었는데 당일 출석한 사람은 두 사람이 빠져서 도합 11명이 면담을 했다. 명단에 메모된 경력 난에는 한국에서 SKY 대학을 나오고 미국에서 또 무슨 교육을 받고 일류 업체, 예컨대 Westinghouse나 General Electric 같은 데서 일을 하다가 모두 Lay Out(해고)된 상태였다. 두어 시간만에 면담이 끝나고 성 부사장이 나와서 간단히 한 말씀 했다. "모두 훌륭한 인재들로 생각된다. 결과는 귀국해서 각자에게 개별로 통보하겠다"는 내용이었다.

조용한 자리에서 성 부사장에게 물었다. "괜찮은 사람 있던가요?" 했더니 잠깐 생각한 후 "여기 온 사람들 모두 괜찮은 것 같기는 해. 김 사장님은 나더러 '좋은 대우 해줄테니 오라'고 종용해서 되도록 많은 사람을 구해오라고 하셨는데, 생각해 봐요, 이 사람들 이력서 봤지? 우리 양창국, 전재풍, 심창생 등과 학교를 같이 다녔거나(서울공대 1960년 학번) 그 또래들이야. 우리 회사에서 대들보 같이 일하는 사람들은 겨우 과장급으로 대우해 주면서, 미국

갔다 온 사람이라고 임원 대우에, 아파트 34평짜리 주고 차 주고 한다면 어떻게 되겠어? 일할 맛 나겠어? 이봐- 이거 없던 일로 해야겠어. 회사에 돌아가서 이 이야기 꺼내지 말어" 했다.

귀국 후 성 부사장이 김 사장에게 이런 형편을 잘 이야기 했던지, 이 일은 진전이 안 되고 없던 일로 됐다. 한동안 한 밤중에 집으로 국제전화가 많이 걸려 왔다. 어떻게 됐냐고. 내 대답은 에둘러서 말할 수 밖에 없었다. "임원진에서 아직 결정이 나지 않은 것 같다"고.

이 일에 대해서 나는 40년간 입을 닫고 살았다. 김영준 사장의 인재 욕심은 대단했다. 기술회사를 운영하면서 항상 '안전'에 신경이 쓰이다 보니 외국의 일류 회사에서 근무한 경력자를 선호했다. 그래서 미국의 GE에서 근무했던 이 모 박사와 독일 어느 회사에서 근무했던 구 모 기사(技師)를 초빙해서 '고문'으로 모시고 늘 자문을 받았다.

(4) 미국 원자력학회 회장 – 변호사

미국 원자력학회-원자력산업회의 년차총회장에서 미국 쪽의 정근모 박사, 한국쪽의 이창건 박사 등과 어울려서 얼쩡거리니까 상당한 사람으로 대접해 주었다. 한 번은 미국 원자력학회 임원들이 어울리는 만찬에 동석하게 됐는데, 정 박사가 옆자리에 앉은 학회 임원 한 사람을 소개했다. "지금 부회장인데 내년부터 학회 회장이 될거"라고 했다. 그래서 거창한 물리학 박사려니 하고, 아는 척 좀 하느라고 "요즈음 연구하는 주제가 무어냐?"고 물었다. 기대했던 대답은 '핵반응 과정에서의 역학관계" 뭐 이런거 한다고 가정하고, 그러면 이해를 못해도 그저 "그러냐? Oh, realy?" 그러려고 했다. 그 순간 정 박사가 당황한 듯 한국말로 "아니예요, 이분은 변호사예요" 했다. 어? 변호사? 변호사가 원자력학회 회장을 해? 한동안 머리가 복잡했다.

정 박사의 말에 의하면, 미국 사회는 여론이 지배하니까 그 무렵 TMI 사고로 원자력이 사회적으로 도마에 올라 있던 때라, 여론형성에 도움을 줄 수 있는 사람을 임원으로 내세워서 대처한다고 했다. 이 사람은 Daub Muntzing이라는 독일계인데, 국회 로비스트이고 원자력 분야에 호의적이어서 학회 임원(회장)으로 영입한 것이라 했다. 정 박사가, 이어서, "이 분도 법학 전공자예요" 라며 나를 소개했다. 그는 내가 당연히(?) '변호사'일 것으로 여기고 그 다음부터 Dr. Seok이라고 호칭해서 난처했다.

후일 정 박사가 그를 추천하고 한전의 경영진이 허가해서 그를 한전의 '고문'으로 채용했다. 그는 매월 Report를 보내 왔다. 그러는 사이 몇 가지 문서를 제출해서 내가 ANS (American Nuclear Society) 회원이 됐다. 국내에 한국지부가 생기고, 지부회칙(Bylaw) 만드는데도 거들고, 모임에 참석하는 등으로 따라다녔다. 퇴직해서도 한동안 참석했다. 한국에서도 감히 '원자력학회'에 명함을 내밀지 못할 처지인데 '미국'의 원자력학회 회원이었다는 것이, 별로 한 일은 없지만, 몹시 영광스럽다.

(5) 제5차 PBNC 서울회의 준비

1984년 여름에 1년 후의 제5차 PBNC 준비 모임에 각국 대표들이 모였는데 중국 대표가 대만 대표단의 참석을 막으려 해서 한국 준비위원장인 이창건 박사와 실랑이가 있었다. 중국측은 대만은 중국의 일부이고 중국 대표단이 참석하는 경우 따로 대만 대표단을 초청할 필요가 없다는 논리였다. 그 당시 국제관계 상황은 미국이 중국과 수교하면서 대만을 내친 결과 UN에 중국이 대표단을 출석시키는 분위기였다, 한국은 아직 중국과 수교하기 전이고 대만과는 여전히 외교관계를 유지하고 있었다. 특히 원자력산업 관계에 있어서는 동양에서 일본 다음으로 대만이 한발 앞서 있어서, 한국의 원전 종사자들이 여러 차례 대만을 방문해서 자문을 받는 형편이고, 중국은 겨우 Qinshan 발전소 (33만kW)를 어렵사리 자체로 설계해서 겨우 건설공사에 착수할 무렵이었다.

미국은 넓은 중국에 많은 물건을 팔것으로 기대하는 분위기여서 중국편을 드는 형국이었다. 우리 정부로서도 중국과의 외교 수립을 염두에 두고 중국의 의견을 존중해 주라는 태도였다. 삼각파도에 휩쓸린 이 박사의 고민은 말로 다 할 수 없었다. 그러나 이창건 박사는 "이것은 국제정치의 마당(Arena)이 아니고 원자력산업이라는 과학자들의 친선 마당이다"면서 중국의 요청을 거절하고, 대만 대표단을 초청하는 것으로 단호하게 결론지었다. 그의 머리카락이 그때 상당히 빠졌다고 회고한다. 뒷 이야기는 당연히 대만측의 고마움 표시였다. 이창건 박사의 회고에 의하면 대만의 주한대사가 이 대표 내외를 명동 대사관에 초대해서 극진한 대접을 하면서 눈물을 흘리더라고 한다. 그때만 해도 중국의 국력은 별로였고 한국의 개발 경험을 배우려고 노력하는 분위기였다.

그 1년 후 제5차 PBNC 대회를 성공적으로 치렀다. 특별히 그 유명한 Spouse Program은 아주 잘 진행돼서 부인네들의 찬사를 받았다. 고궁 구경에서 처음 보는 동양 왕궁의 엑소틱한 느낌과 오랜 역사가 주는 교훈이 감동적이었다고 한다. 특히 Little Angeles 회관에서의 부채춤은 압권이었다. 이들의 가장 인기 있는 쇼핑 품목은 자수정(Smoky Topaz)이었다고 한다.

중국측은 5차 행사에 자기네 다음 해 '행사 준비팀'을 대거 끌고 와서 일일이 메모하고 배워갔다, 중국은 그때만 해도 국제행사를 치러 본 경험이 없어 기초문제부터 물어왔다. 이창건 박사는 너그러이 이들에게 대회 운영 노하우를 전수해 주었다.

내가 수교 전인 1990년에 중국을 방문하는 기회가 있었는데 그때만 해도 중국의 웬만한 화장실에는 칸막이가 없었다. PBNC가 비록 한 산업체의 국제행사지만 10·26 이후 국제관계에서 외롭던 5공 정권의 형편에서는 미-일-중-대만과 기타 연안국 등이 한판 잘 어울리는 잔치였다. 외교적으로도 상당한 성과가 있었다.

제 4 화 : 10.26 후의 혼란

(1) 과다한 전력 예비율 논란

1979년 10·26 사태는 1961년 5·16 이후 20년 가까이 지배해 온 한국의 정치상황을 크게 흔들었다. 이후 몇 해 동안 국내 정치가 요동치고, 대내외 경제관계가 아주 얼어붙었다. 산업의 위축은 산업용 전력의 수요 감소로 이어졌다. 전력 예비율이 40%가 넘는 것으로 나타났다. (한때 발전설비는 1,900만kW인데 수요(최대 전력)는 1,100kW에 못 미쳤다.)

감사원 감사가 나왔는데 이 많은 예비율을 문제로 삼았다. 한전에서 '장기 전력수요 예측'만을 평생 연구하는 서완석[1]이라는 간부가 담당자였는데 감사 담당자와 논쟁이 벌어졌다. "수요예측은 십여 가지의 팩터를 컴퓨터에 입력시켜서 산출되는 값을 기준으로 장기 수요예측을 하고, 여기에 따라 발전소들을 지은 것인데, 의외의 변란으로 산업위축과 전력수요 감소가 된 것을 어찌하란 말이냐? 머지 않아 경기가 회복되면 다시 수요가 늘고 예비율도 적정 수준이 될 것이다"고 항변했다. 감사관은 "아니다 외국 업체들과 짜고 무슨 이권이나 챙기려고 마구마구 발전소를 지었기 때문이다. 담당자를 징계하겠다"고 으름짱을 놓았다.

여기에 대해서 장시간 논쟁이 이어지고 마지막으로 감사관이 "이것은 국가적인 큰 죄를 지은 것이다. 담당자를 문책할 수 밖에

---

1) 서완석(徐完錫) : 서울공대 전기과, 한전 수요예측담당역(1급)

없다"고 선언하자 서완석씨가 "자알 해보쇼" 소리치고 자리를 박차고 나왔다. 이 말이 한동안 한전에서 유행어가 됐다. 담당자를 징계하려고 강하게 나왔던 감사원은 결국 거두어들였다. 몇 해 지나 전력 수요는 금새 회복되고 모든 것이 정상화 되었다. 산업설비를 짓는 데는 2-3년이면 충분하지만 전력 공급을 위한 발전소를 짓는 데는 15년의 회임기간이 필요하다. 당장 눈에 보이는 상황을 기준으로 전력사업 문제를 다루는 것은 극히 위험하다.

(2) 책임감 강한 재무부 과장

10·26 사태로 국내 산업이 위축되다 보니 전력 판매가 줄어서 전력요금의 수입이 줄고 자금이 고갈됐다. 심지어 원자력발전소 건설공사에 (내자로) 지불할 공사비 지출에 문제가 생겼다. 원자력발전소를 건설하는데 소요되는 비용은 외자와 내자로 나눈다. 외자는 85% 정도를 Eximbank의 차관으로 확보하고 나머지 15% 정도는 외국의 민간 은행들이 컨소시움을 조직해서 제공하는 차관으로 충당한다. 외자는 원자로, 발전기 등 외국에서 생산 공급되는 설비의 대가로 외국에 있는 외국 업체에 지급되는데 외자처 소관이다. 반면 내자는 한전 자체의 영업잉여금 또는 국내 은행에서 조달해서 국내업체의 토목공사, 시멘트, 철근 같은 자재 대금으로 지급되는데 자금부서 소관이다.

그런데 이 내자 조달에 문제가 생겼다. 한전 스스로도 돈이 모자랐고, 또 국내 은행에도 돈이 말랐다. 국내 은행들의 돈 장사는 상당부분을 외국(주로 일본)에서 꾸어온 돈을 활용한다고 한다.

(아마 지금도 그럴 것이다.) 국내 사정이 험악해지자 이들이 모두 돈을 거두어들인 것이라 했다. 한전의 자금조달부서는 할 수 없이 외국업체로부터 돈을 직접 꾸어오기로 했다. 그래서 (당시) 재무부에 신청 했는데 '외자도입과장'이 브레이크를 걸었다.

브레이크가 걸린 이유는 10·26 이후 경제상황이 나빠서 기존에 도입된 막대한 외자가 제대로 환수되지 못한 상황이라 인프레 위험이 아주 높은데, 추가로 현금을 도입할 수는 없다는 것이다. 한전의 자금부서 간부는 "그 과장이 필자의 동문이라던데, 필자가 찾아가보는 것이 좋겠다"고 요청을 했다. 만나본 일이 없는 사람이지만, 찾아 가서 부탁을 했는데 같은 말만 들었다. 재무부의 고위층에 줄을 댔으나, 돌아온 대답은 "그 사람이 안 된다면 안되는 것이다" 였다. 최후로 브리핑 챠트를 병풍식으로 만들어 들고 가서, "설명이라도 한 번 들어달라" 사정하고 원자력발전소 건설의 중요성을 거창하게 브리핑 했다. 이해가 됐는지 "이 액수가 다 필요하냐?" 묻고 "이번 한 번 뿐입니다" 했다.

5공 정권이 경제를 선방했다는 평을 듣는데 당시 정부에 이런 충성스런 공무원들이 있어서 국익이 유지되어 온 것이다. 그리고 이런 중견 간부의 말을 신임하고 '믿고 맡겨주는 고위층의 신뢰' 이런 것들이 흔들리지 않는 국정운영을 가능케 했다고 본다.

언필층 '독재시대'라고 불리우는 그 시대의 공무원들은 그랬는데 '민주화 시대'라고 자랑하는 지금의 공무원들의 대화는 "너 죽을래?" 또는 "나에게 신이 내려서 그랬습니다" 등의 요사스런 말로 통한다. 대한민국이 후퇴되는 방향으로 가는 것인지?

한편, 한전을 애먹인 이 사람의 이름은 엄락용(嚴洛鎔)이다. 그는 승진을 거듭해서 20년 후 산업은행 총재가 됐는데, DJ 때 북한에 4억 5천만 달러 송금한 사실을 알게 되자 국민들에게 알려야 하겠다 판단하고 공개되도록 조처했다.

(3) 5공 정권의 경제 선방

1980년대 중반에 이르자 5공정권의 경제 운영이 본궤도에 오르고 국제수지가 크게 호전됐다. 사람에 따라서는 이렇게 된 원인을 3저호황(3底好況)의 덕분이라고 말하기도 한다. 3저라 함은 달러 값, 기름 값이 쌌고, 중동에서 많은 (건설공사 수입금으로) 오일 달러가 들어와서 저물가를 유지했다는 것이다. 우리 경제가 호전되어 외환사정이 좋아지자 사라졌던 외국 돈줄들도 돌아왔다. 이때 정부의 지시가 내려왔는데, 몇 해 동안 경제가 어려운 기간에 혹시 악성 차관을 들여온 것이 있으면 조기 상환하라는 내용이다.

한전의 외자처는 주로 원자력발전소 건설에 소요되는 자금만 취급했으므로 악성차관은 없었으나 국제금융관계 업무를 취급하는 한전의 자금부서는 높아진 한전의 신용도를 바탕으로 국제금융시장에서 아주 좋은 조건으로 돈을 빌려올 수 있었다. 일반적인 차관 조건인 LIBO+α에서 LIBO는 런던은행간 거래 금리이고, α는 Spread라고 하는데 차주(借主)의 신용도에 따라 8/8부터 1/8까지 다양한 조건이 사용된다. 이 무렵의 한전은 신용도가 매우 높아져서 α가 4/8까지 내려와서 (정부기관인 산업은행보다) 좋은 조건으로 차관을 얻어올 수가 있었다.

한편 우리 외자처도 외국의 금융기관이 따뜻하게 대해 준다는 감을 피부로 느꼈다. 여기서 외자처가 취급한 외국 차관에 관해서 잠시 설명을 하자면, 원전 건설을 위해서 두 군데서 차관을 얻어 온다. 첫째는 미국의 정책차관인 미국 수출입은행 (Exim-Bank)에서 대부분(85%)의 금액을 확보하고, 나머지는 많은 외국 시중은행들이 참여하는 상업차관(컨소시움)으로 충당한다. 상업차관은 이것을 주관하는 간사은행이 있는데 이 간사은행은 전체적인 자금관리와 대금 지불의 창구역할을 담당한다.

이 간사은행이 Exim-Bank에서 나오는 돈도 처리한다. 〈Exim-Bank는 매월 한 번만 뭉치돈을 간사은행으로 보낸다.〉 이 모든 거래행위가 미국에서 자동적으로 진행되고 한전과의 업무는 전신과 서신으로 이루어지지만 사업주인 한전과 이들 은행들과의 "확인"을 위해서 정기적으로 실무자들이 대면하는 일이 있다. 이 때 이 사람들이 우리 직원들을 어떻게 대접하는지가 이야기 거리이다.

이무렵 미국에 출장갔던 한국종 과장[2]이 돌아와 보고하면서 싱글벙글 했다. "이번에 갔더니 대접이 극진하더라고요. 책임 간부가 미소를 띠고 친절한 것은 물론이고 점심을 대접하겠다고 해서 얻어먹었지요. 또 부총재라는 사람이 나오더니 '아, 한전에서 왔냐? 새 프로젝트 뭐 없냐?' 등 친절하기가 이루 말할 수 없었습니다. 그런데 그 부총재의 이름이 Solomon이라고 해서 옛날 이스라엘의

2) 한국종 (1944-) 서울상대. 한국전력 부사장. 국내 유수기업체 CEO.

왕 King Solomon의 후손이냐?고 했더니 그것은 모르겠다고 하데요. 하여튼 대접 잘 받았습니다" 했다.

지갑이 두둑한 사람이 대접을 잘 받는 것은 개인이나 나라나 마찬가지임을 입증하는 것이다. 먼 훗날 5공정권에 대한 평가는 매우 부정적인데, 이 기간에 실무 현장에 있었던 한 사람으로서 증언한다면, 사실은 이들에게 높은 점수를 주어야 한다. 첫째 박정희 정권의 바톤을 이어받아 정치를 연착륙시켰고, 또 자신감을 가지고 국민들에게 실질적인 선정을 베풀었다. 예컨대, 통행금지라는 수 십년래의 족쇄를 풀었고, 외국여행 자유화를 시행해서 사실상 국민들의 세계화를 이룩해서 대한민국이 세계적인 국가로 도약할 수 있는 발판을 마련했다.

제 5 화 : 원자력 기술자립과 수난

(1) 박정기 사장의 결단

1985년 한빛 3, 4호기 건설을 위한 외국업체와의 계약을 시작할 때, 한전에서는 이번 기회에 한국의 원전기술 자립을 달성하기 위한 단호한 로드맵을 정했다.

그것은 ① 계약자는 자기가 가지고 있는 기술 족보를 건네 줄 것 ② 계약서는 '한국어본'을 원본으로 할 것 ③ 여타 계약조건이 유리할 것 등이다.

이것들은 십 수년간 한전이 시행했던 원전건설의 관행과 큰 차이가 있는 것이어서 외국의 업체들이 크게 반발할 뿐만 아니라 한국 사회의 언론들도 의아한 눈으로 보았다. 그래도 모험을 시도한 것은 CE의 밀약이 있었기 때문인데, CE가 약속을 지킬 것이라는 확증도 없는 상태에서, 잘못하면 국제망신을 당할 우려도 있었으나, 당시 한전의 박정기 사장은 결단을 내리고 일을 밀어부쳤다.

(2) 박정기 사장의 두 번째 결단

1985년 한빛 3, 4호기 건설 때 특별한 조건을 내세워 원천기술(Source Cord)을 쟁취하는 계약을 해서 원자력발전소 건설기술의 자립을 성사시켰다는 것은 앞에서 소개했다.

그런데 그 과정은 순탄치 못했다. 이번 계약의 진행이 과거 15~6년 간의 관행에 비추어 약간 특수한 점이 있으니까 정부-국영기업체의 일에 비판을 하는 야당으로서는 일거리가 하나 생겼다고 생각하고 덤벼들었다.

박정기 사장은 이런 사태를 예견했다. CE와의 계약이 끝나면 사장 이하 관련 직원들이 발가벗겨져서 사방 팔방으로부터 화살을 받게 될 것을 예상했다. 그래서 그는 계약협상에 들어가기 직전에 두 번째 결단을 했다. 그가 CEO로서 당연히 계약과정에 간여할 권한이 있는 것이지만, 이번 일에는 일체 의사표시를 하지 않기로 작정을 한 것이다.

한전이 원전 발주를 할 때 맨처음에 하는 일은 『신규사업추진반』이라는 임시 TF를 구성하는 일이다. 업무 성격으로 보면 외국업체와 계약을 하는 것이니까 당연히 '외자처'의 업무범위(Scope)

에 속하는 것이지만, 일이 워낙 전문성을 필요로 하고 또 장기간의 일이므로 여러 부서에서 30-40명 인원을 차출해서 팀을 만들고 한 10개월 일을 하는 것이 관례이다. 그 팀장은 당연히 담당 전무다. 따라서 나는 이 업무에 직접 간여하지 않았다.

이 팀이 일을 시작할 즈음에 박 사장은 팀원들을 모아놓고 특별지시를 했다.

> *"이번 일은 한전이 원자력발전소 2기를 건설하기 위한 것이기도 하지만 한국의 원전기술이 자립을 하느냐 마느냐 하는 중차대한 임무도 겸하고 있다. 또 한 가지는 외부에서 엄청난 압력이 있을 것이다. 이것은 내가 다 막겠다. 그리고 나도 여러분들의 업무에 절대 간여를 않을 테니 최후의 평가서가 나오기까지 나에게 무슨 서류도 가져오지 말라. 의사를 묻지도 말라"*

그럼에도 불구하고 팀장인 전무가 여러 번 사장실을 들락거리며 무언가 말을 할까 망설이다가 박 사장의 험상한 인상에 그만 커피만 마시고 돌아가곤 했다.

사실 박 사장도 일의 진행이 궁금했을 것이다. 과연 CE가 약속대로 기술 족보를 몽땅 내주겠다는 제의서를 써냈는지 다른 업체들은 어땠는지….

그러나 결과는 하늘에 맡기고 그는 작업이 진행되는 몇 개월동안 인내를 했다. TF는 일을 끝냈을 때에야 최종문서를 사장실로 가지고 갔다. 결과는 박 사장이 기대했던 대로 CE가 선택됐다. 박 사장은 처음으로 받아 본 입찰결과 평가 문서에 서명을 했다. 그리고 대외에 결과를 발표했다. 이상이 후일 검찰에서 조사한 내용이다.

다음 해 한전은 CE를 Partner로 정해서 계약을 했고, 바라던 기술자립이 성공적으로 달성됐으므로 일을 중심으로 본다면 칭찬을 받아야 함에도 불구하고 한국사회의 특수성으로 인해서 한 동안 큰 소용돌이가 몰아치고 결국 박정기 사장이 자리를 물러나게 되는 환란이 있었다.

(3) 야당(평민당)의 검찰 고발

그당시 야당에서는 박 사장과 전두환 대통령과의 인맥이 끈끈하니까 전 대통령의 압력으로 무슨 부정이 있는 게 아닐까 하는 의심을 품고 이것을 끈질기게 물고 늘어졌다. 국회에서도 공격을 하고 검찰에도 고발을 해서 150여명의 관련자가 반년 넘게 검찰의 조사를 받았다. 고발한 내용은 대체로 웨스팅하우스가 주장하는 것인데, CE가 능력이 없는 업체라는 것이다. 해외에서 자국 업체끼리의 진흙탕 싸움은 일본 말고는 다 하는 것 같다.

내가 원자력에 오기 전에 내자에서 구매업무를 했었는데, 상당히 많은 기자재를 일본에서 들여오던 때였다. 2-3개 일본 업체로 하여금 경쟁하도록 여러가지 트릭을 썼으나 그들은 절대로 넘어가지 않고 단합하는 것을 보았었다. 한국의 건설업체들이 외국에 나가서 서로 먹칠을 한다는 소리를 들을 때 화도 났었다.

미국의 원자력 산업체는 각양 각색이어서 실력을 한 마디로 평가할 수는 없다. 과거의 실적을 놓고 판단하면 CE는 미국에서 PWR 계통의 원전 부품을 만드는 업체중에 WH 다음으로 2위쯤 된다. 3위는 Babcock & Wilcox인데 TMI 원전 원자로 납품 업체로 유명세를 탔으나 사고후 바로 문을 닫았다. CE는 단독으로 10여 기의 원전을 수주해서 완공했고, 주로 WH나 GE가 수주하는 원전의 하청으로 '원자로'를 만들어 납품한 실적이 많다. WH의 그늘에서 고전 하다가 결국 회사 문을 닫는 마당에 족보를 한국에 판 것이다.

(4) 조희철 의원과 김대중 선언

1988년 7월의 국회 동력자원위원회는 아침 10시부터 밤 11시까지 평민당은 조희철(趙喜澈) 의원을 비롯한 여러 의원들이 번갈아가며 한빛 3, 4호기 계약을 매도했다. 전력 예비율, 안전성, 경제성, 기술자립도 측면에서 용납할 수 없는 사업이라고 질타했다. 동자위원장 황락주(黃珞周) 의원도 무자격업체와 계약을 했다면서 맹공했다. 조희철 의원은 사전에 많은 공부를 한 듯 원자력발전소의 안전성과 기술적 사항에 대해 많은 질문을 했다. 그는 CE와의 계약을 파기하라고 다그쳤다.

1989년 국회에서 미국 현장의 실태를 파악하기 위해 CE사 등을 방문하는 프로그램이 있었는데 조 의원도 여기에 합류했다. 도중에 조 의원은 워싱턴에 들러 유진오(兪鎭午) 박사의 아들 물리학자 유 박사를 만나서 여러가지 이야기를 나누었다고 한다.

거기서 물리학 박사의 설명에 많은 도움이 되었는지 그후로 조 의원의 자세는 많이 달라졌다. 당시 경제과학위원장 유준상(柳晙相) 의원도 동행했었다. CE의 본사가 있는 Winzer에 도착해서 의원들이 한국기술자들(CE 본사에 기술전수를 위해 파견된 원자력연

구원 직원들)과 모임을 갖고 여러가지 이야기를 나누었다. 원자력 전문가들과의 토론을 통해서 많은 지식을 터득한 조 의원은 원전을 지지하는 편으로 급속히 변화됐다. 그는 귀국하면서 많은 원자력 서적을 구입했고, 귀국해서는 원자력 정책을 지지하는 일본책 한 권을 번역해서 출판하기까지 했다. 이 책은 일본의 사회당 참의원 후쿠마 도모유키(福間知之) 의원이 쓴 『원자력은 악마인가』(原子力は 惡魔の 手先か)이다. 그후 원자력발전소에 관한 정책에 많은 도움을 주었다.

이것은 다른 이야기인데,

또 한 분의 친원전 정치인은 김대중 전 대통령이다. 그가 평민당 총재시절인 1989년 11월에 목포대학 행사에 참석하는 기회에 많은 주민들과 대화를 나누었다. 당시 그 지역의 원전인 한빛 3, 4호기 건설이 화제로 되어서 그 지역의 한 인사가 이 문제를 물었다. 그는 신안군 압해면 환경보전위원회 회장이며 6개 지역 핵추방 공동투쟁위원회 회장인 김기상 씨였다.

김 총재는 답변에서 원전 건설을 지지하는 요지의 설명을 했다.

> *"우리나라는 부존자원이 적어 원자력 에너지의 개발은 불가피한 실정이다. 최근 프랑스 대사를 만났는데 그 나라에는 55개의 원자력발전소가 있지만, 지방마다 서로 원전을 유치하려 한다고 했다. 왜냐하면 원자력이 문화교육시설을 만들어 주고, 지역 사람에게는 고용증대의 기회를 주기 때문이다.*

내가 전문가를 만나서 이야기를 들어보았는데 생각처럼 위험하지 않기 때문에 자원빈국인 우리나라의 사정에서 원전을 건설할 수밖에 없다고 본다. 물론 안전문제에는 신경을 써야 할 것이다. 석유나 석탄 등 타 발전소도 공해가 많다. 평민당내에도 동자위원은 찬성하고 보사위원은 반대하는 처지에 있다”

원자력계에서는 김대중 총재의 이날 발언으로 우리나라 원자력 정책의 국민수용에 중요한 분기점이 된 중요한 선언으로 지칭하고 이를 『김대중 총재의 목포선언』 이라고 찬양한다.

(5) 이종훈 부사장의 선방

박정기 사장은 야당의 정치적 공세의 희생물로 퇴임했고 후임 사장이 부임했으나 미처 내용 파악이 되지 않아서 그 후에는 이종훈 부사장이 국회와 외풍을 막아냈다. 실무내용을 자세히 파악하고 있어서 무슨 질문에도 막힘없이 답변하니 더 이상 흠을 잡을 수 없어서 사건이 슬며시 종결됐다. 사태가 정리된 후 이종훈 부사장이 산업부 주선으로 담당 검사와 만나는 기회가 있었다. 후일 검찰총장이 되는 정상명 검사는 의미 있는 말을 남겼다.

“이렇게 대규모 인원을 장기간 조사하고도 아무런 혐의를 발견하지 못해서 무혐의 처분을 한 사례는 자기 검사 생활 역사에 없었다” 고.

〈부록 A〉 기술문제 해설

Ⓐ 핵반응(核反應 Nuclear Reaction)
Ⓐ-2 핵융합(핵융합 Nuclear Fusion)
Ⓑ 핵물질의 연쇄반응(連鎖反應 Chain Reaction)
Ⓒ 농축(濃縮 Enrichment), 감속재(減速材 Moderator), 냉각재(冷却材 Coolant)
Ⓓ 중수로(重水爐 Heavy Water Reactor),
경수로(輕水爐 Light Water Reactor)
Ⓔ 플루토늄(Plutonium)
Ⓕ 천연 우라늄 농축(Enrichment),
사용후 핵연료 재처리(Reprossesing)
Ⓖ PWR(Pressurized Water Reactor),
BWR(Boiling Water Reactor),
FBR(Fast Breeder Reactor)
Ⓗ 전력계통(電力系統), 기저부하(基底負荷)
Ⓘ 용융(鎔融 Melt Down)

Ⓐ 핵반응(核反應 Nuclear Reaction)

원자(原子) 그 자체는 극미세 물질(10^{-10}m)이기 때문에 원자현미경으로도 볼 수가 없다. 원자의 구조를 크기 비율로 그 배치를 설명하자면 다음과 같다.

원자 전체가 잠실종합운동장만 하다면 한 복판에 피쳐가 들고 있는 야구공이 원자핵에 해당된다. 그리고 관중석 꼭대기에 겨자

씨(전자) 한 개가 야구공을 중심으로 시계방향으로 원운동을 한다. 이것이 수소 원자의 구조이다. 원자의 구조를 대강 짐작했으리라고 생각하고 다음부터는 원자 전체를 하나의 '사과'로 비유해서 설명하겠다. 원자핵을 사과 '씨'로 비유한다.

사과를 향해서 좁쌀(중성자 n) 하나가 날아와서 사과의 씨(핵)에 부딪친다. 〈씨(핵) 속에는 양자와 중성자가 들어 있다.〉 그러면 사과가 크게 쪼개지면서 열이 발생함과 동시에 씨안에 있던 다른 좁쌀들(n)이 2-3개 튀어나온다. 이것을 핵분열이라 하는데 보통 핵반응이라 하면 이 핵분열을 말한다.

Ⓐ-2 핵융합(핵융합 Nuclear Fusion)

핵반응이라면 보통 핵분열을 의미하지만 사실은 핵융합도 있다. 이것은 중수소가 삼중수소와 결합해서 헬륨(He)으로 변화되는 과정에 막대한 에너지가 발생되는 현상이다. 태양이 바로 이 작용으로 막대한 열과 빛을 낸다고 한다. 지금 세계는 우리나라를 비롯한 7개국이 연합체(ITER)를 만들고 핵융합 실증로를 프랑스에 짓고 있다. 2050년 경에는 새로운 에너지를 구경하게 될 것이다.

Ⓑ 핵물질의 연쇄반응(連鎖反應 Chain Reaction)

1차 핵반응에서 튀어나온 n의 숫자는 평균 2.45개이다. n이 날아가서 다른 사과의 씨에 부딪치면 2차 핵반응이 일어난다. 같은 방법으로 3차, 4차 계속해서 무한하게 일어난다. 이것을 핵물질의 연쇄반응이라고 한다.

각각의 핵반응이 순차로 일어나기 때문에 엄밀히 말하면 시차(時差)가 있는 것이지만 사과가 엄청 많으면 n의 비행이나 핵반응의 속도가 워낙 짧은 시간대(10^{-13}초)에 일어나므로 거의 동시(同時)에 일어나는 것과 같다. 즉 모든 핵반응이 동시에 일어나면 핵폭탄이 되는 것이다. 그러나 사과가 드문드문 있어서 핵반응이 어쩌다 한 번씩, 같은 주기로 서서히 계속해서 일어나면 폭발은 일어나지 않고 인간이 필요로 하는 열(熱)만 얻게 된다. 원자력 발전소는 후자의 저속 연쇄반응을 이용하는 경우이다

© 농축(濃縮 Enrichment),
감속재(減速材 Moderator),
냉각재(冷却材 Coolant)

사과(우라늄)중에는 핵반응을 일으키는 성한 사과(U-235)가 0.7% 밖에 안된다. 나머지 99.3%는 핵반응을 일으키지 않는 멍든 사과(U-238)이다. 그리고 실제로 n 한 개가 성한 사과 안의 작은 씨를 맞출 확률은 매우 낮다. 이 확률을 높이기 위해서는 특단의 조치를 취해야 된다. 즉 (A) 성한 사과를 수 십 상자 산더미 같이 쌓아 놓든가 아니면 (B) n의 숫자를 무한대로 많이 쏘아주든가 해야 할 것이다.

A의 방법으로 농축이 있다. 사과 광주리(천연 우라늄) 안에는 핵반응을 일으키는 성한 사과 U-235는 0.7% 밖에 없고, 나머지는 핵반응이 잘 안 일어나는 멍든 사과 U-238 만 가득하다(99.3%). 그래서 성한 사과의 비율을 적어도 4-5% 정도 이상 올려야 일이

된다. 이것을 우라늄 농축이라고 한다 (Ⓕ 참조). B의 방법은 n을 무한대로 늘릴 수 없으니까 n의 움직이는 속도를 줄이는 것이다. 예컨대 야구 투수가 보통 150km의 속도로 공을 던질 때 타율은 30%를 넘기기 힘들지만, 만약 속도가 100km로 늦춰지면 타율은 50%를 넘긴다고 한다.

핵분열에서 나오는 n은 빛의 속도 1/10로 날아간다(직진). 그런데 이렇게 빠른 n은 성한 사과를 때려도 핵분열이 잘 일어나지 않는다. 그러나 감속재로 속도를 줄이면 그 속도가 2,200m/sec (음속의 6배)로 대폭 느려지고 이것이 사과를 때리면 핵분열이 일어난다. 또 이렇게 n들이 굼벵이(?) 같이 움직이니까 같은 동네(界) 안에 n의 숫자가 많이 어슬렁거리게 되어 핵반응 확률이 높아지고, n을 무한대로 쏘아주지 않아도 된다는 개념이다.

n의 속도를 줄이는 물질을 **감속재**라고 하는데, 이 감속재로는 중수(H_2O_2), 경수(H_2O), 흑연 등이 있다.

원자로 연료가 핵분열을 할 때 열이 발생하는데, 핵연료봉과 밀착해서, 한편으로는 연료봉을 식히고, 다른 한편으로는 이 열을 옮겨서 에너지로 이용되게 하는 것이 **냉각재**이다. 냉각재로는 물 또는 중수를 쓴다. 이들은 감속재로도 작용하지만 냉각재로도 쓰인다. 나트륨을 냉각재로 쓰는 경우가 있다. 나트륨이 금속이지만 약간의 열을 가하면 액체가 된다.

Ⓓ 중수로(重水爐 Heavy Water Reactor)
경수로(輕水爐 Light Water Reactor)

(1) 중수로

위에서 살펴 본 ①농축과 ②감속재의 문제는 서로 대립관계에 있다. 즉 ②가 잘 되면 ①이 덜 돼도 연쇄반응이 가능하다. 중수로가 그것이다. 감속재로 중수를 사용해서 n의 활동이 아주 둔하게 되면 성한 사과의 밀집도(U-235의 농축도)가 덜해도 된다. 그래서 중수로에서는 우라늄을 농축하지 않고 천연 우라늄(0.7%)을 그대로 (양을 많게 해서) 쓸 수가 있고, 우라늄 농축 비용이 절감된다. (농축비용은 전체 핵연료 비용의 40%를 차지한다.) 반대로 중수의 값이 비싸다. 같은 양의 양주 죠니워커 값보다 약간 비싸다. 그러나 핵연료는 소모품이고 중수는 웬만하면 소모되지 않으니까 중수로가 경제적으로 경쟁이 가능하다.

(2) 경수로

경수로라는 용어는 중수로에 대비된 이름이다. 보통의 '물'을 구태여 '輕水'라고 할 필요가 없는데, 원자로 개발의 역사에서, 중수로와 구분하기 위해서 보통 물을 사용하는 원자로를 '경수로'라고 부르게 된 것이다. 경수로에서는 ①우라늄 235를 4-5%로 농축해야 된다. ②감속재로는 손쉽게 얻어지는 보통 물을 써도 되는 장점이 있다.

Ⓔ 플루토늄(Plutonium)

천연 우라늄에는 핵반응이 가능한 사과(U-235)와 불가능한 멍든 사과(U-238)가, 한 광주리 안에, 같이 있다. 전자는 불과 0.7%라는 극소수이고 후자가 절대 다수를 차지하고 있다. 중수로든 경수로든, 핵연료에는 이 멍든 사과가 절대 다수일 수 밖에 없는데, 원자로가 운영되는 동안 성한 사과는 핵분열을 일으켜 본래 목적대로 연료의 역할을 하는 것이고, 쓸모 없을 것 같은 멍든 사과도 그 중에 얼마가 n을 만나서, 둔갑(beta decay)을 하면 핵분열이 가능한 배(梨)(U-238+n→P-239)로 변하게 된다. 말하자면 일부가 전혀 다른 물질로 변화하게 되는 것이다.

이 배를 플루토늄이라고 한다. 플루토늄은 원자로 연료로도, 핵폭탄 재료로도 쓰인다. 박정희 대통령이 캐나다의 중수로를 도입한 동기가 의심을 받는 원인이다.

Ⓕ 천연 우라늄 농축(Enrichment)
사용후 핵연료 재처리(Reprossesing)

천연상태의 우라늄은 핵분열이 가능한 사과의 비율이 적기 때문에 이것을 활용(발전소 연료로 또는 폭탄으로)하기 위해서는 농축, 즉, 성한 사과의 비율이 많도록 작업을 해야 된다. 성한 사과/멍든 사과 고르는 일은 같은 사과(물질)끼리니까 매우 어렵다. (이론상으로) 양자의 중량에 극미한 차이가 있기 때문에 원심분리 방법을 쓰기도 하고, 기체확산 방법을 쓰기도 한다. 북한이 원심분리법으로 농축을 하기 위해서 強알미늄 재질의 튜브를 다량으로 구입해다 원심분리기를 만들어 쓴다는 보도가 있었다.

원자로에서 생성된 배(플루토늄)를 이용하기 위해서는 이것을 사과 무리에서 골라내야 한다. 이것은 (이론상으로는) 비교적 용이하다. 사과와 배는 전혀 다른 물질이기 때문이다. 〈우라늄의 경우 성한 사과와 멍든 사과는 같은 사과(물질)이므로 구분이 어렵다. 이것은 마치 우리가 먹는 쌀중에 멥쌀과 찹쌀이 섞여 있을 때 이것을 골라내기가 어려운 것과 같다.〉 사과 광주리에서 배로 둔갑한 물질을 골라내는 데는 둘이 서로 다른 물질이기 때문에 마치 쌀에 섞여 있는 돌을 골라내듯이 물에 넣어 일던가 바람을 불어 날리면 되는 것과 비슷한 이치이다.

재처리 하면 사과 가운데 미처 사용이 되지 못한 것(U-235)이 약 1% 나오고 배로 둔갑한 플루토늄이 약 1% 나온다. 이 배들(플루토늄)도 핵분열 물질이니까 핵연료로 쓸 수 있다. 이들을 함께 모아 핵연료로 가공된 원전 연료를 MOx라고 한다. 프랑스와 독일 그리고 일본의 일부에서 사용한다. 플루토늄은 독성이 강한 물질이기 때문에 원격작업을 통해서 작업이 이루어진다.

Ⓖ PWR(Pressurized Water Reactor)
BWR(Boiling Water Reactor)
FBR(Fast Breeder Reactor)

(1) BWR(비등형경수로), PWR(가압 경수로)

BWR과 PWR는 양자 모두 원자로에서 우라늄 연쇄반응으로 열을 얻고, 이것을 이용한다는 점에서는 두 원자로의 기능은 같다. BWR형 원자로는 원자로에서 덥혀진 물이 고압증기로 되어 직접 발전실로 가서 Turbine을 돌리는 구조이다. 반면에 PWR 에서는 원자로에서 덥혀진 물이 일단 증기발생기(SG, Steam Generator)로 가서, 거기 있는 물을 덥히고, 그 물이 고압증기로 되어 발전실의 Turbine을 돌리는 구조이다.

(2) PWR(가압 경수로)의 가압기

PWR는 원자로의 물이 SG에 가서 일을 하는 동안 액체상태를 유지해야 되니까 150기압 정도의 강한 압력을 가해서 원자로내의 물이 기화(氣化 수증기) 되는 것을 막아 준다. 또 고압의 유체(流體)가 고속으로 순환하는 설비니까, 원자로 건물(Dome)안의 모든 설비를 두껍고 든든하게 만들고 Dome을 아주 든든하게 지어서 이들을 보호한다.

(3) FBR(고속증식로)

FBR는 매력적인 원자로다. 이 원자로를 운영하면 많은 플루토늄이 생산된다. 플루토늄도 핵분열 물질이니까 핵연료로 쓸 수 있고 따라서 핵연료가 늘어나는(Breeder) 원자로라 해서 붙여진 이름이다. n이 우라늄에 부딪치면 좋은 사과(우라늄-235)에서는 핵분열이 일어나고 멍든 사과(우라늄-238)에서는 플루토늄이 만들어진다(Ⓔ 설명 참조). 자연적인 상태에서는 n의 속도가 햇빛 속도 개념(광속의 10분의 1)이다. 그러나 연쇄반응을 유지하기 위해서 감속재를 사용하면 n의 속도가 음속 개념(음속의 6배)으로 줄어든다. (Ⓒ 설명 참조). 후자를 열 중성자라 하고 전자를 고속 중성자라고 이름 붙였다. 경수로에서는 열중성자가 핵분열을 일으키고 고속증식로에서는 고속중성자가 핵분열을 일으키므로, 그래서 '고속(Fast)'이라는 이름이 붙었다. n을 계속해서 생산하기 위해서 (경수로에서는 감속재를 쓰지만, 고속증식로에서 감속재를 쓰면 n이 열중성자로 되니까) 감속재 없이, 대신, 좋은 사과(우라늄-235)를 (경수로에서는 4-5% 농축해서 사용하지만) 20% 정도로 농축한 것을 가운데에 쌓아 놓고 주위에 멍든 사과를 둘러(Blanket) 쌓아 놓으면 연쇄반응이 가능하게 된다.

그런데 어려운 문제는 냉각재다. 원자로에 필수적으로 있어야 되는 냉각재는 (물은 쓸 수 없고 - 감속 작용을 하니까) 금속인 나트륨(80℃에서 액화된다)을 쓴다. 나트륨은 감속 기능이 적어서 좋은데, 워낙 민감한 원소라, 조금만 새어 나와도 문제를 일으켜서 어려움이 많다. 그래서 프랑스의 Super Phénix, 일본의 Monju(文殊)가 중도 포기했다.

나는 FBR에 관심이 많아서 1981년 프랑스 출장 기회에 Creys

Malville로 Super Phénix를 찾아갔었다. 정비중이라 가동을 멈추고 있었고 소장이 자세한 기술적인 설명을 하는데, 나는 잘 이해를 하지 못하고 나중에, 동행했던 홍주보 파리사무소장(당시)에게 들으니 무슨 기기를 조작하다가 냉각재(Na)가 leak(누출)돼서 무슨 조치를 하느라고 멈춰서 있다고 했다. 몇 해 후에 들으니 아주 폐쇄했다고 한다.

일본의 Monju도 마찬가지의 경우이다. 『일본 원자력개발 십년』에 의하면 1950년대 원자력을 시작하면서부터 FBR을 같이 연구했다. GE의 기술전수가 있었다고 들었다. 역시 냉각재로 소디움(Na)을 쓰는데 이것이 말썽을 일으켜서 몇 번이나 가동을 중단하고 포기했다가 재개하기를 반복했었는데 2016년에 영구 중단하기로 했다는 소식을 들었다. Monju라는 원자로 이름은 문수보살(文殊菩薩)이라는 부처 이름에서 온 것이다. 1950년대 일본국민들의 정서가 '원자력'이라면 치를 떨던 때라 아예 부처 이름을 붙여서 국민정서를 누그러뜨리는 편법을 쓴 것이다.

FBR은 우리도 지어야 하니까 많이 연구를 해야 한다. 2021년 9월에 허가된 Pyroprocessing 기술로 사용후 핵연료를 재처리하면 거기서 나온 핵연료를 SFR에서 사용한다고 한다. SFR이 FBR의 다른 이름이다.

Ⓗ 전력계통(電力系統), 기저부하(基底負荷)

(1) 전력계통

한 나라가 전기를 생산-공급하기 위해서는 우선 전 국토에 망(網, Network)을 깔아야 한다. 이 망을 전력계통(電力系統)이라 하는데 이 계통을 경유해서 전력이 발전소-송변전설비(송전탑, 변전소)-수요처(공장, 가정)로 흐른다. 전국의 총 발전량은 총 수요의 약 110%로 유지해야 된다. 그래야 전압과 주파수가 안정이 된다. 기술적으로는 전력 흐름의 조류(潮流)의 문제도 있어 발전소의 위치도 고려 대상이다. 이런 것을 조절하기 위해서 Center가 필요하다. 전국의 전력 수요가 변동을 거듭하고 있을 때, 이 본부가 각 발전소에 출력을 조절하는 명령을 내린다. 본부의 의도와 별개로 갑자기 발전량에 변동이 생기면 전력계통이 흔들린다. 그러면 전압과 주파수에 변동이 생긴다.

우리나라는 육지와 제주도가 각기 독립된 계통을 형성해서 전력사업을 하고 있다. 육지는 약 1억 3천만kW 규모, 제주도는 약 100만kW 규모이다. 육지는 설비 규모가 크니까 웬만해서는 문제가 생기지 않는데 제주도의 경우는 규모가 작은데 신재생에너지가 16%나 차지하니까 가끔 문제가 생긴다. 제주도의 부족 전력을 지원하기 위해서 육지에서 해저송전선 두 곳을 운용하고 있다. ① 해남선 30만kW (15만kW×2), ② 진도선 40만kW (20만kW×2) 등이다. 이들은 모두 고압직류(HVDC) 송전선이다. 지금은 육지에서 제주도로 일방적 공급하는 체제이지만, 앞으로 제주도의 신재생 에너지를 흡수하기 위해서 역송전할 수 있는 기술을 개발하고 있다.

(2) 기저 부하(基底 負荷)

하루 24시간, 전력수요는 크게 변화한다. 0시에는 잠자는 시간이고 공장들이 쉬니까 수요가 내려가고 낮에는 크게 올라간다. 가장 높이 올라갈 때를 첨두부하(Peak)라한다. 점심시간에 약간 내려갔다가 오후에 다시 올라간다. 따라서 24시간의 부하를 곡선으로 그리면 낙타 등 모양이 된다. 24시간 변화없는 부하를 기저부하라 하고 이것을 담당하기 위해서 원가가 싼 원자력과 석탄화력이 24시간 꾸준히 발전소를 돌린다. 그 밖에 변화하는 수요에 맞추기 위해서 기동성이 좋은 발전소들, 예컨대 수력(양수 포함)과 Gas Turbine, LNG 등이 잠깐씩 담당한다. 원자력과 석탄화력의 설비는 도합 70% 정도이지만 기저부하로 쓰이기 때문에 실제 발전량에 있어서는 85%가 넘게 되는 것이다. 그래서 우리나라의 전력요금이 세계에서 가장 싸게 운영되는 것이다. 〈이것은 과장이 아니다.〉

① 용융(鎔融 Melt Down)

『용융』은 문자 그대로 녹아서 엉킨다는 뜻이다. 원자력을 에너지로 이용하기 시작한 이후 세 번 핵연료 용융사건이 있었다. 원자로 내에서 핵반응으로 열이 만들어지는데 이것을 냉각재(물 또는 중수)로 식혀주니까 일정 온도 이상 온도가 올라가지 않고 연쇄반응을 계속할 수 있다. 그러나 무슨 이유로 냉각재가 공급되지 않아서 부족하거나 없어지면 (열을 식히지 못하니까) 핵연료봉과 핵연료 자체의 온도가 점차 상승한다. 이 온도가 2,800℃ 정도를 넘으면 연료봉(질카로이 합금), 연료(우라늄 235)와 구경꾼(우라늄 238)도 금속이니까 견디지 못하고 녹는다.

핵연료 용융상태가 되면, 핵연료봉이 녹으니까 여기에 갇혀 있던 방사능 물질이 격납용기(원자로) 내로 누출되는데, 한편, 높은 온도에 물이 산소와 수소로 분해되며 격납용기 내에 수소가 쌓여서 작은 불꽃으로도 폭발을 일으켜서 격납용기(원자로)를 파괴하며 방사능 물질이 환경에 노출된다.

원자력 역사상 3번의 용융 사태가 일어났는데, TMI 사고때는 격납건물(Dome)이 든든해서 방사능 물질들이 환경에 노출되지 않았고, 겉으로는 멀쩡하게 끝났다. 체르노빌 사고 때는 격납건물(Dome)이 허접해서 수소가 폭발할 때 건물 뚜껑이 그대로 열려서 방사능물질이 환경에 대량 노출되었다. 후쿠시마 사고에서도 비슷한 일이 일어났다.

체르노빌의 경우 이것을 밀봉하는 방법으로 처리했다. 처음에는 헬리콥터를 이용해서 모래와, 납을 섞은 콘크리트로 매몰했으나 시원찮아서 석관(Sarcophagus 石棺)이라 불리는 거푸집을 만들어 씌워 놓았었다. 2016년에 다시 NSC(New Safe Confinement 안전매몰설비) 공사를 완료했다고 한다.

일본 도후쿠의 경우는 고준위 방사선 물질을 아직 효과적으로 처리하지 못하고 있다. 2021년 9월 작업 인원이 접근을 시도하다가 고준위 방사선 때문에 철수했다는 소식을 들었다. 일본은 원자력 기술 강국이다. 지금은 조심스럽게 접근하고 있지만(차라리 이 방법이 안전하다) 조만간 무슨 해결책을 내놓을 것으로 기대한다.

〈부록 B〉 참고자료와 인명 소개

위에서 적은 모든 내용은 필자가 직접 경험했거나 보고 들은 각종 자료에 의해서 알게 된 내용들이다. 이것으로 원자력발전소를 둘러싼 이야기를 대충 짐작하게 되었으리라고 생각된다. 다만 조금 더 깊은 내용을 알고자 하시는 분들을 위해서 다음의 자료들을 소개한다.

참고 자료

● **Enertopia**

漢南 **朴正基** 著

저자가 7-8년간 한전과 자회사 등의 CEO를 하면서 경험한 내용을 적은 책이다. 특히 1985년 한빛 3, 4호기 원자력발전소 건설을 계기로 미국의 원천기술을 전수받는 과정에서 겪었던 여러가지 어려웠던 상황을 CEO의 입장에서 자세히 기술하고 있다.

● **한국은 어떻게 원자력 강국이 되었나**

少南 **李宗勳** 著

저자는 학교(서울공대) 졸업 후 한전에 신입사원으로 입사해서 발전소와 본사에서 차근차근 전력사업의 모든 분야의 업무를 경험했고, 나중에 한전과 자회사의 CEO를 맡아서 40여 년간 전력사업에 종사했다.

이 책은 가히 전력사업의 징비록(懲毖錄)이라 할 만하다.
비단 원자력 사업뿐만 아니라 전력사업의 모든 분야를 망라해서 상세한 경험담이 기록되어 있다. 특히 원자력발전소에 관한 부분은 아주 정확하고 정치(精緻)한 자료가 수록되어 있다. 본인이 사용했던 '업무일지'를 Text로 사용한 때문이다.
전력사업의 전 분야에 걸쳐 진면목을 알고자 하는 경우, 이 책이 아주 유용한 참고자료가 될 것이다.

● 원자력발전소 중대사고 가까이 보기

송진호 박사를 비롯해서 9명의 과학자들이 이미 발생한 원전사고 3건을 심층 분석한 자료이다. 정확한 자료를 근거로 객관적으로 분석한 자료이다. 비전문가도 쉽게 이해할 수 있도록 잘 설명이 되어 있다.

● 한국형 원전, 후꾸시마는 없다

저자 이병령 박사는 KIST 출신으로 1980년대 한국형 원자로를 개발할 때 직접 설계자로 참여했다. 한국형 원전 AP-1400에 관한 자세한 소개가 있어 원자력에 관한 기술이 처음인 사람도 쉽게 이해가 되도록 기술되어 있다. 그밖에 원자력계 많은 경험담을 실었다. 특히 문재인 정부들어 탈원전 정책이 진행되는 과정을 낱낱이 기술해 두어서 많은 참고가 된다.

● 원자력 연감 2021년판,

한국원자력산업협회

● 세계 원자력발전의 현황과 동향 2021년판,

한국원자력산업협회

● 후쿠시마 원전사고의 논란과 진실

백원필, 양준언, 김인구 세분의 원자력 석학들이 저술했다. 내용은 후쿠시마 원전사고의 전말을 상세하게 소개한다. 둘째로 한국과 국제적으로 논란이 되고 있는 문제점들을 자세히 소개하고 해석한다. 셋째로 이 사고가 세계 원자력발전 업계에 미친 영향을 소개한다. 넷째로 후쿠시마 원전의 오염수 문제를 비롯해서, 원전 전반에 걸쳐 논쟁거리들을 하나씩 분석하고 설명한다. 전문가로서 팩트를 중심으로 쉽고 친절하게 설명하고 있다.

● 공포가 과학을 집어 삼켰다

원저자는 Oxford 대학의 명예교수인 Wade Allison이고 역자는 강건욱 교수(서울의대 핵의학과)와 그의 딸 강유현 학생(영국 임페리얼 칼리지 물리학과)의 공동 번역이다.

책의 원제목은 Radiation and Reason인데 번역본의 제목은 약간 자극적인 용어를 사용한 감이 있다.

책 내용은 방사선이 공포의 대상이 아닌데 과학자들과 일반 지식인들이 과다하게 과장해서 겁을 주는 바람에 일반인들이 공포에 떨고 있다는 것이다. 예컨대, 지구상에 자연상태에서 상당량의 방사선(서울 3mSv, 콜로라도 구아라파리 10mSv)이 나오고 있는데 국제기구인 ICRP는 각국의 바람직한 안전기준을 1mSv로 권장하고 있다.

인명 소개

■ 李昌健 박사

이창건 박사는 금년에 92세 노령으로 강건한 현역이시다. 그의 생애 자체가 한국 원자력의 역사이다. 그로부터 한국 원자력의 역사를 들어 본다. 서울공대(전기과) 출신으로 6·25 전란시에는 용감하게 KLO라는 특공대에 자원해서 몇 차례 사선을 넘으며 혁혁한 전과를 거두었다. 휴전 후, 한 Study Group에 합류했다. 그곳은 공군에서 기술장교로 복무했던 공학도들이 미군 장교가 선물한 『원자력공학 입문』이란 책으로 10여 명이 공부하는 곳이었다. 이들 중 많은 사람이 후일 원자력연구소의 멤버가 되어 한국 원자력의 기원을 열었다.

1962년 연구용 Triga Mark Ⅱ 가 들어오기 전에 1959년 원자력연구소에 첫 연구용 원자로를 설치했는데, 국내외를 망라하고 자력으로 부품을 구해다가 조립한 것이다. 물론 대부분의 부품은 미국에서 조달할 수밖에 없었는데 이 박사가 직접 미국에 가서 미국 전역을 누비면서 구매했다. 이때 이 박사는 사무실로 주미대사관을 이용했는데, 후일 어떤 사람들은 이 박사가 주미대사관에 근무했던 것으로 안다고 한다.

많은 시간이 흐른 후 박정희 대통령 시대에 원자력발전소 건설이 논의되었다. 첫 관문은 로형(爐型)을 무엇으로 할 것인가 하는 문제였다. 영국이 개발한 가스 냉각로와 미국의 가압형경수로(PWR)※가 양립됐는데, 전자는 한국의 외자도입에 많은 실적이 있는 Eisenburg라는 유태인 거간꾼이 밀었다. 그러나 이 박사를 비롯한 한국의 과학자들은 PWR의 장점을 연구하고 대통령에게 진언을 해서 낙점을 받았다. 이것은 한국 원자력 역사에서 아주 중요한 결정이었다.

이창건 박사는 원자력연구소의 중요 직책을 역임하고 한국원자력학회 회장을 거쳐 국제원자력학회 연합회장을 지냈다. 당연히 그의 업적에 상응하는 훈포장이 태산같지만 모두 생략한다. 전기협회 전력기술기준정책위원장으로서 한국전력산업기술기준(KEPIC)을 만드는데 수고를 했고 지금 내용 보완업무를 자문하면서 대한민국의 기술주권 수호에 필생의 노력을 경주하고 있다.

■ 鄭根謨 박사

그는 1938년 생인데 중고등학교 과정을 성큼성큼 건너뛰어서 1955년에 서울대학교 문리과대학 물리학과에 입학했다. 대학을 졸업하고도 미성년자라 갈데가 없었다. 새로 생긴 행정대학원에 잠시 들어갔다가 미국 미시간 주립 대학교에 갔다. 거기서도 석사과정을 건너뛰고 바로 박사과정에 들어갔는데 또 1년 만에 박사학위를 받고 풀로리다 대학에 교수로 초빙되었다. 그래서 그때 그의 나이가 웬만한 학생이 대학을 졸업하는 년령이었다. 현지에서는 신문들이 Boy Professor가 왔다고 대서특필했다.

이후 프린스턴대학교 및 MIT에서 연구하면서 Harvard 행정대학원에서 과학기술 정책에 관한 연구를 하며 논문을 썼다. 29세에 한국의 과학기술원(KAIST) 설립 산파역을 맡았었고, 미국 과학재단에서 고위 임원직을 맡으면서 미국 과학계의 에너지 분야 발전에 기여했다. 미국에 있으면서도 70년대부터 한전의 원자력 사업에 관련해서 많은 자문을 했다.

80년대에 한국으로 들어와 한전의 자회사인 한전기술주식회사(KOPEC) 사장을 역임하면서 원전표준설계사업과 기술자립의 한 축을 이끌었다. 과학기술처 장관을 두 번씩이나 역임하면서 우수연구(SRC·ERC)사업과 항공우주연구사업 및 고등과학원 설립 사업을 수행하였다. 한국의 원전사업에 관련해서는 국내문제만이 아니라 UAE측의 국제 고문으로도 많은 활약을 했다. 모 일간지에서 그의 자서전(남기고 싶은 이야기)을 소개한 일이 있다. 현재는 KAIST 과학기술정책대학원 석좌교수이다.

그는 메모하는 법이 없다. 어떻게 이렇게 됐냐고 물었더니 부모님들이 모두 교육자이셨는데, 초등학교에 다닐 때, 글자를 배우는 과정이 끝나자 어머님이 공책을 못 쓰게 하시더란다. 선생님의 말씀을 모두 귀에 담아 와서 어머님께 전달했는데, 그 과정에서 문제의 핵심을 기억하는 기술을 터득하게 됐다고 했다.

그는 독실한 기독교 신앙인이다. 정근모 박사는 하늘에서 한국의 과학기술입국, 특히, 원자력사업을 위해서 보내주신 보배이다.

석성환(昔成煥)

1935년 黃海道 海州 출생
전주고등학교(1954)
서울법대(1954-1959)
한국전력(1962-1986) 外資處長 등
미국 원자력학회 회원(1982-1990)
원자력산업협회 평생회원

원자력발전소 뒤안길 이야기

제1판 펴낸날	2021년 12월 10일
제2판 펴낸날	2022년 5월 10일
지 은 이	석성환
펴 낸 이	박상영
펴 낸 곳	도서출판 정음서원
주 소	서울특별시 관악구 서원7길 24, 102호
전 화	02-887-3038 팩스: 02-6008-9469
신 고 번 호	제 2010-000028 (2010.04.08)호
신 고 일 자	2010년 4월 8일
I S B N	979-11-972499-6-9
정 가	18,000원